Python 程序设计

主　编　曾海峰　李　纲

副主编　禹　涛　张俊琴　肖　玉

　　　　郭剑岚　王　蕊　郑金德

参　编　郭庆文　程允丽　袁智徽

U0246484

合肥工业大学出版社

图书在版编目（CIP）数据

Python 程序设计/曾海峰,李纲主编. --合肥:合肥工业大学出版社,2024. -- ISBN 978 - 7 - 5650 - 6811 - 9

Ⅰ. TP311.561

中国国家版本馆 CIP 数据核字第 2024GS7126 号

Python 程序设计

曾海峰　李　纲　主编　　　　　　　责任编辑　张　慧

出　版	合肥工业大学出版社	版　次	2024 年 8 月第 1 版
地　址	合肥市屯溪路 193 号	印　次	2024 年 8 月第 1 次印刷
邮　编	230009	开　本	787 毫米×1092 毫米　1/16
电　话	人文社科出版中心：0551 - 62903205	印　张	19.5
	营销与储运管理中心：0551 - 62903198	字　数	403 千字
网　址	press. hfut. edu. cn	印　刷	安徽省瑞隆印务有限公司
E-mail	hfutpress@163. com	发　行	全国新华书店

ISBN 978 - 7 - 5650 - 6811 - 9　　　　　　　　　　　定价：49.80 元

如果有影响阅读的印装质量问题,请与出版社营销与储运管理中心联系调换。

前　言

　　Python 的历史可以追溯到 1989 年，由 Guido van Rossum 创建。Python 的设计理念是"优雅、明确、简单"，强调代码可读性和易于维护。Python 是一种高级、解释性、面向对象的动态编程语言。Python 简单易学、语法优雅、代码简洁、可读性强。Python 拥有丰富的标准库和第三方库，可以实现各种功能，如图形界面开发、网络编程、数据库操作、数据分析和处理等。Python 还支持多种编程范式，如面向对象编程、函数式编程和命令式编程等。作为一种跨平台的编程语言，Python 程序可以在多个操作系统上运行，如 Windows、Linux、MacOS 等。同时，Python 也是一种开源的编程语言，拥有庞大的社区支持，开发者可以免费获取 Python 的源代码和相关工具。Python 语言广泛应用于 Web 开发、数据科学、人工智能、机器学习、网络爬虫、自动化测试等领域。

　　本书以项目和任务方式，从 Python 基础语法开始讲解，逐步深入探讨 Python 编程的各个方面，包括流程控制、函数、模块、面向对象编程、文件操作、网络编程、多线程编程、GUI 编程等内容。我们通过大量的任务式实例演示，帮助读者更加深入地理解 Python 的各种特性和用法，全部代码适用于 Python 3.12 及以上版本。各项目内容组织如下：

　　项目 1　认识 Python。包括 Python 语言简介、Python 3.12 安装、分别在 Windows 和 Linux 中安装和配置开发工具 PyCharm 社区版并运行测试程序。

　　项目 2　Python 语言基础。包括 Python 编码规范、单行和多行注释、基本数据类型、运算符和表达式、系统内置函数等。

　　项目 3　流程控制。包括 if 分支结构，while、for 循环结构，break 和 continue 语句。

　　项目 4　常用数据结构。包括四大典型序列型数据结构：列表、元组、字典、集合。

　　项目 5　函数和模块。主要介绍函数、匿名函数和高阶函数的定义和使用，模块、包的定义和使用，系统标准模块库的使用。

项目 6　字符串和正则表达式。介绍了字符串的基本操作和常用方法、字符编码、正则表达式基本语法结构，实现正则表达式功能的 re 模块。

项目 7　文件操作。包括文件和目录的基本操作、文本文件和 csv 文件的读写、异常处理和断言。

项目 8　面向对象编程。内容包括类的定义和实例化对象、属性的定义和使用、类的继承和多态、迭代器和生成器的使用。

项目 9　Tkinter 界面编程。介绍了系统内置的用于 GUI 的库 Tkinter，包括主窗口对象和常用控件对象的创建和使用。

项目 10　高级应用。主要介绍 Python 常用的高级应用，包括 MySQL 数据库的基本CRUD 语句结构、使用 pymysql 库操作 MySQL 数据库、多线程和网络编程，综合案例：学生信息管理系统的设计和实现。

本书在编写过程中有来自 4 所高校的 11 位专业教师共同参与。其中，曾海峰、李纲担任主编，禹涛、张俊琴、肖玉、郭剑岚、王蕊、郑金德担任副主编，郭庆文、程允丽、袁智徽参与书稿及案例的编写。

本教材不仅适合初学者，也适合有一定编程基础的读者进行进一步的学习和提高。希望通过本教材的学习，读者能够掌握 Python 编程的基本技能，并能够应用 Python 解决实际问题。书中若有疏漏和不足之处，恳请读者不吝告知，我们将不胜感激。

编　者

2024 年 5 月

目 录

项目 1　认识 Python

Python 是一门解释型、面向对象的高级编程语言。区别于其他高级编程语言，Python 是开源免费的，因此，Python 社区提供了丰富的第三方库和接口，使得后来人可以通过调用库和接口非常快捷地进行 Python 程序设计。Python 支持在几乎所有的操作系统上运行，Python 编译器本身也可以被集成到其他需要脚本语言的程序内。因此，许多人把 Python 称为"胶水语言"。

本项目介绍 Python 的发展历史和版本，介绍其语言特点和应用领域，以及 Python 在 Windows 操作系统中运行环境和开发环境的安装与配置。

 项目任务

- 初识 Python
- 安装 Python 3.12
- 搭建集成开发环境

 学习目标

- 了解 Python 的基本概况
- 熟悉安装和配置 Python 编译器
- 安装集成开发软件 Pycharm，编写并运行 Python 程序

任务 1.1　初识 Python

Python 语言的语法简洁易学，丰富的第三方类库使得开发效率高并且功能强大，是一门解释型、面向对象的高级编程语言。本任务将介绍 Python 的发展历程、语言特点及应用领域。

任务 1.1.1　Python 的发展历史

Python 是由 Guido van Rossum 在 1989 年圣诞节期间，为了给生活找点乐趣而开发的一个编程语言。Python 继承了 ABC 语言。Guido 选取了英国 20 世纪 70 年代首播的电

视喜剧《蒙提·派森的飞行马戏团》（*Monty Python's Flying Circus*）中的 Python（大蟒蛇的意思）作为该编程语言的名字。

1991 年初 Python 语言的第一个版本公开发布了。2000 年 10 月，Guido van Rossum 和 Python 核心开发团队转到 Zope Corporation。2001 年，Python 软件基金会（PSF）成立。这是一个专为拥有 Python 相关知识产权而创建的非营利组织。Zope Corporation 现在是 PSF 的赞助成员。

根据 TIOBE 编程语言排行榜公布的编程语言排名，Python 已经成为最受欢迎的程序设计语言之一。其在 2007、2010、2018、2020、2021 年都被 TIOBE 编程语言排行榜评选为年度最受欢迎语言。随着 Python 语言的发展，在 TIOBE 编程语言排行榜中，Python 语言从 2021 年 12 月至今，一直都是最受编程人员欢迎的语言。

Python 官网同时发布 Python 2.X 和 Python 3.X 两个系列版本，它们并不相互兼容，Python 3.X 编写的代码并不能直接在 Python 2.X 中编译运行。官方在 2020 年 1 月开始停止了对 Python 2.X 的维护和支持，本书所有程序代码和案例均采用 Python 3.12.3 版本编译运行。

任务 1.1.2　Python 的语言特点

Python 是一门开源免费的可以跨平台使用的高级编程语言。它支持将源代码编译成字节码，提高程序加载速度和增强代码安全性。它支持用 Pyinstaller 等工具将 Python 源程序及其依赖库打包为各种平台支持的应用程序，无需安装 Python 运行环境，可直接运行。它的主要特点有以下几点。

1. 简单优雅

Python 只拥有 35 个关键字，相对于其他编程语言是比较少的。同时，Python 使用强制缩进的方式来标识代码块，而不是使用"｛｝"标记。这样带来的优点是 Python 代码格式清晰，可读性强，方便后续维护修改。Python 开发者的哲学是"用一种方法，最好是只有一种方法来做一件事"，因此它和拥有明显个人风格的其他语言很不一样。所谓 Python 格言，指在设计 Python 语言时，如果面临多种选择，Python 开发者一般会拒绝花哨的语法，而选择明确没有或者很少有歧义的语法，语句末尾也无需使用分号。

2. 开源免费

Python 是开源免费的，这也是它最大的特点。目前 Python 社区为用户提供了丰富的第三方库和接口，以便用户可以方便快捷地进行程序设计。Python 软件基金会管理 Python 语言。它是在 OSI 批准的开源许可下开发的，因此可以免费获得、使用和分发。

3. 解释性

与 C 语言、Java 语言等编程语言不同，Python 程序执行的时候，不是将代码文件整体编译成二进制代码文件再去执行，而是按照程序流程结构，在源代码中一条一条编译执行的。在计算机内部，Python 解释器把源代码转换成"字节码"的中间形式，然后把它翻译成计算机使用的机器语言并运行。程序执行时，运行一条语句就可以获得对应的结果，这使得程序执行时可以方便地与用户进行互动，同时可以快速定位出错位置，使得 Python 使用更加简单，也使得 Python 程序更加易于移植。

4. 面向对象

Python 是一门面向对象的编程语言，Python 支持用户自定义类和对象，也支持用户直接使用社区提供的第三方类来实现程序的结构化设计。Python 提供丰富类库，同时 Python 也支持通过继承、重载、派生、多继承等方式实现代码的复用，有益于提高代码编写的效率以及代码复用性，减少了代码的冗余，增强了代码可读性。

5. 可扩展性

Python 提供了丰富的 API 和工具，以便程序员轻松地使用 C、C＋＋等语言来编写扩充模块。因为 Python 本身是开源免费的，所以 Python 语言编写的代码也是开源免费的。如果需要一段关键代码运行得更快或者希望某些算法不公开，可以用 C 或 C＋＋编写这部分程序，然后在 Python 程序中调用它们。

6. 具有丰富的库

Python 拥有庞大的标准库，可以方便快捷地处理各种工作，包括 Math（数学计算）、Re（正则表达式，字符处理）、Random（随机库）、Smtplib（邮件发送）、Datetime（日期和时间处理）等；同时拥有大量第三方支持库，如 NumPy（科学计算）、Pandas（数据分析）、Requests（网络请求库）、Plotly（图形库）、Matplotlib（平面绘图）等。第三方库都可以通过 pip 工具直接下载安装并使用。

7. 其他高级特性

Python 包含高级功能，如生成器和列表推导式，支持自动内存管理。Python 运行时才进行数据类型检查，即变量可以直接赋值并使用，不需要为变量指定数据类型，变量的数据类型随变量值的动态变化而变化。因此，我们称 Python 为动态语言。

任务 1.1.3　Python 的应用领域

Python 的应用领域非常广泛，几乎所有大中型互联网企业都在使用 Python 完成各种各样的任务，例如国外的 Google、YouTube、Dropbox，国内的百度、新浪、搜狐、腾讯、阿里、网易、淘宝、知乎、豆瓣、汽车之家、美团等。Python 语言的应用领域主要包括以下几个方面。

1. Web 应用开发

Python 提供了如 Django、Tornado、Flask 等框架来高效地开发和管理 Web 应用。Web 开发涵盖了服务器端开发、数据库管理、前端设计和 API 开发等领域。目前，国外采用了 Python 开发的知名网站有 Quora、Pinterest、Instagram、Google、YouTube、Yahoo Maps、Dropbox，国内有豆瓣、知乎、网易。

2. 自动化运维

在运维工作中，有大量重复性的工作，并需要管理、监控、发布系统等，因此需要将工作自动化起来，提高工作效率。Python 是运维工程师首选的编程语言，它提供了很多自动化运维库，例如管理远程服务器的 Fabric 库，用于配置管理、远程执行命令和监控的 SaltStack 库，配置管理远程服务器的 Ansible 库。通常情况下，Python 编写的系统管理脚本，无论是可读性，还是性能、代码重用度以及扩展性方面，都优于普通的 Shell 脚本。

3. 人工智能

Python 是人工智能领域，如机器学习、图像识别、神经网络、深度学习、自然语言处理等方面的首选编程语言。Python 编程语言的火速发展与人工智能领域的兴起是互为支撑的。Python 同样提供很多第三方库以便进行人工智能领域的程序设计，如应用于机器学习领域的 Scikit-learn、TensorFlow、PyTorch 等，应用于图像识别领域的 OpenCV、Pillow、Scikit-image 库等。

4. 网络爬虫

事实上，现在的网络爬虫也被称为 Python 爬虫。在爬虫领域，Python 具有的方便高效的爬虫框架、成熟稳定的多线程模型，使得 Python 几乎是霸主地位，将网络一切数据作为资源，通过自动化程序进行有针对性的数据采集以及处理。在技术层面上，Python 提供有很多服务于编写网络爬虫的工具，例如 Urllib、Selenium、BeautifulSoup 等，还提供了一个网络爬虫框架 Scrapy。

5. 数据计算

Python 语言广泛应用于科学计算领域，在数据计算分析、可视化方面有相当完善和优秀的库，例如 NumPy、SciPy、Matplotlib、Pandas 等，可以满足 Python 程序员编写科学计算程序。自 1997 年起，NASA 就大量使用 Python 进行各种复杂的科学运算。

6. 游戏开发

Python 提供了丰富的第三方库，可以应用在游戏开发领域的图形界面设计方面。如支持 2D 游戏界面设计的 Pygame 库、允许创建复杂的 3D 图形的 PyOpenGL 库、游戏制作框架 Panda3D 库等。目前如魔兽世界、坦克世界、星战前夜等著名游戏的开发就使用了 Python 语言。

7. 云计算

云计算是未来发展的一大趋势，Python 是从事云计算工作需要掌握的一门编程语言。目前很火的云计算框架 OpenStack 就是由 Python 开发的。软件定义网络 SDN 的许多控制器是用 Python 编写的。除此之外还有一些常用于云计算的库，如用于 AWS 云服务的 Boto3 库、用于构建与 AWS 服务交互的 Botocore 库、与各种云服务提供商进行交互的 API 库 Apache-libcloud、用于云计算的身份和访问管理的 Passlib 库等。

任务 1.2　安装 Python 3.12

Python 是一种跨平台的开发语言，支持 Windows、Linux、MacOS 等多种平台。本任务演示在 Windows 环境下下载和安装 Python 3.12.3。

任务 1.2.1　下载

用户需要打开浏览器，在 Python 官网（链接 https：//www.Python.org/downloads/），根据计算机的操作系统，如 Windows、Linux、MacOS，以及是 32 位操作系统还是 64 位操作系统，来选择对应的安装包。本书选择 Windows 操作系统下的 64 位安装包，如图 1-1 所示。

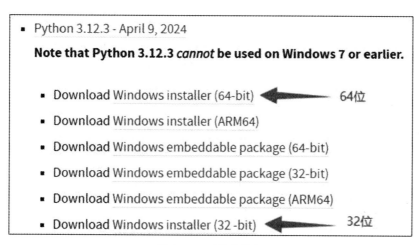

图 1-1 下载安装包

任务 1.2.2 安装

下载完成后，双击打开安装包，打开 Python 安装向导，进行安装，如图 1-2 所示。

图 1-2 安装向导

在界面中，勾选"Add python. exe to PATH"，安装程序自动将 Python 安装目录添加到系统环境变量。默认安装点击"Install Now"，编译器被安装到默认路径（一般是 C 盘）；自定义安装则点击"Customize installation"，自定义安装可自行决定安装哪些组件以及安装路径。这里采用自定义安装。

如图 1-3 所示，在界面中保持默认选择，单击"Next"按钮，进入下一个安装界面。如图 1-4 所示，单击"Browse"按钮，修改 Python 编译器安装路径，修改完成后单击"Install"按钮，进行安装。

Python 编译器安装成功后，会弹出安装成功的界面，如图 1-5 所示。

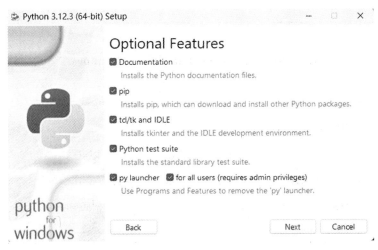

图 1 - 3　默认配置

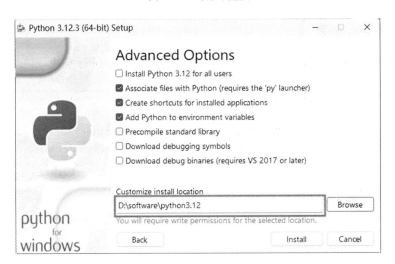

图 1 - 4　修改安装路径

图 1 - 5　安装成功

任务 1.2.3　验证

按住 Win 键与 R 键，输入 cmd。点确定进入 CMD 界面。在命令提示符下，输入 Python，出现如图 1－6 所示结果，则表明 Python 已经安装成功。若显示“Python 不是内部或外部命令，也不是可运行的程序”，这是因为 Windows 系统在环境变量 PATH 中没有查找到 Python 编译器的安装路径。此时需要单独将 Python 编译器的安装路径添加到环境变量 PATH 中，或者将已安装的 Python 编译器卸载后重新安装，在图 1－2 的界面中勾选“Add python. exe to PATH”。

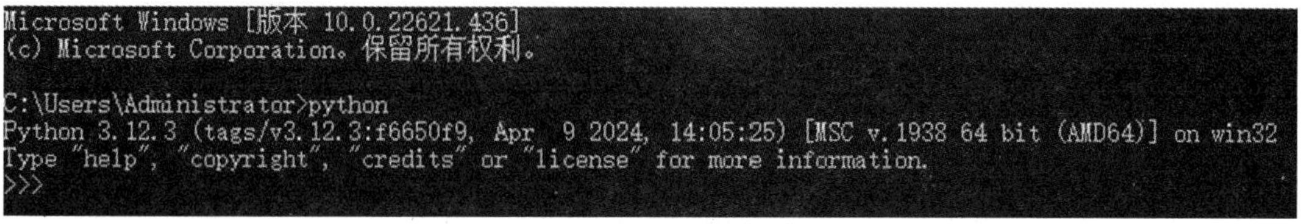

Microsoft Windows [版本 10.0.22621.436]
(c) Microsoft Corporation。保留所有权利。
C:\Users\Administrator>python
Python 3.12.3 (tags/v3.12.3:f6650f9, Apr 9 2024, 14:05:25) [MSC v.1938 64 bit (AMD64)] on win32
Type "help", "copyright", "credits" or "license" for more information.
>>>

图 1－6　安装验证

任务 1.3　搭建集成开发环境

任务 1.2 介绍了 Windows 操作系统下 Python 编译器的安装，接下来在本任务中介绍 Python 集成开发环境的搭建。Python 提供两种开发环境：用于简单测试的交互式开发环境和用于代码开发的集成开发环境。本任务将介绍两种开发环境下如何编写简单程序。

任务 1.3.1　交互式开发环境

在命令行输入“Python”进入交互式环境（如任务 1.2 中验证所示）。Windows 中运行 Python 官方提供的 IDLE 也可进入交互式环境，图 1－7 是 IDLE 的快捷方式，图 1－8 是 Python 交互环境。

Python 3.12
IDLE (Python 3.12 64-bit)
Python 3.12 (64-bit)
Python 3.12 Manuals (64-bit)
Python 3.12 Module Docs (64-bit)

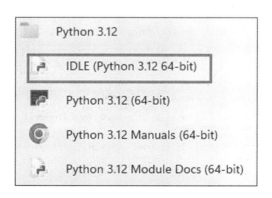

图 1－7　IDLE 快捷方式

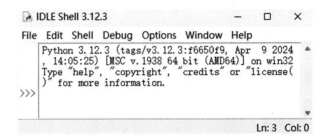

图 1-8　Python 交互环境

交互式开发环境，每次只能执行一条语句，普通语句（如定义变量、输入和输出）按一次回车键执行，复合语句（如选择循环结构、定义类）按两次回车键执行。

任务 1.3.2　集成开发环境

集成开发环境（IDE，Integrated Development Environment）是一种软件应用程序，它集成了代码编辑器、编译器、调试器和图形用户界面等工具，可以帮助程序员快捷、高效地完成代码编写以及调试、打包工作。Python 应用较多的 IDE 有轻量级的记事本、Notepad++、Sublime、官方自带的 IDLE，支持企业级开发的 VS Code、PyCharm，以及专门用于科学计算的 Spyder。

1. IDLE

接下来学习如何使用 IDLE 编写 Hello World 程序。在 IDLE 的菜单中，选择"File"—"New File"，创建一个源文件，如图 1-9 所示。

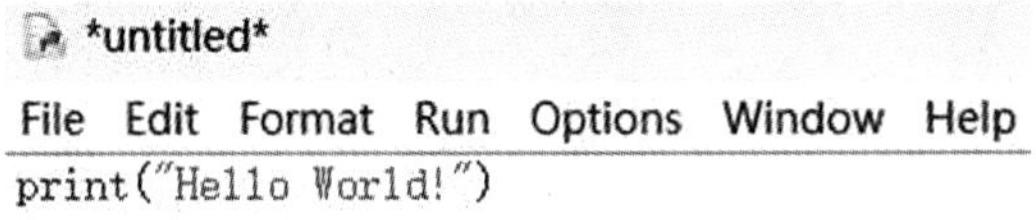

untitled

File Edit Format Run Options Window Help

```
print("Hello World!")
```

图 1-9　创建源文件

编写完源代码后，选择"File"—"Save"或者"Save As"保存下来。注意：文件的扩展名是".py"。接下来按 F5 或选择"Run"—"Run Module"运行程序，运行结果会显示到 IDLE 交互式窗口中，如图 1-10 所示。

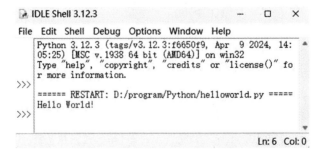

图 1-10　运行结果

2. PyCharm

PyCharm 是一款专门面向 Python 的全功能集成开发环境。它由 JetBrains 软件公司开发，提供三个版本：社区版、教育版、专业版，其中社区版是免费开放的，其提供的功能和接口库可以覆盖初学 Python 的全部需求，因此本书集成开发环境采用 PyCharm 社区版。以下展示在 Windows 下安装和使用 PyCharm。

（1）下载

在链接 https：//www.jetbrains.com/pycharm/download/other.html 上下载 2024.1 社区版，如图 1-11 所示。

Version 2024.1	
PyCharm Professional Edition	**PyCharm Community Edition**
2024.1 - Linux (tar.gz)	2024.1 - Linux (tar.gz)
2024.1 - Linux ARM64 (tar.gz)	2024.1 - Linux ARM64 (tar.gz)
2024.1 - Windows (exe)	2024.1 - Windows (exe)
2024.1 - Windows ARM64 (exe)	2024.1 - Windows ARM64 (exe)
2024.1 - ZIP archive (win.zip)	2024.1 - ZIP archive (win.zip)
2024.1 - ZIP archive for Windows ARM64 (win.zip)	2024.1 - ZIP archive for Windows ARM64 (win.zip)
2024.1 - macOS (dmg)	2024.1 - macOS (dmg)
2024.1 - macOS Apple Silicon (dmg)	2024.1 - macOS Apple Silicon (dmg)

图 1-11 下载社区版

（2）安装

双击安装包，进入安装 PyCharm 2024.1 向导，进入欢迎页面，如图 1-12 所示。单击"下一步"，进入选择安装路径的界面，如图 1-13 所示。其中点击"浏览"可修改软件的安装位置。

图 1-12 欢迎界面

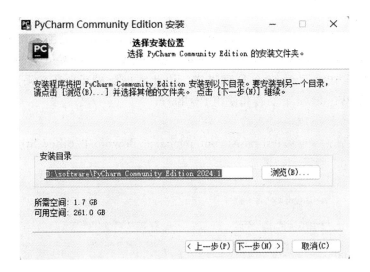

图 1-13　选择安装位置

如图 1-14 所示，在安装选项中，默认勾选全部选项，单击"下一步"进入安装界面。在如图 1-15 的安装界面，单击"安装"，完成 Pycharm 的安装。

图 1-14　安装选项

（3）配置和运行

首次运行需勾选"Do not import settings"，如图 1-16 所示，直接进入项目创建的界面。单击"New Project"，开始创建一个新的项目工程，如图 1-17 所示。

在如图 1-18 的界面中，设置项目名称、项目存储路径以及选择 Python 解释器。单击"Create"创建 Python 项目。

进入新项目之后，鼠标右击项目名称文件，在弹出的窗口中选择"New"—"Python file"，如图 1-19 所示。在弹出的窗口中，输入文件名，如图 1-20 所示。在键盘上单击回车键，新建一个 Python 文件：helloworld. py，如图 1-21 所示。

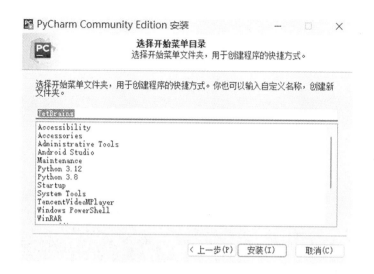

图 1-15　安装界面

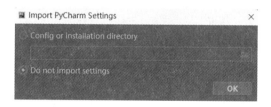

图 1-16　项目配置导入

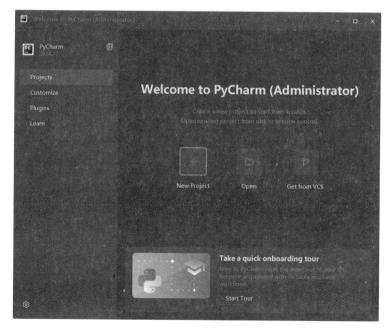

图 1-17　新建工程

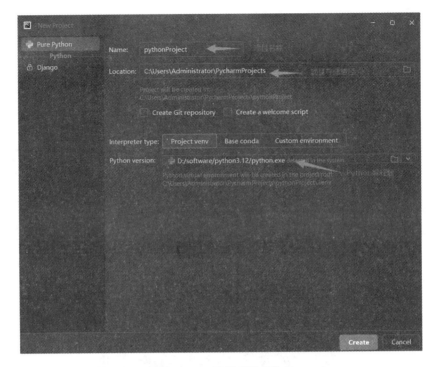

图 1-18　配置项目参数

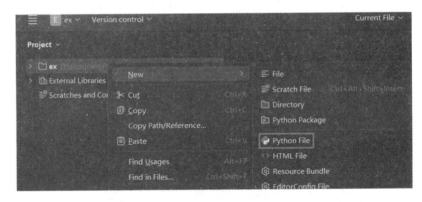

图 1-19　新建 Python 文件

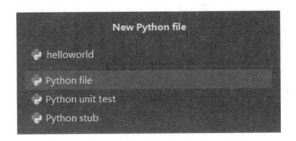

图 1-20　输入文件名

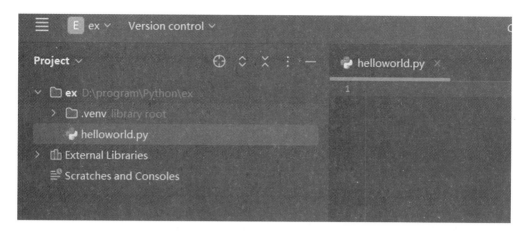

图 1－21 Python 文件创建成功

在 Python 文件中写入代码："print（"hello world"）"。然后在文件空白处点右键，选择"Run'helloworld'"，如图 1－22 所示。

图 1－22 运行程序

系统自动完成文件运行参数配置，同时将运行的结果显示在下方的 Run 窗口中，如图 1-23 所示。

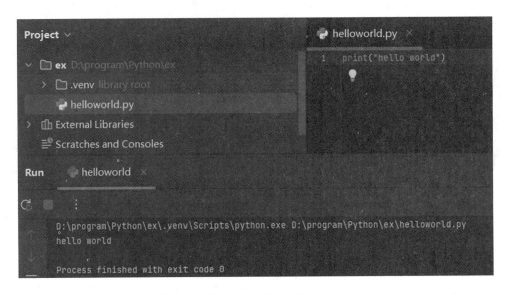

图 1-23　运行结果

以上演示了在 Windows 环境下，使用集成开发工具 PyCharm 安装及运行 Python 代码的全部过程。

本项目通过对 Python 发展历史、主要版本、语言特点、应用领域的学习，初步了解 Python 的基本概况；详细地演示了 Windows 环境下 Python 3.12.3 的下载、安装和配置；较为详细地演示了 Windows 环境下集成开发工具 PyCharm 2024.1 的下载、安装以及参数配置，编写并运行了第一个 Python 程序 helloworld。

在本项目基础上，接下来开始 Python 语言程序设计之旅。

一、选择题

1. _____窗口不可以编写 Python 程序。

A. cmd 窗口　　　　B. Python IDLE　　　　C. Pycharm　　　　D. 以上都不行

2. Python 语言于 _____第一次被评为年度语言。

A. 1991 年　　　　B. 2007 年　　　　C. 2011 年　　　　D. 2017 年

3. 以下不属于 Python 语言的特点有 _____。

A. 面向对象　　　　B. 开源免费　　　　C. 低级语言　　　　D. 解释性

4. Python 程序文件的扩展名是 _____。

A..p   B..y   C..Python   D..py

二、填空题

1.被称为"Python 之父"的是_____。

2.Pycharm 中在 New 中通过单击_____创建 Python 文件。

3.Python 语言最大的特点是_____。

4.PrCharm 是由_____公司开发的 Python 集成开发环境。

三、程序设计题

1. 在 Python 的交互模式和集成模式下分别输入语句，显示字符串"I Love Python"。

2. 在 Python 命令行终端查看 Python 的帮助文档。

项目 2 Python 语言基础

万丈高楼平地起。想要利用 Python 语言快速解决问题，语言基础至关重要，语言基础是学习 Python 编程的起点。本项目将以任务式教学为主线，从学习 Python 基础语法开始编程之旅。

 项目任务

- Python 基础语法
- 数据类型
- 运算符
- 内置函数

 学习目标

- 掌握 Python 基础语法，能够正确进行代码编写
- 掌握 Python 语言基本的数据类型，能够灵活地使用变量
- 掌握 Python 基本运算符的使用，能够熟练使用运算符完成相关计算
- 掌握 Python 常见的内置函数的使用，能够对数据进行格式化输出

任务 2.1 Python 基础语法

本任务介绍了 Python 标识符的命名规范，以及 Python 注释的使用和编码中的代码排版规则。

任务 2.1.1 命名规范

1. 标识符

一般程序中的变量、函数、类和对象、文件等都是通过名称来进行使用的，其名称统称为标识符。程序员自定义标识符时，需遵循以下规则，否则代码报错：

① 标识符只能由字母（A～Z 和 a～z）、下划线和数字组成，但数字不能出现在最前面，下划线开头的标识符有特殊含义，谨慎使用。

② 不能使用 Python 中的关键字作为自定义标识符。

③ 尽量避免使用 Python 提供的内置函数的函数名作为自定义标识符。

④ 在 Python 中，标识符中的字母是严格区分大小写的。"A" 和 "a" 是两个不同的标识符。

根据标识符的命名规则，以下列举了一些标识符：

```
＃合法的标识符
My
My1
My_1
__My_1
print              ＃ 预定义标识符使用不报错,但其本来功能消失
＃ 不合法的标识符
1My                ＃不能数字开头
My Name            ＃不能包含特殊符号
1_name             ＃不能数字开头
for                ＃不能使用 Python 关键字
```

俗话说：没有规矩不成方圆。编程工作往往都是一个团队协同进行，因而一致的编码规范非常有必要，这样写成的代码便于团队中的其他人员阅读，也便于编写者自己以后阅读。因此除上述必须遵守的命名规则外，还有一些约定俗成的命名规范：

① 见名知意。标识符的命名尽量能够体现其表示的含义。比如需要存储姓名数据，那么可以定义一个名为 name 的变量来存储该数据。

② 包名。全部小写字母，中间可以由点分隔开，不推荐使用下划线。作为命名空间，包名应该具有唯一性，推荐采用公司或组织域名的倒置，如 com. jd. shopping。

③ 模块名。全部小写字母，如果是多个单词构成，可以用下划线隔开，如 dummy _ threading。

④ 类名。采用大驼峰法命名，每个单词的首字母使用大写字母，如 StudentClass。

⑤ 异常名。异常属于类，命名同类命名，但应该使用 Error 作为后缀，如 FileNot-FoundError。

⑥ 变量名。全部小写字母，如果由多个单词构成，可以用下划线隔开，如 student _ score。另外，避免使用小写 l、大写 O 和大写 I 作为变量名。

⑦ 函数名和方法名。命名同变量命名，如 get _ name、_ get _ max _ num。

⑧ 常量名。全部大写字母，如果是由多个单词构成，可以用下划线隔开，如 YEAR 和 WEEK _ OF _ MONTH。

2. 关键字

关键字又称为保留字，它是在 Python 语言的开发人员预先定义好了有特使含义的标识符。关键字不能作为自定义标识符使用。可通过以下代码查阅 Python 关键字。

```
import keyword
print(keyword.kwlist)
```

运行结果：

```
['False','None','True','and','as','assert','async','await','break','class','continue','def',
'del','elif','else','except','finally','for','from','global','if','import','in','is','lambda',
'nonlocal','not','or','pass','raise','return','try','while','with','yield']
```

任务 2.1.2 注释规范

在编写代码的时候，需要为某一段代码或者某一个变量做注释说明，以方便后续阅读或修改。可以编写单行和多行注释。

1. 任务分析

注释是辅助性文字，只能被打开程序的程序员看到，并不会编译执行。Python 中注释的语法有两种：单行注释和多行注释。

单行注释以 # 开头，可独占一行，也可与代码同行，出现在代码的末尾。示例代码如下：

```
# 这是单行注释
print("Hello World!")   # 调用输出函数,打印输出 Hello World
```

多行注释用三个双引号""" 或三个单引号 ''' 将注释内容括起来，需要注意引号不能混用，前后需保持一致。示例代码如下：

```
"""
这是多行注释
前后都使用三个双引号
"""
'''
这是多行注释
前后都使用三个单引号
'''
print("Hello,World!")
```

2. 程序代码

```
# 这是单行注释
"""
这里使用了三个双引号
标识这里是一个多行注释
"""
```

任务 2.1.3 代码排版

本任务是通过代码判断学生成绩是否及格。如果及格，则输出及格，否则输出不及格。

1. 任务分析

本任务主要是通过分支结构来展示 Python 代码排版的规范性与要求，分支语法结构将在项目 3 介绍，这里只分析代码排版。代码排版包括空行、空格、断行和缩进等内容，下面逐一介绍。

（1）缩进

选择结构属于复合语句的一种。Python 程序使用缩进来标识同一代码块，不需要使用括号" {}"。

① Python 允许单独使用空格键或者 Tab 键来实现代码块的缩进，也可以两者混合使用，只需要同一代码块的代码保持相同缩进即可。使用空格键时，通常情况下采用 4 个空格作为基本缩进量；而使用 Tab 键时，则采用按一次 Tab 键作为一个缩进量。

② 对于分支选择结构、循环结构等流程控制语句、函数定义、类定义以及异常处理语句等复合语句，关键字开头的首行语句，行尾的冒号和下一行的缩进表示一个代码块的开始，而缩进结束则表示一个代码块的结束。

③ Python 对代码的缩进要求非常严格，同一个级别的代码块的缩进量必须相同。如果采用不合理的代码缩进，将抛出 SyntaxError 异常。

以下代码最后一行语句缩进数的空格数不一致，导致运行错误。

```
if True:
    print("hello")
  print("world")  # 缩进不一致,会导致运行错误
```

运行结果：

```
SyntaxError:unindent does not match any outer indentation level
```

（2）空行

空行的作用在于分隔两段不同功能或含义的代码，以提升代码可读性，便于日后对代码进行维护或重构。与代码缩进不同，Python 并不强制要求空行。书写时不插入空行，Python 解释器运行也不会出错。

下面代码中，使用 def 关键字定义了两个函数。函数定义语句之间就使用了空行，但空行不是必须的，没有空行程序也可以正常编译执行。自定义函数以及函数调用有关内容将在项目 5 中介绍。

```
def exam():
    pass
```

```
def grade():
    pass
```

（3）多行语句

Python 通常是一条语句占据一行，但每行代码过长时，程序员需要通过拉动进度条才能查看完整代码，代码可读性较低。为提升代码可读性，Python 允许使用反斜杠"\"来将一行语句写成多行，多行语句仍属于一条语句。例如：

```
chinese = 85
math = 92
english = 87
total = chinese + \
        math + \
        english
print("总成绩是:",total)
```

运行结果：

```
总成绩是:264
```

在列表"［］"、字典"｛｝"或元祖"（）"中描写多行语句时，不需要使用反斜杠"\"，例如：

```
total = ['item_one','item_two','item_three',
        'item_four','item_five']
print(total)
```

运行结果：

```
['item_one','item_two','item_three','item_four','item_five']
```

除上述排版规则外，还有一个不属于 Python 强制要求，而是程序员之间约定俗成的排版规则：一般在编写 Python 代码时，如果使用了二元运算符，其左右两边都需要空一个空格，将运算符与操作数隔开，本书所有代码都遵循了此规范。

2. 程序代码

```
score = 80
if score >= 60:
    print("及格")
else:
    print("不及格")
```

运行结果：

```
及格
```

任务 2.2　数据类型

本任务介绍了变量的定义和使用，以及 Python 中基本的数据类型，即整数类型、小数类型、字符串类型和布尔类型。

任务 2.2.1　变量的定义和使用

设 x 的值为 5，y 的值为 33，计算 x 与 y 的和。

1. 任务分析

数据处理是所有编程语言在进行程序设计的时候都需要使用的部分。例如常见的数字、字符串、字符等，Python 允许直接使用数据，也支持通过变量将数据保存起来，方便后续使用。

就像超市使用货架存储商品，通过货架编号可以查找商品。Python 使用变量（Variable）"盛装"程序中的数据，通过变量的名字来访问变量中的数据。

和变量相对应的是常量（Constant），它们都是用来"盛装"数据，不同的是：变量中的数据根据程序设计需要，可以在代码执行时多次被修改；而常量中的数据，一旦保存就不能修改了。

在编程语言中，将数据放入变量的过程叫作赋值（Assignment）。Python 使用"="作为赋值运算符，具体格式为：

```
name = value
```

name 表示变量名；value 表示变量值，也就是要存储的数据。注意，变量名属于 Python 标识符的一种，程序员在自定义时，需要遵守任务 2.1 中的标识符命名规则。

例如，下面的语句将整数 20 赋值给变量 a：

```
a = 20
```

程序执行时，若后续变量值不发生变化，则变量 a 的位置都会使用数字 20 替换。例如输出变量 a，就是输出 20。但变量的值不是一成不变的，它可以随时被修改，只要使用赋值运算符重新赋值即可。

```
a = 20        #将整型数据 20 赋值给变量 a
a = True      #将布尔型数据 True 赋值给变量 a
print(a)


a_1 = 23.3    #将浮点型数据 23.3 赋值给变量 a_1
a_1 = 15      #将整型数据 15 赋值给变量 a_1
print(a_1)
```

运行结果：

```
True
15
```

注意，当变量值被修改时，采取的是覆盖的方式，此时之前保存的数据将不复存在，且再也找不回了。换句话说，变量只能容纳一个值。

变量被创建后，只需要通过变量名就可以使用变量。变量除了一定要先赋值创建再使用外，没有其他的使用限制。

```
x = 8
print(x)            # 将变量作为参数进行函数调用

y = x / 2 - 1       # 将变量作为四则运算的一部分
print(y)

print(y + 15)       将由变量构成的表达式作为参数进行函数调用

y = y * 2           # 将变量本身的值翻倍
print(y)
```

运行结果：

```
8
3.0
18.0
6.0
```

2. 程序代码

```
x = 5
y = 33
print(x + y)
```

运行结果：

```
38
```

任务 2.2.2 整数：计算矩形的周长和面积

输入正方形的边长，计算正方形的周长和面积。其中，边长为整数。

1. 任务分析

要计算正方形的周长，首先就要知道正方形的边长，已知边长为整数，根据公式周长＝边长 ＊ 4、面积＝边长 ＊ 边长，可计算出周长和面积。

整数就是类似于－2、－1、0、1、2 等没有小数部分的数字。Python 整数的取值范围是从无穷小到无穷大的。当所用数值超过计算机自身的计算能力时，Python 会自动转用高精度计算（称为大数计算）。

根据程序执行需要，Python 允许使用内置函数 int（）将其他数据类型的数值转换为整数类型，以便后续的数值运算。转换规则如下：

```
print(int("123"))                    # 字符型数据,去掉引号直接转换为整型
print(int(123.45))                   # 浮点型数据,去掉小数点之后的数值,转换为
                                       整型
print(int(True),int(False))          # 布尔型数据,True 转换为 1,False 转换为 0
```

运行结果：

```
123
123
1 0
```

注意：字符型数据转换时，括号里面的字符串如果包含小数点或其他特殊字符，程序会报错。

为了提高数字的可读性，Python 3.X 允许使用下划线 _ 作为数字（包括整数和小数）的分隔符。通常每隔三个数字添加一个下划线，类似于英文数字中的逗号。下划线不会影响数字本身的值。示例如下：

```
grade_number = 8_176
school_number = 30_912
print("2023 级学生人数:",grade_number)
print("全校学生数:",school_number)
```

运行结果：

```
2023 级学生人数:8176
全校学生数:30912
```

Python 支持使用十进制、二进制、八进制和十六进制这 4 种形式来表示整数。单独的整数默认是十进制整数，例如 15。在数字前加"0b"或"0B"，则被认为是二进制整数；在数字前加"0o"或"0O"，则被认为是八进制整数；在数字前加"0x"或"0X"，则被认为是十六进制整数。以上第一位的字符均为数字"0"。示例如下：

```
print("11110 为十进制数:",11110)
print("0b11110 为十进制数:",0b11110)
print("0o11110 为十进制数:",0o11110)
print("0x11110 为十进制数:",0x11110)
```

运行结果：

```
11110 为十进制数:11110
0b11110 为十进制数:30
0o11110 为十进制数:4680
0x11110 为十进制数:69904
```

2. 程序代码

```
l = int(input("请输入正方形的边长:"))
z = l * 4
print("正方形的周长为:",z)
s = l * l
print("正方形的面积为:",s)
```

运行结果：

```
请输入正方形的边长:5
正方形的周长为:20
正方形的面积为:25
```

任务 2.2.3　浮点数：计算圆的周长和面积

输入含小数位的半径，求圆的周长和面积。其中 π 取 3.14。

1. 任务分析

要计算圆的周长和面积，首先就要知道圆的半径，从任务中已知半径为小数，根据公式周长＝2＊π＊半径、面积＝π＊半径＊半径，可计算出周长和面积。

带有小数点的数字为小数，在 Python 中被称为浮点型数据。除直接创建外，Python 还可以使用 float（）函数把其他类型数据转换为浮点型数据，方便进行数值运算。转换规则如下：

```
print(float("123.45"))        # 字符型数据,去掉引号直接转换为浮点型
print(float(123))             # 整型数据,加小数点,并补 0,转换为浮点型
print(float(True),float(False)) # 布尔型数据,True 转换为 1.0,False 转换为 0.0
```

运行结果：

```
123.45
123.0
1.0 0.0
```

Python 中的小数有两种书写形式：

① 十进制形式。日常数学计算中常见的带小数点的小数，在 Python 中被认定为十进

制小数，将其存储为浮点型数据。例如 12.3、123.0、0.123。浮点型数据在表示整数时也需要写出小数点，例如 123.0，否则会被 Python 当作整型数据。

② 指数形式。Python 浮点型数据的指数形式表示为：aEn 或 aen。其中 a 为尾数部分，一般是十进制整数或小数；n 为指数部分，一般是十进制整数；E 或 e 是固定的字符，用于分割尾数部分和指数部分。整个表达式等价于 $a \times 10^n$。

指数形式的小数举例：

① $3.2E3 = 3.2 \times 10^3$，其中 3.2 是尾数，3 是指数。

② $1.4E-1 = 1.4 \times 10^{-1}$，其中 1.4 是尾数，$-1$ 是指数。

③ $2.3E5 = 2.3 \times 10^5$，其中 2.3 是尾数，5 是指数。

注意，Python 程序执行时，只要写成指数形式，就会以浮点型数据来存储该数值，即使它的最终值看起来像一个整数。例如 7E2 等价于 700，但 7E2 是一个小数。

2. 程序代码

```
r = float(input("请输入圆的半径:"))
pi = 3.14
z = 2 * pi * r
s = pi * r * r
print("圆的周长为:",z)
print("圆的面积为:",s)
```

运行结果：

```
请输入圆的半径:3.25
圆的周长为:20.41
圆的面积为:33.16625
```

3. 任务拓展

复数（Complex）是 Python 的内置数据类型，直接书写即可。换句话说，Python 语言本身就支持复数，而不依赖于标准库或者第三方库。

复数由实部（real）和虚部（imag）构成，在 Python 中，复数的虚部以 j 或者 J 作为后缀，具体格式为：a + bj。a 表示实部，b 表示虚部，如 2 + 3j。

任务 2.2.4　字符串操作

把字符串"Hello"和"World"拼接在一起输出。

1. 任务分析

给出的任务比较简单，只需要输入输出即可，注意这里涉及的数据类型是字符串类型。

Python 中所有被引号圈起来的数据都称为字符串（String）。字符串的内容可以包含字母、标点、特殊符号、中文、日文等全世界的所有文字。引号可以是单引号、双引号，或者三引号。其中双引号和单引号没有任何区别，一般用来标识单行字符串，三引号标识多行字符串。注意前后引号需要保持一致，不能混用。具体格式为：

```
"这是一个字符串"
'这是另外一个字符串'
"""
多行
字符串
"""
```

在这里，引号被作为字符串的界定符来使用。因此，当字符串内容中出现普通引号时，程序需要进行特殊处理，否则 Python 会解析出错。例如：

```
'I'm a student from China. '
```

程序执行时会将"I'm"中的单引号认定为 Python 字符串的界定符，因此判定该字符串内容为"I"，而后面的"m a student from China. '"则被认定为多余的内容，被程序判定为语法错误。对于这种情况，可以使用以下两种方案来处理：

① 对引号进行转义。在普通引号前面添加转义符"\"就可以将引号从字符串的界定符转换为普通的引号，从而让 Python 把它作为普通文本而不是字符串的界定符对待。例如：

```
str1 = 'I\'m a student from China. '
str2 = "Python 使用英文双引号(即\")作为字符串的界定符"
print(str1)
print(str2)
```

运行结果：

```
I'm a student from China.
Python 使用英文双引号(即")作为字符串的界定符
```

② 使用不同的引号包围字符串。因为字符串的界定符需要成对出现，所以如果字符串内容中出现了单引号，那么我们可以使用双引号包围字符串，反之亦然。例如：

```
str1 = "I'm a student from China. "
str2 = 'Python 使用英文双引号(即")作为字符串的界定符'
print(str1)
print(str2)
```

运行结果和上面相同。

Python 不是格式自由的语言，它对程序的换行、缩进都有严格的语法要求。要想换行书写一个比较长的字符串，必须在行尾添加反斜杠（\）。示例如下：

```
s1 =("社会主义核心价值观 24 个字是:\
富强、民主、文明、和谐,\
```

```
自由、平等、公正、法治,\
爱国、敬业、诚信、友善")
print(s1)
```

运行结果:

社会主义核心价值观 24 个字是:富强、民主、文明、和谐,自由、平等、公正、法治,爱国、敬业、诚信、友善

上面 s1 字符串的字符比较长,所以使用了转义字符"\"对字符串内容进行了换行,这样就可以把一个长字符串写成多行。另外,Python 也支持表达式的换行。例如:

```
num = 7 + 1 / 2 + \
    3 * 4
print(num)
```

运行结果:

19.5

更多的字符串知识,将在项目 6 中介绍。

2. 程序代码

```
a = "Hello"
b = "World"
c = a + " " + b
print(c)
```

运行结果:

Hello World

任务 2.2.5   布尔类型

在数学运算中,对于比较算式 1>2,一般称之为不成立的、错误的;反之 1<2,则称其为成立的、正确的。使用 Python 语言直接输出这两个比较算式的结果。

1. 任务分析

Python 提供了 bool 类型来表示真(对)或假(错)。比如常见的 5 > 3 比较算式,这个是正确的,在程序世界里称之为真(对),Python 使用 True 来代表;再比如 4 > 20 比较算式,这个是错误的,在程序世界里称之为假(错),Python 使用 False 来代表。

bool 类型只有两个值,True 和 False。需要注意 True 和 False 是 Python 中的关键字,当作为 Python 代码输入时,一定要注意字母的大小写,否则解释器会报错。Python 可以使用内置函数 bool() 把其他类型转换为 bool 类型,方便进行计算。转换规则如下:

```
print(bool(123),bool(123.45))        # 非 0 数字全部转换为 True
print(bool(0),bool(0.0))             # 数字 0 转换为 False
print(bool("a"),bool(""))            # 空字符串转换为 False,反之则为 True
```

运行结果:

```
True True
False False
True False
```

总的来说,bool 类型就是用于代表某个事情的真(对、成立)或假(错、不成立),如果这个事情是正确的,用 True (或 1) 代表;如果这个事情是错误的,用 False (或 0) 代表。

2. 程序代码

```
print(1 > 2)
print(1 < 2)
```

运行结果:

```
False
True
```

以上为常用的数据类型。除此之外,Python 还有一些相对复杂的组合数据类型,如列表、元组、集合、字典等。下面针对复杂的组合数据类型进行简单的介绍,详细内容会在项目 4 中展现。

(1)列表

列表是多个数据元素的有序集合,它可以保存任意数量、任意类型的元素,且数据元素支持增删改查的操作。Python 中使用"[ ]"创建列表,列表中的数据元素以逗号分隔,示例如下:

```
[123,456.7,'Hello World']            # 这是一个列表
```

(2)元组

元组与列表的作用相似,它可以保存任意数量、任意类型的元素,但不可以被修改。Python 中使用"( )"创建元组,元组中的数据元素以逗号分隔,示例如下:

```
(123,456.7,'Hello World')            # 这是一个元组
```

(3)集合

集合与列表、元组类似,也可以保存任意数量、任意类型的元素,区别在于集合使用"{ }"创建,集合中的元素无序且唯一,集合常用于数据去重。示例如下:

```
{123,456.7,'Hello World'}            # 这是一个集合
```

（4）字典

字典中的元素是"键（Key）：值（Value）"形式的键值对，键不能重复。Python 中使用"｛｝"创建字典，字典中的各元素以逗号分隔，示例如下：

```
{'math':80,'chinese',96}                    # 这是一个字典
```

任务 2.3　运算符

Python 中比较常用的运算符有算术运算符、赋值运算符、比较运算符、逻辑运算符和位运算符，下面介绍以上运算符的基本概念和使用。

任务 2.3.1　算术运算符

分别创建两个变量 x 和 y，并赋值为 5 和 10，然后进行两个变量的加减乘除运算并输出结果。

1. 任务分析

算术运算符也叫数学运算符，主要用来对数值型数据进行数学计算，其中一些符号、用法与数学运算中的符号和用法完全一致，比如加减乘除。表 2－1 列出了 Python 支持的全部算术运算符。

表 2－1　算术运算符一览表

方法名	描述	示例	结果
＋	加	10 ＋ 20	30
－	减	20 － 10	10
*	乘	1.2 * 4	4.8
/	除法（和数学中的规则一样）	15 / 4	3.75
//	整除（只保留商的整数部分）	21 // 4	5
%	取余，即返回除法的余数	21 % 4	1
* *	幂运算/次方运算，即返回 x 的 y 次方	2 * * 5	32，即 2^5

（1）加法运算符

加法运算符的符号为"＋"，两侧为数值型数据时，实现的是数学计算中的加法计算。示例如下：

```
a = 8
b = 37
sum1 = a + b
m = 3.4
n = 21.8
sum2 = m + n
print("sum1 = %d,sum2 = %.2f" %(sum1,sum2))
```

运行结果：

```
sum1 = 45,sum2 = 25.20
```

当加法运算符两侧数据为字符串时，它实现的是字符串的拼接，即将两个字符串连接为一个，示例如下：

```
name = "张三"
grade = "2024 级"
age = 20
info = name + "是" + grade + "的学生,他今年" + str(age) + "岁。"
print(info)
```

运行结果：

```
张三是 2024 级的学生,他今年 20 岁。
```

代码中 str（）函数用来将整数类型的 age 转换成字符串。注意：Python 中不允许数值型数据和字符型数据同时出现在加法运算符的两侧。示例如下：

```
name = "张三"
grade = "2024 级"
age = 20
info = name + "是" + grade + "的学生,他今年" + age + "岁。"  #age 前没有 str
print(info)
```

运行结果：

```
TypeError:can only concatenate str(not "int")to str
```

（2）减法运算符

减法运算符符号为"−"，两侧为数值型数据时，实现的是数学计算中的减法计算。示例如下：

```
a = 25
b = 10
print(a − b)
```

运行结果：

```
15
```

"−"除了可以实现两个数值型数据的减法计算，还可以作为负号（正数变负数，负数变正数）。示例如下：

```
a = 22
a_neg = − a
```

```
b = - 1. 23
b_neg = - b
print(a_neg,",",b_neg)
```

运行结果：

```
- 22,1.23
```

（3）乘法运算符

乘法运算符符号为"＊"，两侧为数值型数据时，实现的是数学计算中的乘法计算。示例如下：

```
a = 3 * 4
b = 12.6 * 3
print(a,",",b)
```

运行结果：

```
12,37.8
```

"＊"在数值计算中实现两个数的乘法计算，在字符串操作中实现字符串的重复，即将 n 个同样的字符串连接起来。示例如下：

```
str_1 = "Python "
print(str_1 * 3)
```

运行结果：

```
Python Python Python
```

（4）除法运算符

Python 支持除法计算的运算符有"/"和"//"，二者之间的区别如下：

① "/"是除法运算符，它的运算结果与数学计算中的除法运算结果一致。

② "//"是整除运算符，它的运算结果只取商的整数部分，小数部分全部舍弃。注意是将小数部分直接舍弃，而不是四舍五入。示例如下：

```
# 整数不能除尽
print("40/3 = ",40/3)
print("40//3 = ",40//3)
print("40.0//3 = ",40.0//3)
print("- - - - - - - - - - - - - - - - - -")
# 整数能除尽
print("35/5 = ",35/5)
print("35//5 = ",35//5)
print("35.0//5 = ",35.0//5)
```

```
print("------------------")
# 小数除法
print("25.3/1.2 = ",25.3/1.2)
print("25.3//1.2 = ",25.3//1.2)
```

运行结果：

```
40/3 = 13.333333333333334
40//3 = 13
40.0//3 = 13.0
------------------
35/5 = 7.0
35//5 = 7
35.0//5 = 7.0
------------------
25.3/1.2 = 21.083333333333336
25.3//1.2 = 21.0
```

从运行结果可知：

① 不论参与运算的是不是整数，不论运算结果是不是整数，"/"的计算结果都被保存为浮点型数据。

② 一般情况下，"//"的运算结果均为整型数据，仅当小数参与运算时，结果才是浮点型数据。

注意，与数学计算中的除法计算一样，除法计算中的除数始终不能为0。在 Python 中除数为 0 将导致 ZeroDivisionError 异常。

（5）求余运算符

求余运算符的符号是"％"。求余运算本质上仍是除法计算，只是求余运算的结果仅取除法计算的余数。以 20 除以 3 为例，"20/3"的计算结果是 6.666666666666667；"20//3"的计算结果是 6，即图 2-1 所示的除法竖式中的商；"20％3"的计算结果是 2，即图 2-1 所示的除法竖式中的余数。对于小数，求余的结果一般也是小数。

图 2-1　除法计算

注意，求余运算的本质是除法运算，所以第二个数字也不能为 0，否则会导致 ZeroDivisionError 错误。示例如下：

```
print("-----整数求余-----")
print("30 % 7 = ",30 % 7)
print("-30 % 7 = ",-30 % 7)
print("30 % -7 = ",30 % -7)
print("-30 % -7 = ",-30 % -7)
print("-----小数求余-----")
```

```
print("6.2％2.1 =",6.2 % 2.1)
print("－6.2％2.1 =",－6.2 % 2.1)
print("6.2％－2.1 =",6.2 % －2.1)
print("－6.2％－2.1 =",－6.2 % －2.1)
print("－－－整数和小数运算－－－")
print("45.2％3 =",45.2 % 3)
print("45.2％3.1 =",45.2 % 3.1)
print("45.2％－3 =",45.2 % －3)
print("－45.2％3.1 =",－45.2 % 3.1)
print("－45.2％－3.1 =",－45.2 % －3.1)
```

运行结果：

```
－－－－－整数求余－－－－－
30％7 = 2
－30％7 = 5
30％－7 = －5
－30％－7 = －2
－－－－－小数求余－－－－－
6.2％2.1 = 2.0
－6.2％2.1 = 0.10000000000000009
6.2％－2.1 = －0.10000000000000009
－6.2％－2.1 = －2.0
－－－整数和小数运算－－－
45.2％3 = 0.20000000000000284
45.2％3.1 = 1.8000000000000016
45.2％－3 = －2.799999999999997
－45.2％3.1 = 1.2999999999999985
－45.2％－3.1 = －1.8000000000000016
```

从运行结果可知：

① 只有当第二个数字是负数时，求余的结果才是负数。换句话说，求余结果的正负和第一个数字没有关系，只由第二个数字决定。

②"％"两边的数字都是整数时，求余的结果也是整数。但是只要有一个数字是小数，求余的结果就是小数。

（6）次方（乘方）运算符

Python 使用符号"＊＊"进行次方运算，称为次方（乘方）运算符。由于开方是次方的逆运算，所以也可以使用"＊＊"运算符间接地实现开方运算。示例如下：

```
print('－－－次方运算－－－')
print('4＊＊2 =',4 ＊＊ 2)
print('5＊＊3 =',5 ＊＊ 3)
```

```
print('- - - -开方运算- - - -')
print('9 * * (1/2) = ',9 * * (1/2))
print('99 * * (1/3) = ',99 * * (1/3))
```

运行结果：

```
- - - -次方运算- - - -
4 * * 2 = 16
5 * * 3 = 125
- - - -开方运算- - - -
9 * * (1/2) = 3.0
99 * * (1/3) = 4.626065009182741
```

2. 程序代码

```
x = 5
y = 10
z = x + y
print(z)
z = x - y
print(z)
z = x * y
print(z)
z = x / y
print(z)
```

运行结果：

```
15
- 5
50
0.5
```

任务 2.3.2　赋值运算符

创建一个变量并赋值为 10，输出变量的值。

1. 任务分析

Python 使用赋值运算符将右侧的值存储在左侧的变量（或者常量）中。右侧的值可以是具体的某个值，也可以是进行某些运算后的值，比如加减乘除、函数调用、逻辑运算等。Python 中最基础的赋值运算符是"＝"。结合算术运算符，Python 还提供一些特殊的赋值运算符。

（1）赋值运算符

"＝"被用来将一个表达式的值赋给另一个变量，示例如下：

```
# 将字面量(直接量)赋值给变量
int_1 = 45
float_1 = 123.4
str_1 = "I LovePython"
# 将一个变量的值赋给另一个变量
int_2 = int_1
float_2 = float_1
# 将某些运算的值赋给变量
sum1 = 23 + 78
sum2 = float_1 % 5
str_2 = str(123)                # 将 str()函数调用的结果赋值给变量
str_3 = str(78) + str_2
```

Python 支持连续赋值，使用该方法可以一次性创建多个具有相同值的变量。示例如下：

```
x = y = z = 20
print(x,y,z)
```

运行结果：

```
20 20 20
```

Python 支持使用一个赋值运算符一次性创建多个具有不同值的变量，只需在赋值运算符两侧分别写下相同数量的变量名和变量值即可。示例如下：

```
x,y,z = 10,20,30
print(x,y,z)
```

运行结果：

```
10 20 30
```

注意，Python 不支持在输出函数的调用参数中赋值，例如 print（a = 1），程序执行时会报 TypeError 异常。

（2）特殊赋值运算符

"＝"还可与算术运算符或位运算符相结合，扩展成为功能更加强大的赋值运算符，见表 2-2 所列。扩展后的赋值运算符将使得赋值表达式的书写更加优雅和方便。

表 2-2　赋值运算符一览表

运算符	描　述	用法举例	说　明
＝	最基本的赋值运算符	a = b	将变量 b 的值赋值给变量 a
＋＝	加法赋值运算符	a ＋= b	将表达式 a＋b 的值赋值给变量 a

（续表）

运算符	描　述	用法举例	说　明
－ =	减法赋值运算符	a － = b	将表达式 a－b 的值赋值给变量 a
＊ =	乘法赋值运算符	a ＊ = b	将表达式 a＊b 的值赋值给变量 a
/=	除法赋值运算符	a / = b	将表达式 a/b 的值赋值给变量 a
%=	取余赋值运算符	a % = b	将表达式 a%b 的值赋值给变量 a
＊＊=	幂运算赋值运算符	a ＊＊= b	将表达式 a＊＊b 的值赋值给变量 a
//=	取整赋值运算符	a //= b	将表达式 a//b 的值赋值给变量 a
&=	按位与赋值运算符	a & = b	将表达式 a&b 的值赋值给变量 a
| =	按位或赋值运算符	a | = b	将表达式 a|b 的值赋值给变量 a
^=	按位异或赋值运算符	a ^= b	将表达式 a^b 的值赋值给变量 a
<<=	左移赋值运算符	a <<= b	将表达式 a << b 的值赋值给变量 a
>>=	右移赋值运算符	a >>= b	将表达式 a >> b 的值赋值给变量 a

示例如下：

```
int_1 = 15
float_1 = 23.4
int_1 － = 9                # 等价于 int_1 = int_n1 － 9
float_1 ＊ = int_1 － 8      # 等价于 float_1 = float_1 ＊ (int_n1 － 20)
print("int_1 = %d" % int_1)
print("float_1 = %.2f" % float_1)
```

运行结果：

```
int_1 = 6
float_1 = － 46.80
```

为增强代码的可读性，一般在编写程序时，建议优先使用特殊赋值运算符。

但是需注意，所有的变量都需要先赋值再使用，而这种赋值运算符需要在 "＝" 的右边使用该变量的值，因此特殊赋值运算符不能用于变量的初次赋值。若变量此前没有被赋值，程序运行会报错。例如，下面的写法就是错误的：

```
a － = 10
print(a)
```

运行结果：

```
NameError:name 'a' is not defined
```

该表达式等价于 a ＝ a－10，a 没有提前定义，所以它不能参与减法运算。

2. 程序代码

```
a = 10
print(a)
```

运行结果：

```
10
```

任务 2.3.3   比较运算符

定义两个变量 a、b，分别赋值为 5 和 15，然后输出 a＞b 和 a＜b 的结果。

1. 任务分析

比较运算符，也称关系运算符，用于比较两个数据值的大小。如果表达式成立，则返回 True（真），反之则返回 False（假）。

Python 支持的比较运算符见表 2-3 所列。

表 2-3   比较运算符一览表

运算符	示例	说明
＞	a＞b	如果 a 的值大于 b 的值，则返回 True，否则返回 False
＜	a＜b	如果 a 的值小于 b 的值，则返回 True，否则返回 False
＝＝	a＝＝b	如果 a 的值与 b 的值相等，则返回 True，否则返回 False
＞＝	a＞＝b	如果 a 的值大于等于 b 的值，则返回 True，否则返回 False
＜＝	a＜＝b	如果 a 的值小于等于 b 的值，则返回 True，否则返回 False
！＝	a！＝b	如果 a 的值与 b 的值不相等，则返回 True，否则返回 False
is	a is b	判断 a、b 两个变量所引用的对象是否相同，如果相同则返回 True，否则返回 False
is not	a is not b	判断 a、b 变量所引用的对象是否不相同，如果不相同则返回 True，否则返回 False

Python 比较运算符的使用举例：

```
print("89 大于 100 吗？答案是：",89 > 100)
print("24 * 5 大于等于 76 吗？答案是：",24 * 5 > = 76)
print("86.5 等于 86.5 吗？答案是：",86.5 = = 86.5)
print("34 等于 34.0 吗？答案是：",34 = = 34.0)
print("False 小于 True 吗？答案是：",False < True)
print("True 等于 True 吗？答案是：",True = = True)
print("字符串'11'>'9'？答案是：",'11'>'9')
```

运行结果：

```
89 大于 100 吗? 答案是:False
24 * 5 大于等于 76 吗? 答案是:True
86.5 等于 86.5 吗? 答案是:True
34 等于 34.0 吗? 答案是:True
False 小于 True 吗? 答案是:True
True 等于 True 吗? 答案是:True
字符串'11'>'9'? 答案是:False
```

注意：

① 字符串之间可以比较，在比较时，按照每一个字符对应的 ASCII 编码依次从左到右进行比较。本例中，因为字符 "1" 对应的 ASCII 码值小于字符 "9" 对应的 ASCII 码值，所以'11'>'9'不成立。

② 字符串和数字之间不能比较，如果比较的话，程序会给出 TypeError 异常。

③ "="、"=="、"is" 是三个不同的运算符。"=" 是赋值运算符，一般用于变量的赋值；"==" 是比较运算符，用于比较两个值是否相等；"is" 用于比对两个变量引用的是否是同一个对象。例如：

```
int_1 = int_2 = 20
int_3 = 20.0
print(int_1 == int_2,int_1 == int_3)
print(int_1 is int_2,int_1 is int_3)
```

运行结果：

```
True True
True False
```

变量 int_1 和 int_2 的值均为整型数据 20，int_3 的值也是 20，但是是浮点型数据。因此在使用比较运算符 "==" 判断值是否相等时，这三个变量的值都是相等的。而在使用 "is" 判断两个变量是否引用同一对象时，int_1 和 int_2 引用同一个整型数据，所以结果为 True；int_1 和 int_3 分别引用整型和浮点型数据，是不同对象，因此即使它们的值相等，但 "int_1 is int_3" 的判断结果为 False。这就好像双胞胎姐妹，虽然她们的外貌是一样的，但她们是两个人。

那么，如何判断两个对象是否相同呢? 答案是判断两个对象的内存地址。如果内存地址相同，说明两个对象使用的是同一块内存，当然就是同一个对象了。这就像一个人有现用名和曾用名，两个名字指向的是同一个人。

2. 程序代码

```
a = 5
b = 15
print(a > b)
```

```
print(a < b)
```

运行结果：

```
False
True
```

任务 2.3.4　逻辑运算符

定义 a 为 23，b 为 False，分别输出 "a 或 b" "a 且 b" 的结果。

1. 任务分析

高中数学就学过逻辑运算，例如 p 为真命题，q 为假命题，那么 "p 且 q" 为假，"p 或 q" 为真，"非 q" 为真。Python 也有类似的逻辑运算符，见表 2 − 4 所列。

表 2 − 4　逻辑运算符一览表

逻辑运算符	含义	示例	说明
and	逻辑与运算	a and b	当表达式 a 的值为真时，返回表达式 b 的值；否则返回表达式 a 的值
or	逻辑或运算	a or b	当表达式 a 的值为假时，返回表达式 b 的值；否则返回表达式 a 的值
not	逻辑非运算	not a	如果 a 为真，那么 not a 的结果为假；如果 a 为假，那么 not a 的结果为真。相当于对 a 取反

逻辑运算符更多的会与比较运算符结合使用，例如：

```
14 > 6 and 45.6 > 90
```

程序执行时，比较运算符优先级更高，因此会优先计算比较运算符构成的表达式（运算符优先级见表 2 − 9 所列）。因为 14>6 成立，结果为 True；因为 45.6>90 不成立，结果为 False。所以整个表达式的结果为 False，即不成立。

在 Python 中使用逻辑与和逻辑或运算符时，要注意以下两点：

① 程序执行时，如果运算符左边表达式的值已经可以决定整个表达式的值，那么程序将不会执行右边表达式，这是 Python 的惰性计算特性。

② 程序执行时，逻辑表达式的最终运算结果不一定是 True 或者 False，有可能是运算符左侧或者右侧表达式的值。

使用代码验证上面的结论：

```
print(1 or 3/0)   # 因为 or 前面的值为真，所以整个表达式为真，不执行后面的语句
print(0 and 3/0)  # 因为 and 前面的值为假，所以整个表达式为假，不执行后面的语句
```

运行结果：

```
1
0
```

使用代码验证上面的结论：

```
print(1and 3/0)    # 因为 and 前面的值为真,所以执行后面的语句
print(0or 3/0)     # 因为 or 前面的值为假,所以执行后面的语句
```

运行结果：

```
ZeroDivisionError:division by zero
```

2. 程序代码

```
a = 23
b = False
print(a or b)
print(a and b)
```

运行结果：

```
23
False
```

任务 2.3.5　位运算符

定义变量 a 为 5，b 为 9，分别输出"a 按位与 b""a 按位或 b"的结果。

1. 任务分析

Python 位运算符的操作对象只能是整型数据。程序执行时，将整型数据转换为对应的二进制数，高位补 0 之后，将两个操作数对齐，然后进行按位运算得到一个新的二进制数，最后运算结果转换为十进制数。Python 支持的位运算符见表 2-5 所列。

表 2-5　位运算符一览表

位运算符	说明	使用形式	举 例
&	按位与	a & b	4 & 5
|	按位或	a | b	4 | 5
^	按位异或	a ^ b	4 ^ 5
~	按位取反	~a	~4
<<	按位左移	a << b	4 << 2，表示整数 4 按位左移 2 位
>>	按位右移	a >> b	4 >> 2，表示整数 4 按位右移 2 位

（1）按位与运算符

按位与运算符"&"的运算规则是：只有参与运算的两个操作数对应的位都为 1 时，对应位的结果才为 1，否则为 0，即 1&1 为 1，0&0 为 0，1&0 也为 0。见表 2-6 所列。

表 2-6　按位与运算规则表

第一个 Bit 位	第二个 Bit 位	结果
0	0	0
0	1	0
1	0	0
1	1	1

　　例如，对于 12 & 7，程序执行时将 12 转换为二进制数 1100，将 7 转换为二进制数 0111，对齐之后按照表 2-6 的运算规则，计算出结果为 0100，将其转换为十进制数为 4。因此，12 & 7 的运算结果为 4。

　　（2）按位或运算符

　　按位或运算符 "｜" 的运算规则是：参与运算的两个操作数对应二进制位有一个为 1 时，结果就为 1，两个都为 0 时结果才为 0，例如 1｜1 为 1，0｜0 为 0，1｜0 为 1。见表 2-7 所列。

表 2-7　按位或运算规则表

第一个 Bit 位	第二个 Bit 位	结果
0	0	0
0	1	1
1	0	1
1	1	1

　　例如，对于 12｜7，程序执行时将 12 转换为二进制数 1100，将 7 转换为二进制数 0111，对齐之后按照表 2-7 的运算规则，计算出结果为 1111，将其转换为十进制数为 15。因此，12｜7 的运算结果为 15。

　　（3）按位异或运算符

　　按位异或运算符 "^" 的运算规则是：参与运算的两个操作数的二进制位不同时，结果为 1，相同时结果为 0，例如 0^1 为 1，0^0 为 0，1^1 为 0。见表 2-8 所列。

表 2-8　按位异或运算规则表

第一个 Bit 位	第二个 Bit 位	结果
0	0	0
0	1	1
1	0	1
1	1	0

例如，对于 12 ＾ 7，程序执行时将 12 转换为二进制数 1100，将 7 转换为二进制数 0111，对齐之后按照表 2 - 8 的运算规则，计算出结果为 1011，将其转换为十进制数为 11。因此，12 ＾ 7 的运算结果为 11。

（4）按位取反运算符

按位取反运算符"～"为单目运算符（只有一个操作数），右结合性，作用是对参与运算的二进制位取反。例如～1 为 0，～0 为 1。

例如，对于～12，程序执行时将 12 转换为二进制数 0000...01100，然后每一位都取相反数，计算出结果为 1111...10011，将其转换为十进制数为－13。注意最高位为 1，表示该数为负数。因此，～12 的运算结果为－13。

（5）左移运算符

Python 左移运算符"＜＜"用来把操作数的各个二进制位全部左移若干位，高位丢弃，低位补 0。

例如，4 ＜＜ 2，程序执行时将 4 转换为二进制数 0100，然后向左位移 2 位，低位补 0，计算出结果为 10000，将其转换为十进制数为 16。因此，4 ＜＜ 2 的运算结果为 16。

（6）右移运算符

Python 右移运算符"＞＞"用来把操作数的各个二进制位全部右移若干位，低位丢弃，高位补 0 或 1。如果数据的最高位是 0，那么就补 0；如果最高位是 1，那么就补 1。

例如，4 ＞＞ 2，程序执行时将 4 转换为二进制数 0100，然后向右位移 2 位，高位补 0，计算出结果为 0001，将其转换为十进制数为 1。因此，4 ＞＞ 2 的运算结果为 1。

2. 程序代码

```
a = 5
b = 9
print(a & b)
print(a|b)
```

运行结果：

```
1
13
```

任务 2.3.6 运算符优先级和结合性

定义三个变量 a 为 1、b 为 5、c 为 9，分别输出 a ＋ b ＊ c 和（a ＋ b）＊ c 的结果。

1. 任务分析

Python 表达式执行时，默认按照结合性执行，但是如果多个运算符，还需要根据运算符的优先级顺序执行。

（1）运算符优先级

所谓优先级，就是当多个运算符同时出现在一个表达式中时，先执行哪个运算符。Python 支持几十种运算符，被划分成 17 个优先级，见表 2 - 9 所列。

表 2-9　运算符优先级一览表

运算符说明	Python 运算符	优先级	结合性	优先级顺序
小括号	( )	17	无	从上往下由高到低
乘方	＊＊	16	右	
按位取反	～	15	右	
符号运算符	＋（正号）、－（负号）	14	右	
乘除	＊、/、//、%	13	左	
加减	＋、－	12	左	
位移	＞＞、＜＜	11	左	
按位与	&	10	右	
按位异或	ˆ	9	左	
按位或	|	8	左	
比较运算符	＝＝、!＝、＞、＞＝、＜、＜＝	7	左	
is 运算符	is、is not	6	左	
in 运算符	in、not in	5	左	
逻辑非	not	4	右	
逻辑与	and	3	左	
逻辑或	or	2	左	
逗号运算符	exp1, exp2	1	左	

示例如下：

```
256 - 100 >> 3
```

根据表 2-9 可知，减法运算符的优先级是 12，按位右移运算符的优先级是 11，所以先执行 256－100，得到结果 156，再执行 156＞＞3，得到结果 19，这也是整个表达式的最终结果。

如果在编写代码时不能准确分辨优先级的表达式，可以给想要优先计算的子表达式加上"（）"，也就是写成下面的样子：

```
(256 - 100) >> 3
```

这样看起来就一目了然了，不容易引起误解。当然 Python 也允许使用"（）"改变程序的执行顺序，比如：

```
256 - (100 >> 3)
```

这样就是先执行 100 ＞＞ 3，得到结果 12，再执行 256－12，得到结果 244。

虽然 Python 程序执行时会根据运算符优先级来计算表达式的值，但对于使用多种运算符构成的复杂表达式，仅依赖运算符的优先级，会导致程序的可读性降低。建议尽量使用"（）"来控制表达式的执行顺序。

（2）运算符结合性

程序执行时，除运算优先级之外，还需考虑同一优先级的运算符的结合性。同一优先级运算符构成的表达式，程序执行时如果是从左到右执行，则称为左结合性；如果是从右到左执行，则称为右结合性。

例如对于表达式 20 / 4 ∗ 3，除法运算符和乘法运算符的优先级相同，程序执行时，不能从运算符优先级判断执行顺序，因此根据运算符的左结合性，先执行左边的除法表达式 20/4 得到结果 5，再执行右边的乘法表达式 5 ∗ 3 得到结果 15。

2. 程序代码

```
a = 1
b = 5
c = 9
print(a + b * c)
print((a + b) * c)
```

运行结果：

```
46
54
```

任务 2.4　内置函数

本任务中介绍了 Python 的一些内置函数，主要有：输入函数 input（）、输出函数 print（）、绝对值函数 abs（）、幂函数 pow（）、最大值函数 max（）、最小值函数 min（）和生成数字序列的函数 range（）。

任务 2.4.1　input 函数

使用 input 函数提示输入信息："请输出一个数字"，然后把输入的数字赋值给变量 a 并输出。

1. 任务分析

Python 提供内置函数 input（）可以从控制台获取用户输入的内容。input（）函数默认以字符串的形式来获取用户输入的内容，所以用户可以输入任意的字符。

input（）函数的用法为：

```
var = input(tipmsg)
```

说明：

① var 表示一个变量，一般会将 input 获取到的字符串存储到变量中，以参与后续的运算。

② tipmsg 表示提示信息，它会原样输出在控制台，以提示用户应该输入什么样的数据；如果不写 tipmsg，就不会有任何提示信息。

input（）函数的简单使用：

```
x = input("请输入一个数字:")
y = input("请输入另外一个数字:")
print("x 的类型是:",type(x))
print("y 的类型是:",type(y))
sum_1 = x + y
print("求和的结果是:",sum_1)
print("结果的类型:",type(sum_1))
```

Python 提供内置函数 type（）用于查阅变量的数据类型。运行结果如下：

```
请输入一个数字:12
请输入另外一个数字:34
x 的类型是： <class 'str'>
y 的类型是： <class 'str'>
求和的结果是： 1234
结果的类型： <class 'str'>
```

本例中要求用户输入两个数值，希望计算出它们的和，但 input 函数输入的数据默认以字符串保存，所以"＋"实现了字符串的拼接，而不是数值的加法计算。

可以使用 Python 内置函数将字符串转换成想要的数据类型，比如：int（string）将字符串转换成 int 类型，float（string）将字符串转换成 float 类型，bool（string）将字符串转换成 bool 类型。

在上面的代码添加数据类型转换的代码，将用户输入的内容转换成数字：

```
x = input("请输入一个数字:")
y = input("请输入另外一个数字:")
x = int(x)
y = float(y)
print("x 的类型是:",type(x))
print("y 的类型是:",type(y))
sum_1 = x + y
print("求和的结果是:",sum_1)
print("结果的类型:",type(sum_1))
```

运行结果：

```
请输入一个数字:12
请输入另外一个数字:34
x 的类型是： <class 'int'>
y 的类型是： <class 'float'>
```

```
求和的结果是： 46.0
结果的类型： <class'float'>
```

2. 程序代码

```
a = input("请输入一个数字:")
print(a)
```

运行结果：

```
请输入一个数字:25
25
```

任务 2.4.2 print 函数

使用 print 函数输出以下信息：

用户名：Tom，年龄：18。

1. 任务分析

使用 print（）函数可以将程序运行结果显示在控制台上。print（）函数的详细语法格式如下：

```
print(value,...,sep = '',end = '\n',file = sys. stdout,flush = False)
```

其中，value 参数可以接受任意多个变量或值，print（）函数可以一次性输出多个值；sep 参数设置输出的多个数据值之间的分割符，默认是单个空格；end 参数设置输出结束符，默认是换行。

示例如下：

```
user_name = 'Tom'
user_age = 18
# 同时输出多个变量和字符串,指定分隔符
print("读者名:",user_name,"年龄:",user_age,sep = '|')
```

运行上面代码，可以看到如下输出结果：

```
读者名:|Tom|年龄:|18
```

2. 程序代码

```
name = 'Tom'
age = 18
print('用户名:',name,'年龄:',age)
```

运行结果：

```
用户名:Tom 年龄:18
```

任务 2.4.3　数学函数

使用 Python 内置数学函数计算 | −4.51 | +2⁷的结果。

1. 任务分析

Python 提供了许多数学函数，本任务需要使用常用的绝对值函数、幂函数、最大值函数和最小值函数。

（1）绝对值函数：abs（）

abs（）函数返回括号中数字的绝对值，语法为：abs（x），其中 x 为数值表达式。以下为示例：

```
print("abs(- 27):",abs(- 27))
print("abs(38.5):",abs(38.5))
```

运行结果：

```
abs(- 27):  27
abs(38.5):  38.5
```

（2）幂函数：pow（）

pow（）方法返回 x^y（x 的 y 次方）的值，语法为：

```
pow(x,y[,z])
```

函数是计算 x 的 y 次方，如果 z 存在，则再对结果进行取模，其结果等效于 pow（x，y)% z，三个参数传入时，要求所有参数值都是整数。以下为示例：

```
print("pow(4,3):",pow(4,3))
```

运行结果：

```
pow(4,3):  64
```

（3）最大值函数：max（）

max（）方法返回给定参数的最大值，参数既可以是多个数值表达式，也可以为序列对象。语法为：max（x，y，z，....），其中 x，y，z 要么都是数值要么都是字符串。以下为示例：

```
print("max(22,11,9):",max(22,11,9))
print("max(- 22,- 11,- 33):",max(- 22,- 11,- 33))
print("max([11,22,- 33]):",max([11,22,- 33]))
print("max('11','22','9'):",max('11','22','9'))
```

运行结果：

```
max(22,11,9)：22
max(-22,-11,-33)：-11
max([11,22,-33])：22
max('11','22','9')：9
```

（4）最小值函数：min（）

min（）方法返回给定参数的最小值，参数既可以是多个数值表达式，也可以为序列对象。语法为：min（x，y，z，....），其中 x，y，z 要么都是数值要么都是字符串。以下为示例：

```
print("min(22,11,9):",min(22,11,9))
print("min(-22,-11,-33):",min(-22,-11,-33))
print("min([11,22,-33]):",min([11,22,-33]))
print("min('11','22','9'):",min('11','22','9'))
```

运行结果：

```
min(22,11,9)：9
min(-22,-11,-33)：-33
min([11,22,-33])：-33
min('11','22','9')：11
```

2. 程序代码

```
a = abs(-4.51)
b = pow(2,7)
c = a + b
print(c)
```

运行结果：

```
132.51
```

任务 2.4.4 range（）函数

使用 range（）函数输出 30 以内的偶数。

1. 任务分析

range（）函数返回的是一个数字序列组成的可迭代对象（类型是对象），但不是列表类型，直接调用输出函数打印并不会直接打印出数值。为了能够输出数值，可以通过 list（）函数把 range（）返回的可迭代对象转为一个列表，返回的变量类型为列表。

range（）函数语法格式为：range（[start,] stop [, step]），三个参数依次代表开始的数字、结束的数字以及步长，有以下三种常用用法：

```
range(stop)              # start 默认值为 0,step 默认值为 1
range(start,stop)        # step 默认值为 1
range(start,stop,step)
```

表示包含左闭右开区间〔start，stop）内，即取不到结束的数字，以 step 为步长的整数可迭代对象。示例：

```
print(list(range(10)))
print(list(range(1,10)))
print((list(range(1,10,2))))
```

运行结果：

```
[0,1,2,3,4,5,6,7,8,9]
[1,2,3,4,5,6,7,8,9]
[1,3,5,7,9]
```

2. 程序代码

```
print(list(range(0,31,2)))
```

运行结果：

```
[0,2,4,6,8,10,12,14,16,18,20,22,24,26,28,30]
```

除此之外，Python 可以用内置函数 dir（）查看系统的所有内置对象和函数。语法如下：

```
dir(__builtins__)
```

结果得到一个列表，如〔'ArithmeticError'，…，'tuple'，'type'，'vars'，'zip'〕。其中，大写字母开头的是 Python 的内置常量名，小写字母开头的是 Python 的内置函数名，如果想知道内置函数的用法，可执行命令：help（内置函数名）。

本项目介绍了 Python 编程中最基本的基础语法、数据类型、运算符和内置函数。这些是 Python 程序设计的基础，在 Python 语言学习框架中处于重要地位。基础语法不仅保证了代码编写的语法正确性，还可以培养良好的编码习惯，提高代码可读性。数据是程序处理过程中必不可少的对象，掌握基础的数值型和字符型数据，可为后续复合型数据的学习打好基础。运算符和内置函数可以帮助程序员在编写代码时，快捷有效地处理数据，提高代码编写效率。Python 语言的学习不是一蹴而就的，只有把这些基础打好，并长期坚持学习，才能在以后的工作中发挥作用。

一、选择题

1. 以下不是 Python 合法标识符的是_____。

A. Name　　　　　　B. 1 _ name　　　　　　C. name _ 1　　　　　　D. name

2. 可以使用_____将程序运行结果显示在控制台。

A. print（）函数　　　B. range（）函数　　　C. pow（）函数　　　D. input（）函数

3. Python 程序中，将一行长语句写在多行，可以使用_____符号。

A. '（单引号）　　　B. #　　　C. \　　　D. :（冒号）

4. 以下不属于字符串界定符的是_____。

A. '（单引号）　　　B. #　　　C. "（双引号）　　　D. ''' （三引号）

5. 以下运算符优先级最低的是_____。

A. and　　　B. //　　　C. &　　　D. ==

6. 以下不合法的表达式是_____。

A. 2<3　　　B. 2<<3　　　C. 2< "3"　　　D. "2" < "3"

7. 程序运行时，无论 a 的值是什么，与表达式 a==0 具有相同运算结果是_____。

A. a　　　B. not a　　　C. a=0　　　D. a! =2

二、填空题

1. 使用_____函数可以获得变量的数据类型。

2. 使用_____函数可以将一个整数转换为字符串类型。

3. 如果一个比较运算符连接的表达式是成立的，则返回结果是_____。

4. 表达式 list（range（1，10，3））的结果是_____。

5. 在使用 print（）函数时，如果输出完数据不想换行，可以修改_____参数。

三、程序设计题

1. 将数字 123 分别转换为浮点型、布尔型、字符串类型，并输出转换后的数据类型。

2. 分别使用一个输出函数和四个输出函数输出一首古诗，要求每一句诗占一行。

3. 现已知有 5 位同学，Python 成绩分别为 95、64、83、77、80，请编写代码，从控制台输入这 5 位同学成绩，并输出平均分。

项目 3　流程控制

在计算机编程中，程序执行结构主要有顺序结构、分支选择结构和循环结构，其中分支选择结构对应的是问题解决过程存在多种可能的情形，循环结构对应的是问题解决过程中存在重复执行的内容。本项目以任务的方式学习 Python 语言的流程控制语句结构和基本语法，包括选择分支结构和循环结构。

 项目任务

- 分支选择结构
- 循环结构

 学习目标

- 掌握单、双分支选择结构的语法结构
- 熟练使用多分支选择结构语句
- 学会使用 if 条件语句进行选择结构的嵌套
- 掌握 while 循环和 for 循环语句的语法结构
- 理解可迭代对象概念
- 能通过循环控制语句 break 和 continue 控制循环执行的流程

任务 3.1　分支选择结构

选择结构是指程序运行时系统根据某个特定条件选择一个分支执行。根据分支的多少，选择结构分为单分支选择结构、双分支选择结构和多分支选择结构。根据实际需要，还可以在选择结构中嵌入一个或者多个选择结构，形成选择结构的嵌套。

任务 3.1.1　单分支选择结构：计算机等级考试成绩

小明参加了全国计算机等级考试，根据考试规定考试满分为 100 分，总分达到 60 分且选择题得分达到 50% 及以上（即选择题得分要达到 20 分及以上）的考生方可取得合格证书。编写程序，在控制台输入考试成绩，如果成绩合格，输出"恭喜获得证书"。

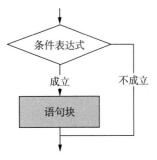

图 3-1　if 语句的执行流程图

1. 任务分析

用内置函数 input 从控制台分别获取总成绩和选择题成绩，假定输入数值成绩，用 float 函数将字符串类型成绩转换为数值型；接着编写获得证书的条件表达式，条件成立时按任务要求输出信息，否则什么也不做。这里需要使用 if 选择分支结构。

解决本任务需要使用到的核心代码块是 if 语句结构体。它是选择分支结构之一：单分支结构。语句的执行流程如图 3-1 所示，语法结构如下：

```
if 条件表达式：
    语句块
```

需要注意的是：

① 语句块中的语句相对于 if 缩进 4 个空格，并且最少包含一条语句，如果有多条语句，需要保持相同的缩进。

② 条件表达式的结果是真（True）或假（False）。当条件表达式成立（为真）时，执行语句块。

2. 程序代码

语法如下：

```
score = float(input("请输入总成绩:"))
score1 = float(input("请输入选择题成绩:"))
if score >= 60 and score1 >= 20:
    print("恭喜获得证书")
```

运行结果：

```
请输入总成绩:62
请输入选择题成绩:23
恭喜获得证书
```

任务 3.1.2　双分支选择结构：判断奇偶数

从控制台输入一个整数，判断这是一个偶数还是一个质数，并输出结果。

1. 任务分析

通过 input（）函数可以在控制台获取用户的输入。接下来根据偶数的判断方法"能被 2 整除的数为偶数"，即"与 2 相除余数为 0"，作为 if 结构的条件表达式，成立时，输出该数为偶数，否则输出该数为奇数。"能被 2 整除"需要做除法计算来判断，因此用户输入的数据需要保存为整型数据，可以使用前面介绍过的 int（）函数，也可以使用内置函数 eval（）将字符串转换为表达式。

根据条件是否成立，对应的有两种操作，因此解决本任务需使用 if...else 双分支结构，条件成立时执行一个语句块，不成立时执行另一个语句块。这里的判断条件采用逻辑表达式。if 双分支结构的语法如下：

```
if 条件表达式:
    语句块 1
else:
    语句块 2
```

输出采用字符串的格式化方法 format，相关内容参考项目 6。图 3-2 是双分支结构流程图。

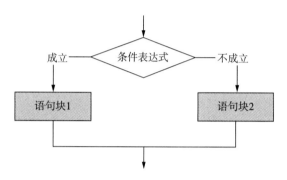

图 3-2 if...else 语句的执行流程图

2. 程序代码

```
x = eval(input("请输入一个整数:"))
if x % 2 = = 0:
    print("{}是偶数".format(x))
else:
    print("{}是奇数".format(x))
```

运行结果：

```
请输入一个整数:12
12 是偶数
请输入一个整数:9
9 是奇数
```

3. 任务拓展

Python 中还提供了一个类似选择结构的三元运算符，并且该三元运算符还可以嵌套使用，可以实现与双分支选择结构相似的效果。具体语法如下：

```
value1 if condition else value2
```

程序执行时，判断条件表达式 condition 是否成立。如果 condition 的值为 True，则三元运算符构成的表达式值为 value1，否则表达式的值为 value2。例如：

```
a = 5
b = 9 if a > 3 else 7      # 该表达式执行效果与下面 if 语句的执行效果一致
if a > 3:
    c = 9
else:
    c = 7
print("b = ",b,"c = ",c)
```

运行结果：

```
b= 9  c= 9
```

任务 3.1.3 多分支选择结构：BMI 指数判断

国际常用 BMI 指数来衡量人体肥胖程度和是否健康的重要指标，编写程序，输入身高、体重，输出判断结果。

1. 任务分析

BMI 指数计算公式为 BMI＝体重 * 身高的平方，其中体重的单位为千克（kg），身高的单位为米（m）。因此，需要将用户输入的数据保存为浮点型数据，然后根据公式计算出 BMI 指数。当 BMI 小于 18.5 时，结果为偏瘦；当 BMI 大于等于 18.5、小于 24 时，结果为正常；当 BMI 大于等于 24、小于 28 时，结果为过重；当 BMI 大于等于 28 时，结果为肥胖。

显然，这个案例有多种结果，属于多分支情形，可使用多个 if 单分支、双分支结构实现。在 Python 中，使用一个 if 多分支结构即可实现。

if 多分支结构是 if...elif...else 形式，每个 if 或 elif 后面跟条件表达式。程序执行时按照从上往下的顺序，依次判断条件表达式是否为真。如果为真，则执行对应的语句块，执行完成后结束 if 分支结构；否则，就接着往下判断，直至所有的条件表达式都不成立。在有 else 分支时，执行 else 的语句块，否则结束 if 分支结构。if 多分支结构流程如图 3-3 所示。

if 多分支结构语法如下：

```
if 表达式 1:
    语句块 1
elif 表达式 2:
    语句块 2
...
elif 表达式 n:
  语句块 n
else:
    语句块 n+1
```

需要注意的是：

① 不管有几个分支，程序最多只会执行一个分支。

② 当多分支中有多个表达式同时满足条件，只执行第一条与之匹配的语句。

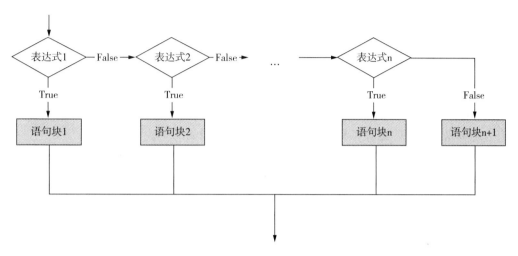

图 3-3　if...elif...else 语句的执行流程图

2. 程序代码

```
height = eval(input("请输入身高,单位为米:"))
weight = eval(input("请输入体重,单位为千克:"))
bmi = weight /(height * height)
if bmi < 18.5:
    print("计算结果为:偏瘦")
elif bmi < 24:
    print("计算结果为:正常")
elif bmi < 28:
    print("计算结果为:过重")
else:
    print("计算结果为:肥胖")
```

运行结果：

```
请输入身高,单位为米:1.6
请输入体重,单位为千克:58
计算结果为:正常
```

任务 3.1.4　选择结构的嵌套：模拟登录

要求在控制台下模拟后台系统登录验证过程。登录的用户名为"zhangsan"、密码为"123"，要求先验证用户名，再验证密码。

1. 任务分析

程序执行过程中存在 4 个数据值，分别是提前设置好的用户名"zhangsan"和密码"123"，以及用户输入的用户名和密码。程序执行时，考虑到提前设置好的用户名和密码一般不允许修改，因此使用常量来存储用户名"zhangsan"和密码"123"。而用户输入的用户名和密码则使用变量来存储。如果用户名正确，则接着判断密码是否正确，密码正确则输出"登录成功"，否则输出"密码错误"；如果用户名不正确，也继续判断密码是否正确，密码正确则输出"用户名不存在"，否则输出"用户名和密码都错误"。

在使用选择结构控制程序执行流程时，如果存在多个条件并且条件之间存在递进关系，则可以在选择结构中嵌入另一个选择结构，由此形成选择结构的嵌套。在内层的选择结构中还可以继续嵌入选择结构，嵌套的深度是没有限制的。

if 单分支结构、if 双分支结构、if 多分支结构都可相互嵌套。嵌套层级越深，越容易出错。特别要注意的是：else 子句需要跟配对的 if 对齐，确保多重嵌套都可正确运行。如下面两种嵌套：

（1）在 if 单分支结构中嵌入 if...else 结构

```
if 表达式1：
    if 表达式2：
        语句块1
    else：
        语句块2
```

（2）在 if...else 结构中嵌入 if 单分支结构

```
if 表达式1：
    if 表达式2：
        语句块1
else：
    语句块2
```

在嵌套结构（1）中，else 与第二个 if 配对；在嵌套结构（2）中，else 与第一个 if 配对。也就是说，使用嵌套的选择结构时系统将根据代码的缩进量来确定代码的层次关系。

2. 程序代码

```
USER = "zhangsan"
PASSWORD = "123"
user = input("请输入用户名：")
password = input("请输入密码：")
if user == USER:
    if password != PASSWORD:
        print("密码错误,登录失败!")
    else：
```

```
        print("登录成功!")
else:
    if password = = PASSWORD:
        print("用户名不存在,登录失败!")
    else:
        print("用户名和密码都不正确,登录失败!")
```

运行结果:

```
请输入用户名:zhangsan
请输入密码:123
登录成功!
```

3. 任务拓展

在 Python 选择、循环等结构中,常使用 pass 语句。pass 语句是空语句,不做任何事情,一般占位用。比如进行程序概要设计时,无需实现某些具体功能,为保持程序结构的完整性而使用 pass 语句。

```
if a > b:
    pass
else:
    pass
```

任务 3.2   循环结构

任务 3.2.1   while 循环:斐波那契数列

斐波那契数列中的第几项超过 1000。

1. 任务分析

斐波那契数列的前两项分别为 0 和 1,从第三项开始,每一项都是前两项之和。任务中不断重复前两项相加求和,得到当前项,然后判断是否超过 1000。如果没有超过,则继续重复上述步骤,否则就结束循环。这种周而复始的操作称为循环问题。在 Python 中可以使用 while 和 for 两种语句来解决循环问题。当循环带有明显的条件且循环次数不确定时,优先考虑 while 语句。在本任务中,循环条件为当前项不超过 1000 且无法确定判断的次数,故采用 while 循环。本任务可定义变量 a、b,初始值分别为 0、1,执行一次循环后,用 a+b 的值替换 b,用 b 的值替换 a,直到 a+b 的值大于 1000 为止。同时需要定义一个变量 i,初始值为 1,用于标记斐波那契数列的项数,每次循环加 1。

while 循环语句的完整语法如下:

```
while 条件表达式:
    循环体
[else:
    else 子句]
```

其中 else 及其子句是非必需选项。当循环条件不成立,循环结束时,程序执行 else 子句。反之,循环通过 break 语句结束时,程序将跳过 else 子句。break 语句将在本任务的后续部分引入。图 3-4 是 while 循环的流程图。

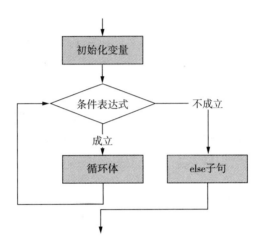

图 3-4　while 循环的流程图

2. 程序代码

```
a,b = 0,1
i = 1
while a < 1000:
    a,b = b,a + b
    i += 1
print("斐波那契数列中的第{0}项的值超过了 1000,为{1}".format(i,a))
```

运行结果:

斐波那契数列中的第 18 项的值超过了 1000,为 1597

任务 3.2.2　for 循环:累加求和

计算 1+2+3+...+100 的值。

1. 任务分析

任务本质上是做求和计算,所以需要用一个变量 sum 存放求和的结果。所有参与求和计算的数,第一个数为 1,从第二个数开始,每一个数比前一个数多 1,一共 100 个数字。当程序需要对一组固定数据做相同操作时,优先考虑 for 语句。在本任务中,加数

1~100 非常明确，故采用 for 循环。可结合 range（）函数来生成加数序列。

Python 的 for 循环用于访问可迭代对象的所有元素，每个元素都访问一次。一般语法格式为：

```
for 循环变量 in 可迭代对象：
    循环体
[else：
    else 子句]
```

程序执行时，循环变量依次从可迭代对象取一个元素，执行循环体，取完所有元素时结束循环。else 子句非必需选项，在所有元素访问结束后执行 else 子句。假如循环体中的 break 语句引起循环结束，else 子句是不会执行的。

2. 程序代码

使用 while 循环代码如下：

```
sum = 0
i = 1
while i < 101：
    sum + = i
    i + = 1
print("求和的结果是：",sum)
```

使用 for 循环代码如下：

```
sum = 0
for i in range(1,101)：
    sum + = i
print("求和的结果是：",sum)
```

任务 3.2.3 循环嵌套：选择排序法

用选择排序法，对列表 [34，28，2，39，15] 中无序整数从小到大排序。

1. 任务分析

使用当前未排序序列的起始位置存放未排序序列的最小数值。然后，重复上述步骤。以此类推，直到所有元素均排序完毕。这就是选择排序法的执行过程，如图 3-5 所示。

图 3-5 中，i 是外循环变量，它的取值范围由 1 到 n−1。i 作为外循环变量，每轮外循环执行时，i 的值不变，指向当前未排序序列的起始位置。j 是内循环变量，它的取值范围由 i+1 到 n，用 j 位置元素的值和 i 位置元素的值对比，如果 j 位置元素的值小于 i 位置元素的值，交换。这样一轮内循环结束之后，位置 i 存储的就是当前未排序序列的最小元素。然后开始下一轮的外循环。

循环语句的循环体中嵌套另外一个循环语句，即循环的嵌套。Python 允许 for 循环嵌套 for 循环、while 循环嵌套 while 循环、for 循环和 while 循环相互嵌套。Python 对循环

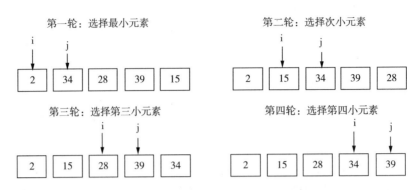

图 3-5 选择排序法示意图

嵌套的层数不做限制，但循环嵌套层数越多，代码执行复杂度越高，代码执行效率越低，因此应尽量减少循环嵌套的层数。

2. 程序代码

```
A = [34,28,2,39,15]
print("排序前:",A)
for i in range(len(A) - 1):
    for j in range(i + 1,len(A)):
        if A[i] > A[j]:
            A[i],A[j] = A[j],A[i]
print("排序后:",A)
```

运行结果：

```
排序前:[34,28,2,39,15]
排序后:[2,15,28,34,39]
```

排序算法还有冒泡排序法、插入排序法、归并排序法、快速排序法等。

任务 3.2.4　break 和 continue 语句：筛选成绩

小明期末考试成绩分别为 80，75，95，35，53，-1，100，48，64，27，其中-1 代表缺考。编写程序，用列表存储小明的考试成绩，循环遍历输出小明的及格成绩（≥60），若遇到舞弊，则立刻结束循环。

1. 任务分析

Python 允许在循环体中添加 break 和 continue 语句来改变循环的执行流程。用 if 单分支结构处理舞弊和及格两种情况，注意：舞弊使用 break 语句，必须放在不及格课程的 continue 语句之前。

break 语句：用于终止本层循环的执行，如果循环只有一层，程序直接退出循环。当它处于循环嵌套中时，程序结束的是当前层次的循环。一般情形下，break 语句放在 if 语句中，用于处理满足某些条件下结束循环。如果循环语句有 else 子句，此时 else 子句将不会执行。其语法为：

```
break
```

continue 语句：用于结束本次循环，程序进入下一轮循环。一般情形下，continue 语句也是放在 if 语句中，用于处理满足某些条件下结束本轮循环。本轮循环中，循环体中 continue 后续的语句都不会执行，它不会影响循环结构的 else 子句的执行。其语法为：

```
continue
```

2. 程序代码

```
scores = [80,75,95,35,53, - 1,100,48,64,27]
for score in scores:
    if score = = - 1:  # 舞弊
        break
    if score < 60:  # 不及格
        continue
    print(score,end = "\t")
```

运行结果：

```
80   75   95
```

 项目小结

本项目介绍了 Python 语言用于流程控制的分支选择结构（if 语句）、循环结构（while 和 for 语句）和流程控制语句（break 和 continue），其中选择结构根据任务可能存在的分支数，分为单分支选择结构、双分支选择结构和多分支选择结构。同时，本项目还介绍了 pass 语句的使用。

 习　题 ▮▮▮▶

一、选择题

1. 循环结构中不会使用到的关键字是_____。

A. while　　　　　　B. elif　　　　　　C. else　　　　　　D. break

2. 表达式 3 if 4>5 else 6 的值是 _____

A. 3　　　　　　B. 4　　　　　　C. 5　　　　　　D. 6

3. 用户登录时，根据用户输入的用户名和密码，对应的有"登录成功""用户名错误""密码错误""用户名和密码都错误"4 种状态。编写程序时，可以使用 _____。

A. 单分支选择结构　　　　　　B. 选择结构嵌套

C. 多分支选择结构　　　　　　D. 以上都可以

4. 下面循环结束的条件不成立的是_____。

A. while 循环条件不成立　　　　　　B. 取完 for 循环中可迭代对象的最后一个值

C. 执行 continue 语句   D. 执行 break 语句

5. 以下语句会输出_____行。

```
for i in "abc":
    print(i)
else:
    print(i + i)
```

A. 1   B. 2   C. 3   D. 4

6. 以下语句会输出_____行。

```
a = 0
while a<20:
    a += 1
    if a>10:
        break
    elif a>5:
        continue
    print(a)
```

A. 0   B. 5   C. 10   D. 20

二、填空题

1. 在 Python 程序中，需要对一组数据中的每一个值重复相同的操作，优先考虑_____语句。

2. 在 Python 程序中，需要提前结束本轮循环，可以使用_____语句。

3. 在 Python 程序中，当 while 循环_____结束时，程序会执行 else 的语句块。

4. if 多分支选择结构中，当且仅当前面的分支条件_____时，才执行 else 的语句块。

三、程序设计题

1. 给定一段英文阅读，统计并输出其中英文字符、数字、其他符号的个数。

2. 商场促销活动，满 1000 打 9 折，满 3000 打 8 折，5000 以上打 7 折。编写程序，输入客户购物金额，输出客户应该付款的金额。

3. 果园一共有 10000 颗桃子，第一天摘了 23 颗，此后每天都在前一天的基础上翻倍并多摘 2 个。编写程序，计算并输出第几天果园里的桃子全部摘完。

4. 编写程序，打印九九乘法表。

5. 编写程序，输出所有的 4 位数素数。

项目 4　常用数据结构

Python 中的数据结构有许多，其中序列是 Python 中最基本的数据结构。Python 典型的数据结构有 4 种：列表、元组、字典、集合，它们都属于存储数据的容器。列表和元组是有序序列，属于序列类型；字典和集合属于无序的数据集合，它们的元素之间没有任何确定的顺序关系。有序序列的元素之间存在着先后顺序，可以通过索引访问序列中的元素，还可以进行切片、加法、乘法等相关操作。本项目以任务驱动的方式学习 Python 中的 4 种常用数据结构。

项目任务

- ● 列表
- ● 元组
- ● 字典
- ● 集合

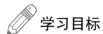

学习目标

- ● 掌握列表、元组、字典和集合这 4 种常用数据结构的特点
- ● 掌握运算符和内置函数对列表、元组、字典和集合的操作
- ● 理解列表推导式的工作原理
- ● 掌握切片相关操作

任务 4.1　列表

列表是 Python 中一种最常用的数据结构，属于有序序列。一个列表可以包含任意数目的数据项，每个数据项称为一个元素。列表中元素的数据类型可以各不相同，可以是整数、实数、字符串，也可以是列表、元组、集合、函数等其他任意对象。列表属于可变序列，可以通过索引和切片对其进行修改。

任务 4.1.1　列表的创建

使用多种方法创建各种形式的列表，并输出。

1. 任务分析

创建列表的方法有很多，最简单的方法是直接使用赋值运算符"＝"将一个列表常量赋值给变量，即可创建列表对象。

```
list1 = []   # 空列表的创建
list2 = [1,2,3]
list3 = ["Python","C语言","Java","PHP"]
```

也可以使用 list（）函数来创建列表。

```
list4 = list()# 空列表的创建
list5 = list([1,2,3])
list6 = list([100,"Python","Java","PHP"])
```

列表可包含多个元素，各个元素放在一对方括号内并以逗号加以分隔。如果一个列表中没有任何元素则表示其为空列表。列表中的元素可以是不同的数据类型。

```
list7 = [200,3.14,"Python",b"\xe5\x8a\x95"]
# range 函数产生可迭代序列数据,见任务拓展
list8 = [3,[8,9,10,11],range(1,100,2)]
```

还可以通过乘法运算来创建指定长度的列表，并对其中的元素进行初始化。

```
list9 = [0] * 50
list10 = ["Python"] * 100
```

下面通过具体程序代码实现任务。

2. 程序代码

```
A = ['a','b','c',1,2,3,"Python","绿水青山"]
print("列表A的长度:",len(A))
print("列表A的类型:",type(A))
print("列表A中的元素:",A)
B = list(range(10,101,10))
print("列表B的长度:",len(B))
print("列表B中的元素:",B)
C = ["ABC"]*5
print("列表C的长度:",len(C))
print("列表C中的元素:",C)
D = list()
print("列表D的长度:",len(D))
print("列表D的类型:",type(D))
print("列表D中的元素:",D)
```

运行结果：

```
列表 A 的长度:8
列表 A 的类型:＜class'list'＞
列表 A 中的元素:['a','b','c',1,2,3,'Python','绿水青山']
列表 B 的长度:10
列表 B 中的元素:[10,20,30,40,50,60,70,80,90,100]
列表 C 的长度:5
列表 C 中的元素:['ABC','ABC','ABC','ABC','ABC']
列表 D 的长度:0
列表 D 的类型:＜class'list'＞
列表 D 中的元素:[]
```

3. 任务拓展

可以使用 list（）函数把元组、字符串、字典、集合或其他的迭代对象类型转换成列表。

```
>>> list((1,2,3,4,5))            # 使用 list()函数把元组转换为列表
[1,2,3,4,5]
>>> list("我的祖国")             # 使用 list()函数把字符串转换为列表
['我','的','祖','国']
>>> list({1,3,5,7,9})            # 使用 list()函数把集合转换为列表
[1,3,5,7,9]
>>> list({'a':1,'b':2,'c':3})    # 使用 list()函数把字典的"键"转换为列表
['a','b','c']
>>> list({'a':4,'b':5,'c':6}.items())    # 使用 list()函数把字典的元素转换为列表
[('a',4),('b',5),('c',6)]
>>>list(range(1,10,2))           # 使用 list()函数把 range 生成的序列转换为列表
[1,3,5,7,9]
```

任务 4.1.2 　列表的基本操作

一个列表对象可以进行两类操作，下面用示例列出适用于所有有序序列类型的通用操作和仅适用于列表的专用操作。

1. 任务分析

（1）列表的通用操作

创建一个列表对象后，可以对该列表对象进行通用操作，主要包括：列表元素访问、切片操作、加法运算、乘法运算、比较运算、成员测试运算、列表遍历和拆分赋值运算。

① 列表元素访问。通过方括号运算符和索引，可以对列表中的元素进行访问，语法格式如下：

```
列表名[索引]
```

其中索引表示列表中元素的位置编号，取值可以是正整数、负整数和 0。创建列表之后，使用正向索引访问列表元素时，其中索引为 0 表示第 1 个元素，1 表示第 2 个元素，2 表示第 3 个元素，以此类推。列表还支持使用负索引作为下标，其中索引为 −1 表示最后 1 个元素，−2 表示倒数第 2 个元素，−3 表示倒数第 3 个元素，以此类推。以下通过索引访问列表中的元素。

```
>>>a = [1,2,3,4,5]
>>> print(a[0],a[1],a[2],a[3],a[4])
1 2 3 4 5
>>> print(a[-1],a[-2],a[-3],a[-4],a[-5])
5 4 3 2 1
```

注意：当通过索引访问列表元素时，切记索引的值不能越界，否则会出现 IndexError 错误。

② 切片操作。通过切片操作可以从列表中取出某个范围的元素，从而构成一个新的列表。列表切片的语法格式如下：

```
列表[起始索引:终止索引:步长]
```

其中起始索引用以指定要取出的第一个元素的索引，默认为 0，表示第一个元素；终止索引不包括在切片范围内，默认终止元素为最后一个元素；步长为非零整数，默认值为 1；如果步长为正数，则从左向右提取元素，如果为负数，则从右向左提取元素。使用列表切片的例子如下：

```
>>>a = [1,2,3,4,5]
>>>a[1:4]
[2,3,4]
>>>a[1:6:2]
[2,4]
>>>a[0:6:2]
[1,3,5]
>>>a[-1:-5:-1]
[5,4,3,2]
```

③ 加法运算。使用加号运算符可以连接两个列表，操作结果是生成一个新的列表，两个列表的元素按顺序组成新列表的元素。列表加法的语法格式如下：

```
列表名 1 + 列表 2
```

列表相加的例子如下：

```
>>> [1,2,3] + [4,5,6,7,8]
[1,2,3,4,5,6,7,8]
```

④ 乘法运算。用整数 n 和一个列表相乘可以返回一个新的列表，即表示原来的每个元素在新列表中重复 n 次。语法格式如下：

列表 * 整数　或　整数 * 列表

列表乘法的例子如下：

```
>>> [1,2,3] * 3
[1,2,3,1,2,3,1,2,3]
>>> 2 * ["AB","CD"]
['AB','CD','AB','CD']
```

⑤ 比较运算。使用关系运算符可以对两个列表进行比较，比较的规则为：首先比较两个列表的第一个元素，如果这两个元素相等，则继续比较下面两个元素；如果这两个元素不相等，则返回这两个元素的比较结果；重复这个过程，直至出现不相等的元素或比较完所有元素为止。

列表1 ＜比较运算符＞ 列表2

比较列表的例子如下：

```
>>> [1,2,3,4] < [1,2,1,2,3]
False
>>> [2,5,8] > [1,2,6,1]
True
```

⑥ 成员测试运算。使用 in 运算符可以判断一个值是否包含在列表中，返回布尔型，语法格式如下：

值 in 列表

检查成员资格的例子如下：

```
>>> 1 in [1,2,3]
True
>>>7 in [1,2,3]
False
>>>5 not in [1,2,3]
True
```

⑦ 列表遍历。要访问列表中每一个元素，可以通过 while 或 for 循环来实现。使用 while 循环遍历列表时，需要通过索引来访问列表中的元素，并使用 Python 内置函数 len

（）求出列表的长度。当使用 for 循环遍历列表时，不使用索引也可以访问列表中的每一个元素。以下示例演示了使用两种循环访问列表各元素。

```
a = [1,2,3,4,5]
index = 0
# while 循环遍历列表
while index < len(a):
    print(a[index])
    index + = 1
# for 循环遍历列表
for item in a:
    print(item)
```

⑧ 拆分赋值运算。使用拆分赋值语句可以将一个列表赋予多个变量。当进行拆分赋值时，要求变量个数必须与列表元素个数相等，否则将会出现 ValueError 错误。当变量个数少于列表元素个数时，可以且只能在一个变量名前面添加星号"＊"，这样会将多个元素值赋予相应的变量。以下是示例：

```
>>> a,b = [1,2]
# 结果 a 为 1,b 为 2
>>> a, * b = [1,2,3]
# 结果 a 为 1,b 为[2,3]
>>> a, * b = [1]
# 结果 a 为 1,b 为[]
>>> * a,b = [1,2,3]
# 结果 a 为[1,2],b 为 3
>>> * a,b = [1]
# 结果 a 为[],b 为 1
```

（2）列表的专用操作

因列表对象是可变的序列，所以对列表除了可以使用序列的通用操作，还可以进行一些专用操作，例如元素赋值、切片赋值以及元素删除等。

① 元素赋值。通过索引可以修改列表中特定元素的值。例如：

```
>>>a = [1,2,3,4,5,6]
>>>a[2] = 300
>>>a[5] = 600
>>>a
[1,2,300,4,5,600]
```

② 切片赋值。通过切片赋值可以使用一个值列表来修改列表指定范围的一组元素的值。当进行切片赋值时，如果步长为 1，则对提供的值列表长度没有限制。在这种情况下，可以使用与切片序列长度相等的值列表来替换切片，也可以使用与切片长度不相等的值列

表来替换切片。如果提供的值列表长度大于切片的长度，则会插入新的元素。如果提供的值列表长度小于切片的长度，则会删除多出的元素。当进行切片赋值时，如果步长不等于 1，则要求提供的值列表长度必须与切片长度相等，否则会出现 ValueError 错误。例如：

```
>>> a = [1,2,3,4,5]
>>> a[1:3] = [100]          # 提供值列表长度小于切片序列长度
>>> a
[1,100,4,5]
>>> b = [1,2,3,4,5]
>>> b[1:3] = [100,200]      # 提供值列表长度等于切片序列长度
>>> b
[1,100,200,4,5]
>>> c = [1,2,3,4,5]
>>> c[1:3] = [100,200,300]  # 提供值列表长度大于切片序列长度
>>> c
[1,100,200,300,4,5]
>>> d = [1,2,3,4,5]
>>> d[1:4:2] = [100,200]    # 步长不等于1,提供值列表长度等于切片序列长度
>>> d
[1,100,3,200,5]
>>> e = [1,2,3,4,5]
>>> e[1:4:2] = [10]         # 步长不等于1,提供值列表长度不等于切片序列长度
ValueError:attempt to assign sequence of size 1 to extended slice of size 2
```

③ 元素删除。要从列表中删除指定的元素，可以使用 del 语句来实现。若要从列表中删除指定范围内的元素，也可以通过切片赋值来实现。例如：

```
>>> a = [1,2,3,4,5,6]
>>> del a[1:3]
>>> a
[1,4,5,6]
>>> a[1:] = []
>>> a
[1]
```

④ 列表推导式。列表推导式是 Python 迭代机制的一种应用，通过列表推导式可以根据已有列表快速、高效地生成满足特定需求的新列表，代码具有较强的可读性，因此通常用于创建新的列表。列表推导式在逻辑上等价于一个循环语句，只是形式上更加简洁。列表推导式语法形式为：

```
[expression for expr1 in sequence1 if condition1
        for expr2 in sequence2 if condition2
        for expr3 in sequence3 if condition3
```

```
          ...
          for exprN in sequenceN if conditionN]
```

以下使用列表推导式创建新列表。

```
>>> x = [1,2,3,4,5]
>>> [i * * 2 for i in x]
[1,4,9,16,25]
>>> [i * * 2 for i in x if i % 2 = = 0]
[4,16]
>>> y = [1,2,3]
>>> [i * j for i in x if i % 2 = = 1 for j in y]  # i 取值 1,3,5;j 取值 1,2,3,依次用 i 的每个值
和 j 相乘
[1,2,3,3,6,9,5,10,15]
>>> [[i * j for i in x if i % 2 = = 1] for j in y]  # 用列表推导式生成二维列表
[[1,3,5],[2,6,10],[3,9,15]]
```

2. 程序代码
(1) 列表的通用操作程序代码

```
a = list(range(1,11,1))
print("列表内容:a = {0}".format(a))
# 正向索引
print("正向索引:a[0] = {0},a[1] = {1},a[2] = {2},a[3] = {3}".format(a[0],a[1],a[2],a
[3]))
# 负向索引
print("负向索引:a[ - 1] = {0},a[ - 2] = {1},a[ - 3] = {2},a[ - 4] = {3}".format(a[ - 1],a
[ - 2],a[ - 3],a[ - 4]))
# 切片操作
print("切片操作:a[0:9:2] = {0}".format(a[0:9:2]))
# 加法运算
x,y = [1,2,3],[4,5,6,7,8]
print("列表 x 内容:{0}\n 列表 y 内容:{1}".format(x,y))
print("加法:x + y = {0}".format(x + y))
# 乘法运算
print("乘法:x * 3 = {0}".format(x * 3))
# 比较运算
print("比较:x>y? {0}".format(x>y))
# 成员测试运算
print("数字 2 在列表 x 中吗? {0}".format(2 in x))
print("数字 12 在列表 y 中吗? {0}".format(12 in y))
# 列表遍历
```

```
print("列表 x 遍历:",end = "")
for i in x:
    print(i,end = "  ")
# 拆分赋值运算
a, * b,c  =   y
print("\n 拆分赋值运算:a = {0},b = {1},c = {2}".format(a,b,c))
```

列表的通用操作运行结果:

```
列表内容:a = [1,2,3,4,5,6,7,8,9,10]
正向索引:a[0] = 1,a[1] = 2,a[2] = 3,a[3] = 4
负向索引:a[-1] = 10,a[-2] = 9,a[-3] = 8,a[-4] = 7
切片操作:a[2:9:1] = [1,3,5,7,9]
列表 x 内容:[1,2,3]
列表 y 内容:[4,5,6,7,8]
加法:x + y = [1,2,3,4,5,6,7,8]
乘法:x * 3 = [1,2,3,1,2,3,1,2,3]
比较:x>y? False
数字 2 在列表 x 中吗? True
数字 12 在列表 y 中吗? False
列表 x 遍历:1  2  3
拆分赋值运算:a = 4,b = [5,6,7],c = 8
```

(2) 列表的专用操作程序代码

```
import random
A = list(range(1,11,1))
print("列表原来内容:A = {0}".format(A))
# 列表元素赋值
A[2],A[5],A[8] = 200,500,800
print("执行元素赋值后:A = {0}".format(A))
# 列表切片赋值
A[3:6] = ["aaa","bbb","ccc"]
print("执行切片赋值后:A = {0}".format(A))
# 删除列表元素
del A[4]
print("删除列表元素后:A = {0}".format(A))
# 列表推导式,其中 random. random()生成一个 0~1 的小数
B = [int(100 * random. random())for i in range(1,11)]
print("执行列表推导式后:B = {0}".format(B))
```

列表的专用操作运行结果:

```
列表原来内容:A = [1,2,3,4,5,6,7,8,9,10]
```

```
执行元素赋值后:A = [1,2,200,4,5,500,7,8,800,10]
执行切片赋值后:A = [1,2,200,'aaa','bbb','ccc',7,8,800,10]
删除列表元素后:A = [1,2,200,'aaa','ccc',7,8,800,10]
执行列表推导式后:B = [12,46,80,60,33,15,34,55,20,74]
```

3. 任务拓展

以上对列表进行的通用操作，也适用于其他有序序列类型，例如字符串、字节对象以及元组等。但是，专用操作只适用于列表。

任务 4.1.3　列表的常用操作

从键盘输入一个正整数，以该整数作为长度生成一个列表，并用随机数对列表元素进行初始化，再利用列表的常用方法对该列表进行各种操作。

1. 任务分析

在 Python 中，列表对象是一种通过 list 类定义的可变序列对象，可以使用列表对象专属的常用方法对列表进行操作，操作结果有可能修改原列表的内容。用 lst 作为列表对象名，其常用的方法如下：

① lst. append（x）：在列表 lst 末尾添加元素 x，等价于复合赋值语句 lst += [x]。

② lst. extend（L）：在列表 lst 末尾添加另一个列表 L，等价于复合赋值语句 lst += L。

③ lst. insert（i，x）：可以在列表 lst 的第 i 位置插入元素 x。

④ lst. remove（x）：从列表 lst 中删除第一个值为 x 的元素。

⑤ lst. pop（i）：从列表 lst 中弹出索引为 i 的元素，然后删除并返回该元素；如果未指定参数 i，则会弹出列表中的最后一个元素；如果指定的参数 i 越界，则会出现 IndexError 错误。

⑥ lst. count（x）：返回元素 x 在列表 lst 中出现的次数。

⑦ lst. index（x）：返回元素 x 在列表 lst 中第一次出现的索引值。

⑧ lst. sort（key = None，reverse = False）：对列表 lst 进行排序。key 用于自定义排序，一般是有返回值的函数名，默认为 None；排序规则默认是升序，reverse 为 True 时倒序。

⑨ list. reverse（）：反转列表 list 中所有元素的位置。

2. 程序代码

```
import random
n = int(input("请输入一个正整数:"))
x = [int(100 * random. random())for i in range(0,n)]
print("生成的列表内容:",x)
# 在列表末尾添加一个元素
x. append(100)
print("在列表末尾添加元素:",x)
# 在列表末尾添加一个列表
x. extend([222,333])
```

```
print("在列表末尾添加列表:",x)
# 在指定位置添加元素
x.insert(3,555)
print("在指定位置添加元素:",x)
# 从列表中删除具有指定值的元素
x.remove(555)
print("从列表中删除元素:",x)
# 从列表中弹出指定位置的元素
y = x.pop(2)
print("从列表中弹出元素{0}:".format(y),x)
# 求出指定元素的索引
print("元素 222 在列表中的位置:",x.index(222))
# 逆序排列列表元素
x.reverse()
print("反转列表中的所有元素:",x)
# 对列表元素排序
x.sort()
print("对列表中的元素排序:",x)
```

运行结果:

```
请输入一个正整数:6
生成的列表内容:[63,18,17,64,79,75]
在列表末尾添加元素:[63,18,17,64,79,75,100]
在列表末尾添加列表:[63,18,17,64,79,75,100,222,333]
在指定位置添加元素:[63,18,17,555,64,79,75,100,222,333]
从列表中删除元素:[63,18,17,64,79,75,100,222,333]
从列表中弹出元素 17:[63,18,64,79,75,100,222,333]
元素 222 在列表中的位置:6
反转列表中的所有元素:[333,222,100,75,79,64,18,63]
对列表中的元素排序:[18,63,64,75,79,100,222,333]
```

3. 任务拓展

列表的常用方法，一般只适用于列表，不适用于其他序列类型。下面通过一个示例来演示使用 key 参数的 sort 方法，key 参数需要传入一个函数名，相关知识参考项目 5 的任务 5.3.1。

```
# 自定义排序:按元素的个位数进行排序
def rule(t):
    return t % 10
x = [26,32,9,15]
x.sort(key = rule)
print(x)
```

运行结果：

```
[32,15,26,9]
```

任务 4.1.4　内置函数对列表的操作

需从键盘上输入一些正整数组成一个列表，规定输入＜Q＞键时结束输入。然后把列表的长度、最大元素、最小元素以及所有元素之和求出，并按升序对列表元素进行排列。

1. 任务分析

创建列表后，除了可以对该列表进行索引、切片、遍历、赋值以及删除等操作外，还可以通过调用 Python 提供的相关函数对列表进行处理。适用于序列的内置函数有：

① all（list）：如果序列 list 中所有元素为 True 或序列自身为空，则该函数返回 True，否则为 False。

② any（list）：如果序列 list 中任一元素为 True，则该函数返回 True；如果序列 list 中所有元素为 False 或序列自身为空，则返回 False。

③ len（list）：该函数返回序列的长度，即序列中包含的元素个数。

④ max（list）：该函数返回序列中的最大元素。

⑤ min（list）：该函数返回序列中的最小元素。

⑥ sorted（iterable, key ＝ None, reverse ＝ False）：该函数对可迭代对象进行排序操作并返回排序后的新列表，原始输入不变。iterable 参数表示可迭代类型对象，key 参数用于指定一个函数，实现自定义排序，默认为 None，相关知识参考项目 5 的任务 5.3.1；reverse 参数指定排序规则，设置为 True 则按降序排序，默认为 False 则按升序排序。

⑦ sum（list）：该函数对序列所有元素进行求和。

因列表长度不确定，所以可以从一个空列表 list1 开始。通过一个常为 True 的 while 循环来输入数据，如果输入的是数字，则用它构成一个单元素列表并与 list1 相加；如果输入的是字母"Q"，则退出循环；如果输入的是其他内容，则提示输入无效。结束循环后，通过内置函数对列表进行计算和排序操作。

2. 程序代码

```
i = 0
list1 = []
print("请输入一些正整数(Q = 退出)")
while 1:
    x = input("输入:")
    if x.isdecimal():
        list1 + = [int(x)]
        i+ = 1
    else:
        if x.upper() = = "Q":break
```

```
            print("输入无效!")
            continue
print("-"*50)
print("列表内容:",list1)
print("列表长度:",len(list1))
print("最大元素:",max(list1))
print("最小元素:",min(list1))
print("元素求和:",sum(list1))
print("列表排序:",sorted(list1))
```

运行结果:

```
请输入一些正整数(Q = 退出)
输入:10
输入:70
输入:50
输入:60
输入:30
输入:Q
- - - - - - - - - - - - - - - - - - - - - - - - - - - - - - - - - - - - - - - - - - - - - - - - -
列表内容:[10,70,50,60,30]
列表长度:5
最大元素:70
最小元素:10
元素求和:220
列表排序:[10,30,50,60,70]
```

3. 任务拓展

除了列表自身方法外,很多 Python 内置函数也可以对列表进行操作,且这些内置函数也适用于其他序列类型。

任务 4.1.5　多维列表

创建一个 5 行 10 列的二维列表,并用随机数对列表元素进行初始化,然后对列表元素排序(即列表中各行按自左而右的顺序递增,各列按从上至下的顺序递增),最后求出所有元素之和、最小元素以及最大元素。

1. 任务分析

列表中的元素可以是任意数据类型的对象,可以是数值、字符串,也可以是列表。如果一个列表以列表作为其元素,则该列表称为多维列表。

实际应用中,最常用的多维列表是二维列表。二维列表可以看成是由行和列组成的列表。二维列表中的每一行可以使用索引来访问,称为行索引。

通过"列表名[行索引]"形式表示列表中的某一行,其值就是一个一维列表;每一行中的值可以通过另一个索引来访问，称为列索引。通过"列表名［行索引］［列索引］"形式表示指定行中某一列的值，其值可以是数字或字符串等。

本次任务二维列表可视为元素为列表的一维列表。生成二维列表可以通过嵌套的列表解析来实现。遍历二维列表可以通过嵌套的 for 循环来实现，外循环执行一次可处理一行，内循环执行一次可处理一列。二维列表排序分成两步，首先对每行中的元素排序，然后再对各列排序。计算二维列表元素之和、最小元素和最大元素也分成两步，首先求出每行的和、最小元素和最大元素并将它们存入相应的一维列表中，然后再求出这些一维列表的和、最小元素和最大元素。

2. 程序代码

```python
import random
ROWS = 5
COLS = 10
# 用列表推导式生成二维列表
m = [[int(100 * random.random())for col in range(COLS)] for row in range(ROWS)]
# s,x,y 分别存储每行的总和、最小值、最大值
s,x,y = [],[],[]
print("随机生成的二维列表:")
for row in m:
    for col in row:
        print("{:<4d}".format(col),end = "")
    print()


for row in range(5):
    m[row].sort()
m.sort()
print("-" * 66)
print("排序之后的二维列表:")
for row in m:
    for col in row:
        print("{:<4d}".format(col),end = "")
    print()


for row in m:
    s.append(sum(row))
    x.append(min(row))
    y.append(max(row))
print("-" * 66)
print("二维列表元素之和:",sum(s))
print("二维列表最小元素:",min(x))
print("二维列表最大元素:",max(y))
```

运行结果：

```
随机生成的二维列表：
96  92  44  16  64  27  3   27  97  92
80  20  33  70  82  2   65  17  84  35
59  62  40  96  37  95  97  48  67  92
24  75  84  91  88  56  30  42  38  43
53  75  64  5   65  93  91  10  74  18
---------------------------------------------
排序之后的二维列表：
2   17  20  33  35  65  70  80  82  84
3   16  27  27  44  64  92  92  96  97
5   10  18  53  64  65  74  75  91  93
24  30  38  42  43  56  75  84  88  91
37  40  48  59  62  67  92  95  96  97
---------------------------------------------
二维列表元素之和：2858
二维列表最小元素：2
二维列表最大元素：97
```

任务 4.2　元组

在 Python 中，元组（tuple）与列表类似，它们同属于有序的序列类型，一些适用于序列类型的基本操作和处理函数同样也适用于元组，不同之处在于列表是可变对象，元组则是不可变对象，元组一经创建，其元素便不能修改了。

任务 4.2.1　元组的基本操作

元组的创建及访问相关基本操作。

1. 任务分析

元组是放在圆括号内的一些元素组成的，这些元素之间用逗号分隔。创建元组的方法十分简单，只需要在圆括号内添加一些元素，并使用逗号隔开即可。当元组中只包含一个元素时，需要在元素的后面添加逗号，以防止运算时（）被当作括号使用。

元组是通过 Python 内置的 tuple 类定义的，因此也可以通过调用 tuple（）函数来创建元组。通过调用 tuple（）函数还可以将字符串和列表转换成元组。

元组与列表类似，一些适用于列表的操作和处理函数也适用于元组。例如，对元组进行加法和乘法运算，使用索引访问元组指定位置的元素，通过切片从元组中获取部分元素，使用关系运算符比较两个元组，使用成员运算符 in 来判断某个值是否存在于元组中，使用 for 循环遍历元组，使用内置函数 len（）计算元组的长度等。

但是，由于元组是不可变对象，是不允许修改元组中的元素值的。如果试图通过赋值语句修改元组中的元素，将会出现 TypeError 错误。同样，不允许删除元组中的元素值的，但可以使用 del 语句来删除整个元组。

2. 程序代码

```
import random
# 通过列表推导式生成的列表创建元组
tup = tuple([int(100 * random. random())for i in range(10)])
print("元组内容:",tup)
print("元组长度:",len(tup))
print("元组类型:",type(tup))
print("遍历元组:")
for i in range(10):
    print("tup[{0}] = {1:<2d}".format(i,tup[i]),end = "\t")
    if(i + 1) % 5 = = 0:print()
print("元组切片:tup[2:6] = {0}".format(tup[2:6]))
print("元组求和:",sum(tup))
print("元组最大元素:",max(tup))
print("元组最小元素:",min(tup))
```

运行结果:

```
元组内容:(38,3,1,31,43,98,37,47,27,24)
元组长度:10
元组类型:<class 'tuple'>
遍历元组:
tup[0] = 38    tup[1] = 3     tup[2] = 1     tup[3] = 31    tup[4] = 43
tup[5] = 98    tup[6] = 37    tup[7] = 47    tup[8] = 27    tup[9] = 24
元组切片:tup[2:6] = (1,31,43,98)
元组求和:349
元组最大元素:98
元组最小元素:1
```

3. 任务拓展

t = () 表示为一个空元组。

任务 4.2.2　元组封装与序列拆封：交换字符串

从键盘上输入两个字符串并将其存入两个变量，然后交换两个变量的内容。

1. 任务分析

在 Python 中，元组是一种用法灵活的数据结构。元组有两种特殊的运算，即元组封装和序列拆封。这两种运算为编程带来了很多便利。

（1）元组封装

元组封装是指将以逗号分隔的多个值自动封装到一个元组中。例如：

```
>>> x = "Java","PHP","Python","Go"
>>> x
('Java','PHP','Python','Go')
>>> type(x)
<class'tuple'>
```

在上述的例子中，通过赋值语句将赋值运算符右边的 5 个字符串装入一个元组对象并将其赋给变量 x，此时可以通过该变量来引用元组对象。

（2）序列拆封

序列拆封是元组封装的逆运算，可以将一个封装起来的元组对象自动拆分成若干个基本数据。例如：

```
>>> t =(10,20,30)
>>> x,y,z = t
>>> print(x,y,z)
10 20 30
```

在上述例子中，通过执行第二个赋值语句，将一个元组对象拆分成了 3 个整数，并将其分别赋给 3 个变量。这种序列拆分操作要求赋值运算符左边的变量数目与右边序列中包含的元素数目相等，如果不相等，则会出现 ValueError 错误。

封装操作只能用于元组对象。拆分操作不仅可用于元组对象，也可用于列表对象，如 x，y = [10，20]，结果 x=10，y=20。

在前面项目 2 赋值运算符部分介绍了同步赋值语句，也就是使用不同表达式的值分别对不同的变量赋值。例如：

```
x,y,z = 100,200,300
```

现在看来，这个赋值语句的语法格式，实际上就是将元组封装和序列拆分操作组合起来执行。即首先将赋值运算符右边的 3 个数值封装成一个元组，然后再将这个元组拆分成 3 个数值，分别赋给赋值运算符左边的 3 个变量。

2. 程序代码

```
s1 = input("请输入一个字符串:")
s2 = input("请再输入一个字符串:")
print("您输入的两个字符串是:")
print("s1 = {0},s2 = {1}".format(s1,s2))
s1,s2 = s2,s1
print("交换两个字符串的内容:")
print("s1 = {0},s2 = {1}".format(s1,s2))
```

运行结果：

```
请输入一个字符串:Hello
请再输入一个字符串:World
您输入的两个字符串是:
s1 = Hello,s2 = World
交换两个字符串的内容:
s1 = World,s2 = Hello
```

任务 4.2.3　元组与列表的比较

元组与列表相互转换操作。

1. 任务分析

元组和列表都是有序序列类型，它们有很多类似的操作（如索引、切片、遍历等），而且可以使用很多相同的函数，如 len（）、min（）和 max（）等进行处理，通过调用相关函数还可以在元组与列表之间进行相互转换。

（1）元组与列表的区别

元组和列表之间的区别主要表现在以下几个方面：

① 元组是不可变的序列类型，元组不能使用 append（）、extend（）和 insert（）函数，不能向元组中添加元素，也不能使用赋值语句对元组中的元素进行修改；元组不能使用 pop（）和 remove（）函数，不能从元素中删除元素；元组不能使用 sort（）和 reverse 函数，不能更改元组中元素的排列顺序。列表则是可变的序列类型，可以通过添加、插入、删除以及排序等操作对列表中的数据进行修改。

② 元组是使用圆括号并以逗号分隔元素来定义的，列表则是使用方括号并以逗号分隔元素来定义的。在使用索引或切片获取元素时，元组与列表一样也是使用方括号和一个或多个索引来获取元素的。

③ 元组在字典中可以作为键来使用，列表则不能作为字典的键。

（2）元组与列表的相互转换

列表类的构造函数 list（）接收一个元组作为参数并返回一个包含相同元素的列表，通过调用这个构造函数可以将元组转换为列表，此时将"解冻"元组，从而达到修改数据的目的。

元组类的构造函数 tuple（）接收一个列表作为参数并返回一个包含相同元素的元组，通过调用这个构造函数可以将列表转换为元组，此时将"冻结"列表，从而达到保护数据的目的。

2. 程序代码

```
>>> tuple1 = ("C","VB","PHP","Java")
>>> tuple1
('C','VB','PHP','Java')
>>> list1 = list(tuple1)
```

```
>>> list1[2:4]  =  ["Python","Go"]
>>> list1
['C','VB','Python','Go']
>>> tuple1  =  tuple(list1)
>>> tuple1
('C','VB','Python','Go')
```

任务 4.3 字典

任务 4.3.1 创建字典

使用多种方法创建字典。

1. 任务分析

字典是 Python 内置的一种数据结构。字典由一组键（key）及与其对应的值构成，键与对应的值之间用冒号分隔，所有键及与其对应的值都放置在一对花括号内。在同一个字典中，每个键必须是互不相同的，键与值之间存在一一对应的关系。键的作用相当于索引，每个键对应的值就是数据，数据是按照键来存储的，只要找到了键便可以找到所需要的值。如果修改了某个键所对应的值，将会覆盖之前为该键分配的值。字典属于可变类型，可以包含任何数据类型。

字典就是用花括号括起来的一组"键：值"，每个"键：值"就是字典中的一个元素或条目。

创建字典的一般语法格式如下：

字典名 = {键 1:值 1,键 2:值 2,...,键 n:值 n}

其中键与值之间用半角冒号"："来分隔，各个元素之间用半角逗号"，"来分隔；键是不可变类型，例如整数、字符串或元组等，键必须是唯一的；值可以是任意数据类型，且不必唯一。

在 Python 中，字典是通过内置的 dict 类定义的，因此也可以使用字典对象的构造函数 dict（）来创建字典，此时可以将列表或元组作为参数传入这个函数。如果未传入任何参数，则会生成一个空字典；传入的参数为列表时，列表的元素为元组，每个元组包含两个元素，第一个元素作为键，第二个元素作为值；传入的参数是元组时，元组的元素为列表，每个列表包含两个元素，第一个元素作为键，第二个元素作为值。

创建字典时，也可以通过"键 = 值"的关键字参数形式传入 dict（）函数，此时键必须是字符串类型，且不加引号。

2. 程序代码

```
>>> dict1 = {}
>>> type(dict1)
```

```
<class 'dict'>
# 通过{}创建字典
>>> dict2 = {"name":"张三","age":18}
>>> dict2
{'name':'张三','age':18}
>>> dict3 = {1:"C",2:"Java",3:"PHP",4:"Pyhon",5:"Go"}
>>> dict3
{1:'C',2:'Java',3:'PHP',4:'Pyhon',5:'Go'}
# 创建空字典
>>> dict4 = dict()
>>> dict4
{}
# 通过列表参数创建字典,列表元素是长度为2的元组,且元组第一个数据是不可变类型
>>> dict5 = dict([("name","李四"),("age",19)])
>>> dict5
{'name':'李四','age':19}
# 通过元组参数创建字典,元组元素是长度为2的列表,且列表第一个数据是不可变类型
>>> dict6 = dict((["name","李四"],["age",19]))
>>> dict6
{'name':'李四','age':19}
# 通过关键字参数创建字典
>>> dict7 = dict(name = "王五",age = 19)
>>> dict7
{'name':'王五','age':19}
```

任务 4.3.2　字典的基本操作

创建一个简单的学生信息录入系统,用于输入学生的姓名、性别和年龄信息。要求:学生信息存储在一个列表中,该列表由若干个字典组成。字典包含 3 个元素,分别用于存储学生的姓名、性别和年龄信息。因为学生数目不确定,所以可从一个空列表开始,通过一个常为 True 的 while 循环来录入学生信息,每循环一次则创建一个新字典,并使用从键盘录入的数据在字典中增加 3 个元素,然后将该字典添加到列表中。每当录完一条学生信息,可以选择是继续还是退出,按 N 键则结束循环,然后输出录入结果。

1. 任务分析

创建字典后,可以对字典进行各种各样的操作,主要包括通过键访问和更新字典元素,删除字典元素或整个字典,检测某个键是否存在于字典中等。

(1) 访问字典元素

在字典中,键的作用相当于索引,可以根据索引来访问字典中的元素:

字典名[键]

如果指定的键未包含在字典中，则会发生 KeyError 错误。如果字典中键的值本身也是字典，则需要使用多个键来访问字典元素。如果字典中键的值是列表或元组，则需要同时使用键和索引来访问字典元素。

（2）添加和更新字典元素

添加和更新字典元素可以通过赋值语句来实现：

```
字典名[键] = 值
```

如果指定的键目前未包含在字典中，则使用在语句中指定的键和值增加一个新的元素；如果指定的键已经存在于字典中，则将该键对应的值更新为新值。

（3）删除字典元素和字典

在 Python 中，可以使用 del 语句删除一个变量，以解除该变量对数据对象的引用。若要从字典中删除指定键所对应的元素或删除整个字典，也可以使用 del 语句来实现。

```
# 在字典中删除指定键的元素
del 字典名[键]
# 删除整个字典
del 字典名
```

（4）检测键是否存在于字典中

字典是由一些"键：值"组成的，每个"键：值"就是字典中的一个元素。对字典元素操作之前，可以使用 in 运算符检测该键是否存在于字典中。

```
表达式 in 字典名
```

（5）获取键列表

将一个字典作为参数传入 list（）函数，可以获取该字典中所有键组成的列表。

（6）求字典长度

使用内置函数 len（）可以获取字典的长度，即字典中包含的元素数目。

2. 程序代码

```
students = []
print("学生信息录入系统")
print(" - " * 60)
while 1:
    student = {}
    student["name"] = input("输入姓名:")
    student["gender"] = input("输入性别:")
    student["age"] = int(input("输入年龄:"))
    students. append(student)
    choice = input("继续输入吗？(Y/N)")
    if choice. upper() = = "N":break
print(" - " * 60)
```

```
print("本次一共录入了{0}名学生".format(len(students)))
i = 1
for stu in students:
    print("学生{0}:".format(i),stu)
    i+ = 1
```

运行结果:

```
学生信息录入系统
- - - - - - - - - - - - - - - - - - - - - - - - - - - - - - - - - - - - - - - -
输入姓名:张三
输入性别:男
输入年龄:19
继续输入吗?(Y/N)Y
输入姓名:李四
输入性别:女
输入年龄:18
继续输入吗?(Y/N)N
- - - - - - - - - - - - - - - - - - - - - - - - - - - - - - - - - - - - - - - -
本次一共录入了2名学生
学生 1:{'name':'张三','gender':'男','age':19}
学生 2:{'name':'李四','gender':'女','age':18}
```

任务 4.3.3 字典的常用方法

在上一个任务的基础上,对数据输出功能加以改进即可完成本次任务。可以从以下几个方面进行改进:在字典中使用中文作为键;通过 for 循环遍历字典中的所有键,并显示字段标题;通过嵌套的 for 循环输出字段值,外循环执行一次则处理一个字典对象(对应于一个学生),内循环执行一次则输出字典中的一个值(对应于一个字段值)。

1. 任务分析

对字典对象可以用很多方法,为使用字典带来了很多便利。下面介绍字典的一些常用方法。

(1) dic.fromkeys(序列,[值])

该方法用于创建一个新字典,并使用序列中的元素作为键,使用指定的值作为所有键对应的初始值,未指定时所有键对应的初始值是 None。例如:

```
>>> {}.fromkeys(("name","gender","age"),"")
{'name':'','gender':'','age':''}
```

(2) dic.keys()

获取包含字典 dic 中所有键的列表。例如:

```
>>> student  =  {"name":"张三","gender":"男","age":19}
>>> student.keys()
dict_keys(['name','gender','age'])
```

（3）dic.values（）

获取包含字典 dic 中所有值的列表。例如：

```
>>> student  =  {"name":"张三","gender":"男","age":19}
>>> student.values()
dict_values(['张三','男',19])
```

（4）dic.items（）

获取包含字典 dic 中所有（键，值）元组的列表。例如：

```
>>> student  =  {"name":"张三","gender":"男","age":19}
>>> student.items()
dict_items([('name','张三'),('gender','男'),('age',19)])
```

（5）dic.copy（）

获取字典 dic 的一个副本。例如：

```
>>> dict1 = {1:"AAA",2:"BBB",3:"CCC"}
>>> dict1.copy()
{1:'AAA',2:'BBB',3:'CCC'}
```

（6）dic.clear（）

删除字典 dic 中的所有元素。例如：

```
>>> dict1  =  {1:"AAA",2:"BBB",3:"CCC"}
>>> dict1.clear()
>>> dict1
{}
```

（7）dic.pop（key）

从字典 dic 中删除键 key 并返回相应的值。例如：

```
>>> dict1  =  {1:"AAA",2:"BBB",3:"CCC"}
>>> dict1.pop(2)
'BBB'
>>> dict1
{1:'AAA',3:'CCC'}
```

（8）dic.pop（key［，value］）

从字典 dic 中删除键（key）并返回相应的值，如果键（key）在字典 dic 中不存在，则返回 value 的值（默认为 None）。例如：

```
>>> dict1 = {1:"AAA",2:"BBB",3:"CCC"}
>>> dict1.pop(3,"不存在")
'CCC'
>>> dict1.pop(6,"不存在")
'不存在'
>>> dict1
{1:'AAA',2:'BBB'}
```

（9）dic.popitem（）

该方法从字典 dic 中删除最后一个元素并返回一个由键和值构成的元组。例如：

```
>>> dict1 = {1:"AAA",2:"BBB",3:"CCC"}
>>> dict1.popitem()
(3,'CCC')
>>> dict1
{1:'AAA',2:'BBB'}
```

（10）dic.get（key［,value］）

该方法用于获取字典 dic 中键 key 对应的值，如果键 key 未包含在字典 dic 中，则返回 value 的值（默认为 None）。例如：

```
>>> dict1 = {1:"AAA",2:"BBB",3:"CCC"}
>>> dict1.get(3)
'CCC'
>>> dict1.get(6,"不存在")
'不存在'
```

（11）dic.setdefault（key［,value］）

如果字典 dic 中存在键 key，则该方法返回 key 对应的值，否则在字典 dic 中添加 key：value 对并返回 value 的值，value 默认为 None。例如：

```
>>> dict1 = {1:"AAA",2:"BBB",3:"CCC"}
>>> dict1.setdefault(3,"KKK")
'CCC'
>>> dict1.setdefault(4,"MMM")
'MMM'
>>> dict1
{1:'AAA',2:'BBB',3:'CCC',4:'MMM'}
```

（12）dic1.update（dic2）

该方法用于将字典 dic2 中的元素添加到字典 dic1 中。例如：

```
>>> dict1 = {1:"AAA",2:"BBB",3:"CCC"}
>>> dict1.update({4:"DDD",5:"EEE"})
>>> dict1
{1:'AAA',2:'BBB',3:'CCC',4:'DDD',5:'EEE'}
```

2. 程序代码

```
students = []
print("学生信息录入系统")
print("-" * 60)
while 1:
    student = {}
    student["姓名"] = input("输入姓名:")
    student["性别"] = input("输入性别:")
    student["年龄"] = int(input("输入年龄:"))
    students.append(student)
    choice = input("继续输入吗? (Y/N)")
    if choice.upper() == "N":break
print("-" * 60)
print("录入结果如下:")
for key in students[0]:
    print("{0:6}".format(key),end = "")
print()
for stu in students:
    for value in stu.values():
        print("{0:<6}".format(value),end = "")
    print()
```

运行结果:

```
学生信息录入系统
****************************************************************
输入姓名:张三
输入性别:男
输入年龄:18
继续输入吗? (Y/N)Y
输入姓名:李四
输入性别:女
输入年龄:19
继续输入吗? (Y/N)Y
输入姓名:王五
输入性别:男
输入年龄:20
```

```
继续输入吗？(Y/N)N
**************************************************
录入结果如下:
姓名      性别      年龄
张三      男        18
李四      女        19
王五      男        20
```

任务 4.4 集合

任务 4.4.1 集合的创建

分别创建可变集合和不可变集合。

在 Python 中，集合（set）是一些不重复元素的无序组合。与列表和元组等有序序列不同，集合并不记录元素的位置，因此对集合不能进行索引和切片等操作。不过，用于序列的一些操作和函数也可以用于集合，例如使用 in 运算符判断元素是否属于集合，使用 len（）函数求集合的长度，使用 max（）和 min（）函数求最大值和最小值，使用 sum（）函数求所有元素之和，使用 for 循环遍历集合等。

集合分为可变集合和不可变集合，对于可变集合可以添加和删除集合元素，但其中的元素本身却是不可修改的，因此集合的元素只能是数值、字符串或元组。可变集合不能作为其他集合的元素或为字典的键使用，不可变集合则可以作为其他集合的元素和字典的键使用。两种类型的集合需要使用不同的方法来创建。

1. 创建可变集合

创建可变集合的最简单方法是使用逗号分隔一组数据，并放在一对花括号中。例如:

```
>>> set1   =   {1,2,3,4,5,6}
>>> type(set1)
<class 'set'>
>>> set1
{1,2,3,4,5,6}
>>> set2   =   {"C","PHP","Java","Python"}
>>> set2
{'Python','C','Java','PHP'}
```

集合中的元素可以是不同的数据类型。例如:

```
>>> set3   =   {1,2,3,"AA","BB","CC"}
>>> set3
{1,2,'AA',3,'BB','CC'}
```

集合中不能包含重复元素。如果创建可变集合时使用了重复的数据项，Python 会自动删除重复的元素，因而常使用集合来实现数据的去重。例如：

```
>>> set4 = {1,1,1,2,2,2,3,3,3,4,4,4,5,5,5,6,6,6}
>>> set4
{1,2,3,4,5,6}
```

在 Python 中，可变集合是使用内置的 set 类来定义的。使用集合类的构造函数 set（）可以将字符串、列表和元组等序列类型转换为可变集合。例如：

```
>>> set5  =  set()
>>> set6  =  set([1,2,3,4,5,6])
>>> set7  =  set((1,2,3,4,5,6))
>>> set8  =  set(x for x in range(100))
>>> set9  =  set("Python")
```

在上述例子中，set5 是一个空集合，不包含任何元素。在 Python 中，创建空集合只能使用 set（）而不能使用 {}，如果使用 {}，则会创建一个空字典。

2. 创建不可变集合

不可变集合可以通过调用 frozenset（）函数来创建，调用格式如下：

```
frozenset([iterable])
```

其中参数 iterable 为可选项，用于指定一个可迭代对象，例如列表、元组、可变集合、字典等。Frozenset（）函数用于返回一个新的 frozenset 对象，即不可变集合；如果不提供参数，则会生成一个空集合。例如：

```
>>> fz1  =  frozenset(range(10))
>>> fz1
frozenset({0,1,2,3,4,5,6,7,8,9})
>>> fz2  =  frozenset("Hello")
>>> fz2
frozenset({'l','H','o','e'})
```

任务 4.4.2　集合的基本操作

从键盘上输入一些数字组成两个集合，然后使用相关运算符计算这两个集合的交集、并集、差集以及对称差集。

1. 任务分析

创建集合可以分成两步走，首先将输入的数字装入元组中，然后将元组传入 set（）函数，由此返回集合对象，即可使用相关运算符进行各种集合运算。

集合支持的操作很多，主要包括：通过集合运算计算交集、并集、差集以及对称差集；使用关系运算符对两个集合进行比较，以判断一个集合是不是另一个集合的子集或超

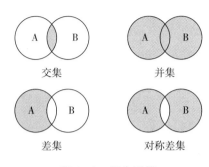

集；将一个集合并入另一个集合中；使用 for 循环来遍历集合中的所有元素。

传统的集合运算包括交集、并集、差集以及对称差集。对集合这种数据结构，Python 提供了求交集、并集、差集以及对称差集等集合运算。各种集合运算的含义如图 4-1 所示。

交集　　　　　　并集

差集　　　　　对称差集

图 4-1　集合运算

（1）计算交集

所谓交集是指两个集合共有的元素组成的集合，可以使用运算符"&"计算两个集合的交集。例如：

```
>>> set1 = {1,2,3,4,5}
>>> set2 = {3,4,5,6,7}
>>> set1 & set2
{3,4,5}
```

（2）计算并集

所谓并集是指包含两个集合所有元素的集合，可以使用运算符"｜"计算两个集合的并集。例如：

```
>>> set1 = {1,2,3,4,5}
>>> set2 = {3,4,5,6,7}
>>> set1|set2
{1,2,3,4,5,6,7}
```

（3）计算差集

对于集合 A 和集合 B，由所有属于集合 A 但不属于集合 B 的元素所组成的集合称为集合 A 和集合 B 的差集，可以使用运算符"－"计算两个集合的差集。例如：

```
>>> set1  =  {1,2,3,4,5}
>>> set2  =  {3,4,5,6,7}
>>> set1 - set2
{1,2}
```

（4）计算对称差集

对于集合 A 和集合 B，由所有属于集合 A 或集合 B 但不属于 A 和 B 的交集的元素所组成的集合称为集合 A 和集合 B 的对称差集，可以使用运算符"^"计算两个集合的对称差集。例如：

```
>>> set1 = {1,2,3,4,5}
>>> set2 = {3,4,5,6,7}
>>> set1 ^ set2
{1,2,6,7}
```

2. 程序代码

```
tuple1 = eval(input("请输入一些数字组成第一个集合:"))
tuple2 = eval(input("请再输入一些数字组成第二个集合:"))
set1 = set(tuple1)
set2 = set(tuple2)
print(" - " * 56)
print("创建的两个集合如下:")
print("set1 = {0}".format(set1))
print("set2 = {0}".format(set2))
print(" - " * 56)
print("集合运算结果如下:")
print("交集:set1&set2 = {0}".format(set1 & set2))
print("并集:set1|set2 = {0}".format(set1|set2))
print("差集:set1 - set2 = {0}".format(set1 - set2))
print("对称差集:set1^set2 = {0}".format(set1 ^ set2))
```

运行结果:

```
请输入一些数字组成第一个集合:1,2,3,4,5
请再输入一些数字组成第二个集合:3,4,5,6,7,8
- - - - - - - - - - - - - - - - - - - - - - - - - - - - - - - - - - - - - -
创建的两个集合如下:
set1 = {1,2,3,4,5}
set2 = {3,4,5,6,7,8}
- - - - - - - - - - - - - - - - - - - - - - - - - - - - - - - - - - - - - -
集合运算结果如下:
交集:set1&set2 = {3,4,5}
并集:set1|set2 = {1,2,3,4,5,6,7,8}
差集:set1 - set2 = {1,2}
对称差集:set1^set2 = {1,2,6,7,8}
```

任务 4.4.3 集合的比较操作

从键盘输入一些数字组成两个集合，然后使用相关运算符判断第一个集合是不是第二个集合的真子集、子集、真超集以及超集。

1. 任务分析

使用关系运算符可以对两个集合进行比较，比较的结果是一个布尔值。

（1）判断相等

使用运算符"=="可以判断两个集合是否具有相同的元素，若是则返回 True，否则返回 False。例如：

```
>>> set1 = {1,2,3,4,5,6}
```

```
>>> set2 = {2,1,1,3,6,3,5,4,5}
>>> set1 = = set2
True
```

（2）判断不相等

使用运算符"! ="可以判断两个集合是否具有不相同的元素，若是则返回 True，否则返回 False。例如：

```
>>> set1 = {1,2,3,4,5}
>>> set2 = {3,1,2,6,5,4}
>>> set1 ! = set2
True
```

（3）判断真子集

如果集合 set1 不等于 set2，并且 set1 中的所有元素都是 set2 的元素，则 set1 是 set2 的真子集。使用运算符"<"可以判断一个集合是否为另一个集合的真子集，若是则返回 True，否则返回 False。例如：

```
>>> set1 = {1,2,3,4,5}
>>> set2 = {3,1,2,6,5,4}
>>> set1 < set2
True
```

（4）判断子集

如果集合 set1 中的所有元素都是集合 set2 的元素，则集合 set1 是集合 set2 的子集。使用运算符"<="可以判断一个集合是不是另一个集合的子集，若是则返回 True，否则返回 False。例如：

```
>>> set1 = {1,2,3,4,5}
>>> set2 = {3,1,2,6,4,5}
>>> set1 < = set2
True
```

（5）判断真超集

如果集合 set1 不等于集合 set2，并且 set2 中的所有元素都是 set1 的元素，则集合 set1 是集合 set2 的真超集。使用运算符">"可以判断一个集合是不是另一个集合的真超集，若是则返回 True，否则返回 False。例如：

```
>>> set1 = {1,2,3,4,5}
>>> set2 = {3,1,2,6,4,5}
>>> set2 > set1
True
```

（6）判断超集

如果集合 set2 中的所有元素都是 set1 的元素，则集合 set1 是集合 set2 的超集。使用运算符"＞＝"可以判断一个集合是不是另一个集合的超集，若是则返回 True，否则返回 False。例如：

```
>>> set1 = {1,2,3,4,5}
>>> set2 = {3,1,2,6,4,5}
>>> set2 >= set1
True
```

2. 程序代码

```
tuple1 = eval(input("请输入一些数字组成第一个集合:"))
tuple2 = eval(input("请再输入一些数字组成第二个集合:"))
set1 = set(tuple1)
set2 = set(tuple2)
print("-" * 66)
print("创建的两个集合如下:")
print("set1 = {0}".format(set1))
print("set2 = {0}".format(set2))
print("-" * 66)
print("集合的关系如下:")
print("集合 set1{0}集合 set2".format("等于" if set1 == set2 else "不等于"))
print("集合 set1{0}集合 set2 的真子集".format("是" if set1<set2 else "不是"))
print("集合 set1{0}集合 set2 的子集".format("是" if set1<= set2 else "不是"))
print("集合 set2{0}集合 set1 的真超集".format("是" if set2 > set1 else "不是"))
print("集合 set2{0}集合 set1 的超集".format("是" if set2 >= set1 else "不是"))
```

运行结果：

```
请输入一些数字组成第一个集合:1,3,2,2,1,4,1,5
请再输入一些数字组成第二个集合:6,1,3,2,4,5,7,8
------------------------------------------------------------------
创建的两个集合如下:
set1 = {1,2,3,4,5}
set2 = {1,2,3,4,5,6,7,8}
------------------------------------------------------------------
集合的关系如下:
集合 set1 不等于集合 set2
集合 set1 是集合 set2 的真子集
集合 set1 是集合 set2 的子集
集合 set2 是集合 set1 的真超集
集合 set2 是集合 set1 的超集
```

3. 任务拓展

（1）集合的并入

对于可变集合，可以使用运算符"｜＝"将一个集合并入另一个集合中。例如：

```
>>> set1 = {3,1,2,4}
>>> set2 = {5,6,7,8}
>>> set1 |= set2
>>> set1
{1,2,3,4,5,6,7,8}
```

对于不可变集合，也可以进行同样的操作。例如：

```
>>> fz1 = frozenset({1,2,3})
>>> fz2 = frozenset({4,5,6})
>>> fz1 |= fz2
>>> fz1
frozenset({1,2,3,4,5,6})
```

（2）集合的遍历

使用 for 循环可以遍历集合中的所有元素。例如：

```
>>> set1 = {"Go","C","PHP","Python"}
>>> for x in set1:
print(x,end = "")
CGoPythonPHP
```

任务 4.4.4 集合的常用方法（1）：集合的运算

从键盘上输入一些数字组成两个集合，然后通过调用集合对象的相关方法，判断两个集合之间的关系，并计算两个集合的交集、并集、差集和对称差集。

1. 任务分析

集合对象拥有许多成员方法，其中有一些同时适用于所有集合类型，另一些只适用于可变集合类型。此次任务主要学习适用于所有集合的方法。下列方法不会修改原集合的内容，可用于可变集合和不可变集合。

（1）set1.issubset（set2）

如果集合 set1 是集合 set2 的子集，则该方法返回 True，否则返回 False。

```
>>> set1 = {1,2,3,4,5}
>>> set2 = {8,6,3,6,1,2,4,5}
>>> set1.issubset(set2)
True
```

（2）set2. issuperset（set1）

如果集合 set2 是集合 set1 的超集，则该方法返回 True，否则返回 False。

```
>>> set1 = {1,2,3,4,5}
>>> set2 = {8,6,3,6,1,2,4,5}
>>> set2. issuperset(set1)
True
```

（3）set1. isdisjoint（set2）

如果集合 set1 和集合 set2 没有共同元素，则该方法返回 True，否则返回 False。

```
>>> set1 = {1,2,3,4,5}
>>> set2 = {8,6,3,6,1,2,4,5}
>>> set1. isdisjoint(set2)
False
```

（4）set1. intersection（set2，…，setN）

该方法用于计算集合 set1，set2，…，setN 的交集。

```
>>> set1 = {1,2,3,4,5}
>>> set2 = {8,6,3,6,1,2,4,5}
>>> set1. intersection(set2)
{1,2,3,4,5}
```

（5）set1. union（set2，…，setN）

该方法用于计算集合 set1，set2，…，setN 的并集。

```
>>> set1 = {1,2,3,4,5}
>>> set2 = {8,6,3,6,1,2,4,5}
>>> set1. union(set2)
{1,2,3,4,5,6,8}
```

（6）set1. difference（set2）

该方法用于计算集合 set1 与 set2 的差集。

```
>>> set1 = {1,2,3,4}
>>> set2 = {3,4,5,6,7,8}
>>> set1. difference(set2)
{1,2}
```

（7）set1. symmetric_difference（set2）

该方法用于计算集合 set1 与 set2 的对称差集。

```
>>> set1 = {1,2,3,4}
```

```
>>> set2 = {3,4,5,6,7,8}
>>> set1.symmetric_difference(set2)
{1,2,5,6,7,8}
```

（8）set1. copy（）

该方法用于复制集合 set1。

```
>>> set1 = {3,1,2,1,3,5,4,6}
>>> set1.copy()
{1,2,3,4,5,6}
```

2. 程序代码

```
tuple1 = eval(input("请输入一些数字组成第一个集合:"))
tuple2 = eval(input("请再输入一些数字组成第二个集合:"))
set1 = set(tuple1)
set2 = set(tuple2)
print(" - " * 66)
print("创建的两个集合如下:")
print("set1 = {0}".format(set1))
print("set2 = {0}".format(set2))
print(" - " * 66)
print("集合运算结果如下:")
print("集合 set1 是集合 set2 的子集吗?",set1.issubset(set2))
print("集合 set1 是集合 set2 的超集吗?",set1.issuperset(set2))
print("交集:",set1.intersection(set2))
print("并集:",set1.union(set2))
print("差集:",set1.difference(set2))
print("对称差集:",set1.symmetric_difference(set2))
```

运行结果:

```
请输入一些数字组成第一个集合:1,2,3,4,5,6
请再输入一些数字组成第二个集合:1,2,3
------------------------------------------------------------------
创建的两个集合如下:
set1 = {1,2,3,4,5,6}
set2 = {1,2,3}
------------------------------------------------------------------
集合运算结果如下:
集合 set1 是集合 set2 的子集吗? False
集合 set1 是集合 set2 的超集吗? True
交集:{1,2,3}
```

并集:{1,2,3,4,5,6}
差集:{4,5,6}
对称差集:{4,5,6}

任务 4.4.5　集合的常用方法（2）：集合的修改

随机生成一个集合，通过调用集合对象的相关方法对该集合进行修改操作。

1. 任务分析

本次任务主要学习仅适用于可变集合的方法。

（1）set1. add（x）

在集合 set1 中添加元素 x。

```
>>> set1 = {1,2,3,4,5,6}
>>> set1.add("Hello")
>>> set1
{1,2,3,4,5,6,'Hello'}
```

（2）set1. update（set2，set3，…，setN）

该方法使用集合 set2，set3，…，setN 拆分成单个数据项并添加到集合 set1 中。

```
>>> set1 = {1,2,3}
>>> set1.update({10,20,30},{"AA","BB","CC"})
>>> set1
{1,2,3,10,'AA','BB',20,30,'CC'}
```

（3）set1. intersection _ update（set2，set3，…，setN）

求出集合 set1，set2，set3，…，setN 集合的交集并将结果赋值给 set1。

```
>>> set1 = {1,2,3,4,5,6}
>>> set1.intersection_update({3,4,5,6,7,8},{5,6,7,8,9})
>>> set1
{5,6}
```

（4）set1. difference _ update（set2，set3，…，setN）

求出属于集合 set1 但不属于集合 set2，set3，…，setN 的元素并将结果赋值给 set1。

```
>>> set1 = {1,2,3,4,5,6,7,8,9,10}
>>> set1.difference_update({3,4},{7,8})
>>> set1
{1,2,5,6,9,10}
```

（5）set1. symmetric _ difference _ update（set2）

求出集合 set1 和 set2 的对称差集并将结果赋值给 set1。

```
>>> set1 = {1,2,3,4,5,6}
>>> set1.symmetric_difference_update({4,5,6,7,8,9})
>>> set1
{1,2,3,7,8,9}
```

(6) set1. remove (x)

该方法用于从集合 set1 中删除元素 x，若 x 不存在于集合 set1 中，则会出现
KeyError 错误。

```
>>> set1 = {1,2,3,4,5,6}
>>> set1.remove(4)
>>> set1
{1,2,3,5,6}
>>> set1.remove(4)
Traceback(most recent call last):
  File "<pyshell#38>",line 1,in <module>
    set1.remove(4)
KeyError:4
```

(7) set1. discard (x)

该方法用于从集合 set1 中删除元素 x，若 x 不存在于集合 set1 中，也不会引发任何错误。

```
>>> set1 = {1,2,3,4,5,6}
>>> set1.discard(4)
>>> set1
{1,2,3,5,6}
>>> set1.discard(4)
>>> set1
{1,2,3,5,6}
```

(8) set1. pop ()

该方法用于从集合 set1 中弹出一个元素，即删除并返回该元素。

```
>>> set1 = {1,2,3,4,5,6}
>>> set1.pop()
1
>>> set1.pop()
2
>>> set1
{3,4,5,6}
```

(9) set1. clear ()

该方法用于删除集合 set1 中的所有元素。

```
>>> set1 = {1,2,3,4,5,6}
>>> set1.clear()
>>> set1
set()
```

2. 程序代码

```
import random
set1 = set([int(100 * random.random())for i in range(5)])
print("集合内容:",set1)
print("集合长度:",len(set1))
print("集合求和:",sum(set1))
print("集合最大元素:",max(set1))
print("集合最小元素:",min(set1))
set1.add(20)
print("执行 add 方法后集合内容:",set1)
set1.update({10,20,30})
print("执行 update 方法后集合内容:",set1)
set1.remove(20)
print("执行 remove 方法后集合内容:",set1)
set1.pop()
print("执行 pop 方法后集合内容:",set1)
set1.clear()
print("执行 clear 方法后集合内容:",set1)
```

运行结果:

```
集合内容:{32,71,20,27,63}
集合长度:5
集合求和:213
集合最大元素:71
集合最小元素:20
执行 add 方法后集合内容:{32,71,20,27,63}
执行 update 方法后集合内容:{32,71,10,20,27,30,63}
执行 remove 方法后集合内容:{32,71,10,27,30,63}
执行 pop 方法后集合内容:{71,10,27,30,63}
执行 clear 方法后集合内容:set()
```

任务 4.4.6　集合与列表的比较

集合与列表相互转换。

1. 任务分析

集合和列表都可以用来存储多个元素,都可以通过内置函数 len()、max() 和

min（）来计算长度、最大元素和最小元素，可变集合和列表都是可变对象。但集合和列表也有很多区别，主要表现在以下几个方面：

① 集合是用花括号或 set（）函数定义的，列表则是用方括号或 list（）函数定义的。

② 集合中不能存储重复的元素，列表则允许存储重复的元素。

③ 集合中的元素是无序的，不能通过索引或切片来获取元素；列表中的元素则是有序的，可以通过索引或切片来获取元素。

④ 对于集合可以判断集合关系，也可以进行各种集合运算，这些都是集合所特有的。

集合和列表可以进行相互转换。如果将一个集合作为参数传入 list（）函数，则可以返回一个列表对象。反过来，如果将一个列表作为参数传入 set（）函数，则可以返回一个集合对象。

2. 程序代码

（1）集合转列表

```
>>> set1 = {6,1,3,2,1,4,2,5,3}
>>> list1 = list(set1)
>>> list1
```

运行结果：

```
[1,2,3,4,5,6]
```

（2）列表转集合程序代码

```
>>> list1 = [1,2,3,4,1,2,5,1,6]
>>> set1 = set(list1)
>>> set1
```

运行结果：

```
{1,2,3,4,5,6}
```

项目小结

本项目中详细介绍了列表、元组、字典和集合这几种数据结构的创建、相关操作以及常用方法等，它们既有相似的地方又有各自的特点，功能丰富且强大。

列表（list）属于有序可变序列，可以通过索引和切片对其进行修改，当中的元素不需要具有相同的数据类型，可以是整数和字符串，也可以是列表和集合等。元组（tuple）与列表类似，不同之处在于列表是可变对象，元组则是不可变对象，元组一经创建，其元素便不能修改。字典（dictionary）属于可变类型，在字典中可以包含任何数据类型。其由一组键及与其对应的值构成的，键与对应的值之间用冒号分隔，所有键及与其对应的值都放置在一对花括号内。集合（set）是一些不重复元素的无序组合，与列表和元组等有序序列不同，集合并不记录元素的位置，因此不能进行索引和切片等操作。不过，用于序列的一些操作和函数也可用于集合。

习　题 ▮▮▷

一、选择题

1. 关于列表数据结构，下面描述正确的是＿＿＿＿＿＿。

A. 所有元素类型必须相同　　　　　B. 必须按顺序插入元素

C. 不支持 in 运算符　　　　　　　D. 可以不按顺序查找元素

2. 在列表指定位置插入新的元素，可以调用列表对象的＿＿＿＿＿＿方法。

A. insert（）　　　B. extend（）　　　C. pop（）　　　D. remove（）

3. 通过赋值语句 a＝｛1，2，3，4｝，可将一个＿＿＿＿＿＿对象引用赋给变量 a。

A. 集合　　　　　B. 列表　　　　　C. 元组　　　　　D. 字典

4. 在 Python 中可以更改的数据类型是＿＿＿＿＿＿。

A. 数字　　　　　B. 元组　　　　　C. 字符串　　　　D. 列表

5. 计算两个集合的并集，应当使用＿＿＿＿＿＿运算符。

A. &　　　　　　B. ^　　　　　　C. |　　　　　　D. -

6. 判断一个集合是否为另一个的子集，需使用＿＿＿＿＿＿运算符。

A. <　　　　　　B. <=　　　　　　C. >　　　　　　D. >=

7. 下面语句中，定义了一个字典的是＿＿＿＿＿＿。

A. ｛｝　　　　　B. ［1，2，3］　　　C. ｛1，2，3｝　　　D. （1，2，3）

8. 下面关于字典的定义，错误的是＿＿＿＿＿＿。

A. 属于 Python 中可变数据类型　　B. 字典元素用（）包含

C. 值可以为任意类型的 Python 对象　D. 可以对整个字典进行删除

9. （多选题）下列＿＿＿＿＿＿方法可以生成包含 1，3，5，7，9 的数组或列表。

A. ［i for i in range（1，10，2）］　　B. np. arange（1，10，2）

C. ［2 * i＋1 for i in range（5）］　　D. np. linspace（1，9，5，dtype＝int）

10. （多选题）下列＿＿＿＿＿＿语句可生成集合或数组：1，2，3，4，5。

A. ［i for i in range（6）］　　　　B. numpy. arange（1，5）

C. numpy. arange（1，6）　　　　D. ［i for i in range（1，6）］

11. （多选题）已知 arr＝numpy. arange（0，9，1），下列＿＿＿＿＿＿语句可以返回数组中的所有偶数。

A. arr［0：：2］　　B. arr［：：2］　　C. arr［1：：2］　　D. arr［：2：］

二、填空题

1. 不可变集合可以通过调用＿＿＿＿＿＿函数来创建。

2. 使用＿＿＿＿＿＿运算符可以检测指定键是否存在于字典中。

3. 通过＿＿＿＿＿＿可以从列表中取出部分元素构成一个新的列表。

4. 用于获取包含字典 dic 中所有（键，值）元组的列表的方法是＿＿＿＿＿＿。

5. 将一个字典作为参数传入＿＿＿＿＿＿函数可以获取该字典中所有键组成的列表。

6. 有 set1＝{1，2，3，4，5}、set2 {3，4，5，6，7}，set1 ˆ set2 的结果为＿＿＿＿＿＿。

7. 用＿＿＿＿＿＿方法可以从集合 set 中删除元素 x，若 x 不存在于集合 set 中，则会出现 KeyError 错误

三、程序设计题

1. 在给定的字符串中，统计 0～9 中每个数字字符出现的次数。

2. 实现一维数组的选择法升序排列。具体过程是：第 1 次扫描数组，选出最小的值，与数组中的第 1 个元素交换位置；第 2 次扫描数组（从第 2 个元素开始），选出第 2 小的值，与数组中第 2 个元素交换位置。依此类推。

3. 编写程序，从键盘输入一些数字组成两个集合，通过调用集合对象的相关方法来判断两个集合的关系，并计算两个集合的交集、并集、差集和对称集。

4. 编写程序，创建一个简单的学生信息录入系统，用于输入学生的姓名、性别、年龄信息，最后显示这些信息。

项目 5　函数和模块

随着程序功能的增加，代码将会变得越来越复杂，更容易出现不同代码块做类似工作的情况。换句话说，一个程序可能存在多段重复的代码。反复编写这些重复代码，将会让编程变得毫无乐趣。此时，我们可以把需要反复执行的代码封装为函数，然后在需要执行该重复代码的地方调用封装好的函数，从而尽可能地减少重复代码。函数能够实现代码的复用，便于阅读和开发，更重要的是它能够有效降低修改成本。当发现某部分代码需要修改时，仅需要在函数体这个地方集中修改，而不需要在过多地方做同样修改。函数可以放在不同的模块文件中，在需要时导入模块，再调用其中的函数以提高代码的重复利用率。本项目将以任务的方式，通过生活中的典型案例，讲解 Python 中如何使用函数和模块，让程序更加简洁明了。

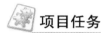

项目任务

- 函数的定义和调用
- 变量的作用域
- 匿名函数和递归函数
- 模块与包

学习目标

- 掌握函数的定义和调用
- 掌握变量作用域和 global 关键字的用法
- 掌握匿名函数 lambda 表达式和递归函数的用法
- 掌握模块和包的定义和使用

任务 5.1　函数的定义与调用

函数是组织好的、实现单一功能或相关联功能的代码段。函数的使用分为定义和调用两部分，本任务将通过案例来讲解 Python 中函数的定义与调用。

任务 5.1.1 函数的定义与调用：打印正方形

打印边长为 n 个星号的正方形（其中 n＞1）。

1. 任务分析

通过前面项目的学习，相信大家会打印边长为 2 个或者 3 个星号的正方形，代码如下：

```
# 打印边长为2个星号的正方形
for a in range(2):
    for b in range(2):
        print(" * ",end = " ")
    print()
# 打印边长为3个星号的正方形
for a in range(3):
    for b in range(3):
        print(" * ",end = " ")
    print()
```

如果需要再打印边长为 4 个和 5 个星号的正方形，则上述类似代码需要再重复编写 2 次。如果临时要求将"＊"号改为"＃"号，此时还需要修改 4 处语句，工作量较大。我们不妨用一个参数 n 表示正方形边长，用一个参数 c 表示要打印的字符，此时所有的类似代码可以整合为如下形式：

```
for i in range(n):
    for j in range(n):
        print(c,end = " ")
    print()
```

当我们需要打印正方形的时候，只需要直接使用这段代码、修改 n 和 c 两个参数的值即可。这种方式就是使用函数。我们要完成这个任务，首先要定义函数，然后调用这个函数。

在 Python 中，定义函数的语法如下：

```
def 函数名([参数列表]):
''' 注释 '''
    函数体
```

定义函数需要注意：

① def 是关键字。

② 函数名：尽量取得有意义，也就是通过名字知道函数的功能。

③ 圆括号：即使该函数不需要接收任何参数，也必须保留一对空的圆括号。

④ 参数列表：这里的形参不需要说明类型，Python 解释器会根据实参的值自动推断形参类型，参数间用逗号分隔。

⑤ 冒号：函数头部括号后面的冒号必不可少。在 Python 中，冒号表明下一条语句需要缩进。

⑥ 函数体：相对于 def 关键字必须保持一定的空格缩进。

函数定义好了之后，接下来如果要使用该函数的功能，那就要调用这个函数了。在 Python 中，调用函数的语法如下：

函数名([参数列表])

值得注意的是函数名后面的圆括号不能省略，即使无参数传入。下面我们通过定义一个函数来完成本任务。

2. 程序代码

```
# 打印正方形的函数
def echo_square(n,c):
    for i in range(n):
        for j in range(n):
            print(c,end = " ")
        print()


# 无参数传入的函数,圆括号不能省略
def echo_line():
  print("-" * 15)


# 调用函数,打印边长为 4 个星号的正方形
echo_square(4,"*")
echo_line()
# 调用函数,打印边长为 5 个井号的正方形
echo_square(5,"#")
```

运行结果：

```
* * * *
* * * *
* * * *
- - - - - - - - - - -
# # # # #
# # # # #
# # # # #
# # # # #
# # # # #
```

任务 5.1.2　默认参数：打印杨辉三角

打印杨辉三角前 h 行，要求编写一个函数，接收一个整数 h 作为参数，当未传入参数

时，h 取默认值 3。

1. 任务分析

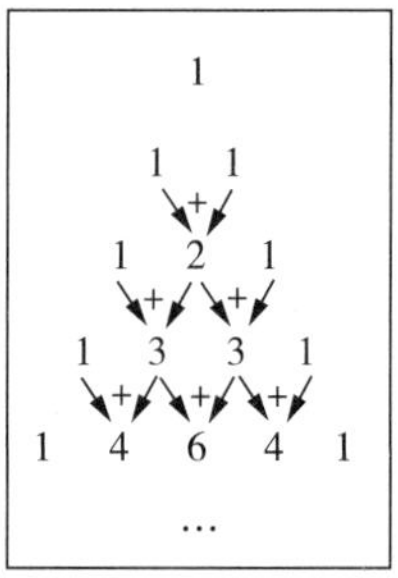

如图 5-1 所示，杨辉三角就是左侧斜边和右侧斜边上的数字都是 1，其余的数字都是它左上方和右上方的两个数字之和。我们用列表存储杨辉三角的每一行数值，第一行只有 1；从第二行开始，列表第一个元素为 1，中间元素是上一行列表的前一个索引位置元素加上一行列表当前索引位置元素，循环完成中间元素的计算，最后追加元素 1。

图 5-1　杨辉三角示例

2. 程序代码

根据上述思想，可实现杨辉三角的程序代码。在实现程序代码，定义 triangle 函数时，参数 h 给出了默认值 3。当调用该函数，未传入参数时，程序将自动将默认值赋值给该参数。代码中的参数被称为默认值参数，通用参数默认值的作用是简化代码编写。

```python
# 参数 h 的默认值为 3
def triangle(h = 3):
    # 存储每一行数据的列表
    data_per_line = [1]
    for i in range(1,h + 1):
        print(" " * (h - i + 1),end = "")
        if i == 1:
            print(1)
        else:
            # 临时列表,存储新的一行
            temp_data = [1]
            j = 1
            while j < len(data_per_line):
                temp_data.append(data_per_line[j - 1] + data_per_line[j])
                j += 1
            temp_data.append(1)
            # 新的一行数据准备好,赋值给 data_per_line
            data_per_line = temp_data
            for v in data_per_line:
                print(v,end = " ")
            print()

# 未传入参数时,h 值默认取 3
triangle()
print(" = " * 10)
triangle(5)
```

运行结果：

```
      1
    1  1
  1  2  1
 = = = = = = = = = =
        1
      1  1
    1  2  1
  1  3  3  1
 1  4  6  4  1
```

任务 5.1.3　位置参数与关键字参数：输出个人信息

定义一个函数，接收来自键盘输入的学生姓名和年龄，然后在屏幕上输出。

1. 任务分析

本任务实现简单，重点介绍函数调用时的参数传递方式，包括按位置传参数和按关键字传参数。在此之前，先来了解两个重要概念：形式参数和实际参数。在函数定义中，圆括号里出现的参数被称为形式参数，可以看作是没有具体实际数据的占位符，在函数被调用时用于接收被传递进来的数据。而函数被调用时，传递进去的参数，包含了实实在在的数据，会被函数体内部的代码所使用，这部分参数被称为实际参数。

（1）位置参数

位置参数是一种常用的形式，调用函数时实际参数和形式参数的顺序必须严格一致，而且实际参数和形式参数的数目要相等，数据类型要保持兼容。

（2）关键字参数

调用函数时可以按照参数的名字传递值，此时参数称为关键字参数。形式参数和实际参数的顺序可以不一致，调用时明确指定了哪个值传递给哪个参数，故不影响参数值传递结果。

2. 程序代码

```
# 形式参数 f_name 和 f_age
def get_info(f_name,f_age):
    print("姓名:{0},年龄:{1}".format(f_name,f_age))
# 实际参数 a_name 和 a_age
a_name = input("请输入姓名:")
a_age = input("请输入年龄:")


# 位置参数传入,按形式参数 f_name 和 f_age 的顺序依次传入
get_info(a_name,a_age)
# 关键字参数传入,形式参数和实际参数的顺序不一致,调换了 f_age 和 f_name 的位置
get_info(f_age = a_age,f_name = a_name)
```

运行结果：

请输入姓名:zhf
请输入年龄:32
姓名:zhf,年龄:32
姓名:zhf,年龄:32

任务 5.1.4　可变长参数：计算几何形状的周长

给定几何形状的各条边（半径），计算其周长。约定：当输入参数只有 1 个时，该参数表示圆的半径；当输入参数有 2 个时，这 2 个参数分别表示长方形的两条边；当输入参数有 3 个时，这 3 个参数对应三角形的三条边；其他参数一律不处理，并在屏幕上打印提示。要求定义一个函数实现。

1. 任务分析

一般情况下，函数定义时的参数数量和调用时的参数数量要相同。当实际参数数量不定时，可在函数形式参数中定义可变长参数，用于接收个数不定的实际参数。可变长参数包括元组型和字典型两种类型。

元组类型的可变长参数，把函数调用时多余的实际参数全部封装为一个元组传给可变长参数。定义元组类型可变长参数，只需要在形参名称前加上星号" * "。如果函数还有其他参数，那么就必须放在可变长参数之前。如：

```python
# 位置参数 first 和可变长参数 remain
def toy(first, * remain):
  print("第一个参数是:{}".format(first))
  print("可变长参数是:{}".format(remain))

# 数据 3 传给位置参数,数据 4 和 5 以元组形式传给可变长参数
toy(3,4,5)
print("~" * 10)
# 数据 6 传给位置参数,数据 7 以元组形式传给可变长参数
toy(6,7)
```

程序执行结果为：

第一个参数是:3
可变长参数是:(4,5)
~~~~~~~~~~
第一个参数是:6
可变长参数是:(7,)

2. 程序代码

```python
def perimeter( * edges):
```

```
    PI = 3.14
    # 计算元组 edges 的长度
    size = len(edges)
    # 一个参数表示圆,两个参数表示长方形,三个参数表示三角形,其他参数不处理
    if size < = 0 or size > = 4:
        print("输入参数错误")
    else:
        if size == 1:
            print("半径为{0}的圆周长为:{1}"
                .format(edges[0],2 * PI * edges[0]))
        elif size == 2:
            print("边长分别为{0}和{1}的长方形周长为:{2}"
                .format(edges[0],edges[1],(edges[0] + edges[1]) * 2))
        else:
            x,y,z = edges[0],edges[1],edges[2]
            if(x + y) > z and(x + z) > y and(y + z) > x:
                print("边长分别为{0}、{1}、{2}的三角形周长为:{3}"
                    .format(x,y,z,x + y + z))
            else:
                print("长度分别为{0}、{1}、{2}的边长无法构成三角形"
                    .format(x,y,z))


perimeter()
perimeter(2)
perimeter(2,3)
perimeter(2,3,4)
perimeter(2,3,4,5)
```

运行结果:

```
输入参数错误
半径为 2 的圆周长为:12.56
边长分别为 2 和 3 的长方形周长为:10
边长分别为 2、3、4 的三角形周长为:9
输入参数错误
```

3. 任务拓展

(1) 字典类型可变长参数

定义字典类型的可变长参数方法是在形参名称前面加两个星号"*",同样值得注意的是,如果函数还有其他参数,那么就必须放在可变长参数之前。调用函数时,定义的字典类型变长参数可以接收任意多个参数,并将其放入字典中。实参的格式是:"键=实参值",键后面不能用冒号。如果未提供任何参数,那么相当于是空字典作为参数。

示例如下:

```
def fun(x, * * y):
    print("第一个参数为:{}".format(x))
    if len(y):
        print("可变长参数为:",end = "")
        for v in y.items():
            print("{0}:{1}".format(v[0],v[1]),end = ";")
        print("\b")    # 退格符\b的作用是将最后一个分号删除

# fun 函数可变长参数 y 将是一个字典结构 {'name':'zhf','age':32}
fun(0,name = "zhf",age = 32)
```

运行结果:

```
第一个参数为:0
可变长参数为:name;zhf;age;32
```

(2) 函数定义时含所有类型参数

函数定义时,若同时存在位置参数、默认参数、可变长参数等,那么要求参数的放置顺序应该为:位置参数、默认参数、元组型可变长参数、字典型可变长参数。值得注意的是,默认参数也可以放在元组型可变长参数位置之后,但此时默认参数只能获取到默认值,因为其他多余的实参会全部被元组型可变长参数变量获取,不会传递给默认参数。在编写代码时,如果不按照指定顺序放置相应类型的参数,运行时解释器将报语法错误。函数调用时,字典型可变长参数通过关键字参数形式传入。示例:

```
def demo(one, * three,two = 0, * * four):
    print("位置参数是:{}".format(one))
    print("默认参数是:{}".format(two))
    if len(three):
        print("元组型可变长参数为:",end = "")
        for t in three:
            print("{0}".format(t),end = ";")
        # 转义字符\b用于把 for 循环中 print 函数最后一次输出的分号去除
        print("\b")
    if len(four):
        print("字典型可变长参数为:",end = "")
        for f in four.items():
            print("{0}:{1}".format(f[0],f[1]),end = ";")
        print("\b")

# 注意:此时实参数据 2 会被形参 three 接收,而不会传给形参 two
demo(1,3,2,name = "zhf",level = 4)
```

运行结果：

```
位置参数是:1
默认参数是:0
元组型可变长参数为:3;2
字典型可变长参数为:name;zhf;level:4
```

任务 5.1.5 序列型参数解包：输出个人信息

从键盘输入学生姓名和年龄，构造成一个字典类型数据。定义一个函数，接收该字典类型变量，然后在屏幕上输出。

1. 任务分析

一般调用函数时，其参数是通过位置、关键字、可变长等形式传入，实际参数和函数定义的形式参数类型保持一致。如果形式参数是一般类型变量，实际参数是序列类型的变量，如列表、元组、字典等，那么就要对传入的序列类型的变量进行解包。实参解包有两种方式：

（1）实参变量前加一个 "＊" 号

此时解包相当于将序列类型数据的定界符去除，然后各个元素按位置传入函数的形式参数中。对于字典而言，只能对 "键" 解包，如果要对值解包，可使用 "＊dic.values()" 形式，dic 是字典变量名。示例：

```python
# 实际参数个数等于形式参数个数
def fun1(x,y,z):
    print(x,y,z)
# 允许实际参数多于形式参数
def fun2(x,y,＊z):
    print(x,y,z)


# 元组类型解包
t1 = (4,5,6)
t2 = (1,3,5,7)
fun1(＊t1)
fun2(＊t2)
# 列表类型解包
lst = [2,4,6]
fun1(＊lst)
# range 函数序列类型解包
seq = range(5)
fun2(＊seq)
# 字典类型解包
info = {"name":"zhf","sex":"男","age":32}
fun1(＊info)
fun1(＊info.values())
```

运行结果：

```
4  5  6
1  3  (5,7)
2  4  6
0  1  (2,3,4,)
name  sex  age
zhf   男   32
```

（2）实参变量前加两个"＊"号

这种方式只适合字典类型实参，解包时将把各个键值对生成"键＝值"的形式，以关键字参数传入函数。需要注意的是，函数的形式参数的名字必须与字典的键名严格一致，否则会报错误。示例：

```
# 在传递实参时,实参键名应包含 f_name、f_sex 和 f_age,否则会报错提示缺少相关参数
def fun(f_name,f_sex,f_age):
    print(f_name,f_sex,f_age)
# 字典类型解包成关键字参数,键名必须严格出现在形参中,否则会报错提示出现多余参数
info = {"f_name":"zjq","f_sex":"女","f_age":35}
fun( ＊ ＊ info)
```

运行结果：

```
zjq  女  35
```

2. 程序代码

```
def get_info(f_name,f_age):
    print("姓名:{0},年龄:{1}".format(f_name,f_age))


name = input("请输入姓名:")
age = eval(input("请输入年龄:"))    # eval 将字符串解析为整数
# 字典类型解包
data = {"f_name":name,"f_age":age}
get_info( ＊ ＊ data)
```

运行结果：

```
请输入姓名:zhf
请输入年龄:35
姓名:zhf,年龄:35
```

任务 5.1.6　有返回值的函数：求平均分

假设有若干学生，每个学生的考试科目数各不相同，现在要求统计出所有学生全部科

目的最终平均分。定义一个函数获取每个学生课程数和总分，并实现本任务最终平均分的功能。程序执行时，每个学生的各科成绩单独通过控制台输入（以半角逗号分开）。

1. 任务分析

以前子任务定义的函数只是进行数据处理和打印，没有返回值。如果函数体中有 return 语句，那么该函数就是有返回值的，返回值类型由 Python 解释器自动识别。return 语句语法结构：

```
return 表达式 1[,表达式 2,…]
```

需要注意的是，return 语句应该是函数体的最后一条执行语句，执行 return 语句后，便结束了函数的运行，之后的语句没有意义。如：

```
def avg(x,y):
    return(x + y)/ 2


def info():
    return "Hello"
    # return 后面的语句没有意义,不会执行
    print("World")


res = avg(4,8)
print(res)
print(" - " * 10)
# 注意,info()函数体中的 print("World")并不会执行
print(info())
```

程序执行结果为：

```
6.0
- - - - - - - - - -
Hello
```

Python 支持直接返回多个返回值，即 return 后面多个表达式用逗号分开的形式实现。调用函数时，可以将函数赋值给变量，其语法格式：

```
变量列表 = 函数名(实际参数列表)
```

变量列表有三种情形：

① 只有一个变量：此时将函数返回结果以元组形式赋值给该变量。

② 变量数量少于函数返回值数量：此时最后一个变量名前需加星号，表示剩余的返回值数据以列表形式赋值给最后一个变量。

③ 变量数量等于函数返回值数量：此时函数调用相当于同步赋值语句。

示例:

```
def foo(x,y,z):
    return x,y,z


# 返回结果为一个元组 a
a = foo(1,2,3)
print("a = {}".format(a))
# 剩余返回值数据被列表 b 捕获
a, * b = foo(1,2,3)
print("a = {},b = {}".format(a,b))
# 相当于同步赋值语句,x,y,z 分别被赋值给 a,b,c
a,b,c = foo(1,2,3)
print("a = {},b = {},c = {}".format(a,b,c))
```

程序执行结果为:

```
a = (1,2,3)
a = 1,b = [2,3]
a = 1,b = 2,c = 3
```

本任务函数定义时只有一个参数用于接收学生成绩。每个学生各科目的考试成绩是以逗号分隔的字符串,用 eval 函数可得到元组类型数据,因此函数的形式参数接收到了元组类型的实际参数。

2. 程序代码

```
def app_demo(scores):
    if isinstance(scores,int):
        return 1,scores
    return len(scores),sum(scores)


cnt = 0
tmp = 0
while True:
    # 输入学生成绩,以<E>表示退出输入
    s = input("请输入学生成绩,以逗号分开,输入 E 时结束:")
    if s.upper() == "E":
        break
    x,y = app_demo(eval(s))
    cnt + = x
    tmp + = y
print("所有学生各科成绩平均分为{0:.2f}".format(tmp/cnt))
```

程序执行结果为:

请输入学生成绩,以逗号分开,输入 E 时结束:79
请输入学生成绩,以逗号分开,输入 E 时结束:75,29
请输入学生成绩,以逗号分开,输入 E 时结束:100,86,95
请输入学生成绩,以逗号分开,输入 E 时结束:91,98
请输入学生成绩,以逗号分开,输入 E 时结束:60,58,71
请输入学生成绩,以逗号分开,输入 E 时结束:E
所有学生各科成绩平均分为 76.55

任务 5.2　变量的作用域

变量起作用的代码范围称为变量的作用域。在不同作用域内,即使变量同名也不会相互影响。按照作用域的不同,变量分为局部变量和全局变量。

编写函数,计算:1＋(1＋2)＋…＋(1＋2…＋n) 的结果,要求函数体中使用局部变量和全局变量。

1. 任务分析

在函数内部定义的变量,函数体外不可访问,属于局部变量。在函数外部定义的变量,且出现在函数调用之前,在函数内部也可以直接访问,函数外部定义的变量在函数内部读取访问时,默认为全局变量。示例:

```
def fun():
    # 此时 n 默认为全局变量
    try:
        print("函数 fun 中的 n:",n)
    except NameError:
        print("变量 n 不存在!")
    # 局部变量 a
    a = 1


n = 1
fun()
# 离开了 fun 函数体,局部变量 a 不再起作用
try:
    print("在当前作用域的 a:",a)
except NameError:
    print("在当前作用域,变量 a 不存在!")
```

程序执行结果为:

函数 fun 中的 n:1
在当前作用域,变量 a 不存在!

要使函数体内能修改全局变量的值，则在修改之前加上如下语句：

```
global 全局变量名
```

该语句一般放在函数体的第一条语句位置。示例：

```
def fun():
    # 加入 global 语句之后,在 fun 函数体内可以对全局变量 n 进行修改
    global n
    # 离开 fun 函数体之后,n 值的修改依旧生效
    n = n + 1

n = 1
print("调用 fun 函数之前,n 值为{}".format(n))
fun()
print("调用 fun 函数之后,n 值为{}".format(n))
```

程序执行结果为：

```
调用 fun 函数之前,n 值为1
调用 fun 函数之后,n 值为2
```

如果在函数的外部引用函数的形参或者函数体中定义的局部变量，那么就会出现 NameError 错误。

本任务将定义函数 fun () 来求 $1+2+\cdots+k$，其中 k 的值是从 n 开始，到 1 结束。函数不用参数传递，而使用全局变量 n，每次计算后全局变量 n 减 1。函数内部使用了和全局变量 sum 同名的局部变量。

2. 程序代码

```
def fun():
    # 设定 n 为全局变量
    global n
    sum = 0     # sum 和 v 为局部变量
    for v in range(1,n+1):
        sum += v
    return sum

n = 50
sum = 0
while n > 0:
    sum += fun()
    n -= 1
print("1+(1+2)+...+(1+2+..+50)={}".format(sum))
```

运行结果：

```
1 + (1 + 2) + ··· + (1 + 2 + ··· + 50) = 22100
```

3. 任务拓展

在 D 盘新建一个 Python 文件 run. py，即 D：\ run. py。解释运行该 Python 文件，会自动产生多个以双下划线开始和结束的系统全局变量，如 _ _ name _ _ 、 _ _ file _ _ ，前者返回当前运行模块的名称，后者返回当前运行模块的全路径文件名。示例：

```
# 文件名为:run.py
print("__name__:",__name__)
print("__file__:",__file__)
```

运行结果：

```
__name__:__main__
__file__:D:\run.py
```

任务5.3 匿名函数和递归函数

在 Python 中有两种特殊形式的函数，分别是匿名函数和递归函数。本任务将对匿名函数和递归函数进行详细介绍。

任务5.3.1 匿名函数：四则运算

通过控制台输入运算符号"＋、－、＊、/"，再输入两个数值（用逗号分开），最后输出运算结果。要求用匿名函数实现上述功能。

1. 任务分析

顾名思义，匿名函数是指没有函数名的函数。匿名函数可以省去简单函数的定义过程，从而使编程更便捷；此外，函数命名是一个费脑子的问题，匿名函数可用于轻松解决该问题。通过关键字 lambda 定义匿名函数，故也称为 lambda 函数或 lambda 表达式，其语法格式如下：

```
lambda 参数列表:表达式
```

说明：

① 参数列表。匿名函数可以没有参数，此时冒号"："不能省略。也可以有多个参数，各参数之间用逗号分开。

② 表达式。表达式可以使用参数列表的参数，该表达式的值就是匿名函数的返回值。值得注意的是，匿名函数只允许一个表达式，且不允许使用 return 语句。

下面分别介绍匿名函数的应用场景。

（1）匿名函数一次调用

将匿名函数赋值给一个变量，再通过"变量（实际参数列表）"的形式调用。中途可以更换"变量"。该变量可理解成函数对象，也可以直接使用匿名函数。示例：

```
toy = lambda a,b:a + b
print(toy(3,5))


# 中途灵活更换"函数名"
add = toy
print(add(4,0.1))
print((lambda x,y:x + y)(3.1,2))
```

（2）匿名函数作高阶函数的参数

高阶函数是一种特殊函数，它允许使用其他函数作为参数或返回值，可以将代码逻辑抽象化并更灵活地组合和重用。包括两种情形：

① 一个函数的函数名作为参数传给另外一个函数。下例中，fun1 和 fun2 是普通函数，funf 是高阶函数。执行高阶函数时，传入的是普通函数的名称，且普通函数名后不允许带括号。

```
# 定义普通函数 fun1
def fun1():
    print("运行普通函数 fun1")


# 定义普通函数 fun2
def fun2():
    print("运行普通函数 fun2")


# 定义高阶函数 funf
def funf(func):
    # print("运行高阶函数")这条语句可以被 fun1 和 fun2 共用
    print("运行高阶函数")
    # 在函数内部,通过传入的函数参数调用普通函数
    func()


# 调用高阶函数,进行灵活组合
funf(fun1)
funf(fun2)
```

② 一个函数返回值为另外一个函数（返回为自己，则为递归）。下例中，fun1 是普通函数，funf 是高阶函数。执行高阶函数时，传入的是普通函数的名称，普通函数名后不允许带括号。调用高阶函数返回了普通函数，然后再执行普通函数，故最后包含括号。

```
# 定义普通函数
def fun1():
    print("运行普通函数")


# 定义高阶函数
def funf(fun1):
    print("运行高阶函数")
    # 在函数内部,通过 return 返回普通函数
    return fun1


# 调用高阶函数
funf(fun1)()
```

③ 匿名函数作序列型对象的元素,在创建序列类型对象时,匿名函数直接用作对象的元素,用索引(键)访问对象的元素时,相当于在调用匿名函数,故需要加括号进行传参数。示例:

```
# lst 是一个长度为 2 的列表,每个元素都是匿名函数
lst = [
    lambda:20,          # 第 1 个匿名函数,没有任何输入参数,返回值永远是 20
    lambda a:2 * a      # 第 2 个匿名函数,返回输入参数的 2 倍值
]
print(lst[0]())
print(lst[1](3))
```

④ 匿名函数作函数的返回值。在一个函数的函数体中,匿名函数可以作为 return 语句的返回值。调用函数后,相当于返回一个新的函数,返回的函数后还需要用括号传参数。因此出现了两对括号。示例:

```
deftoy():
    return lambda a,b:a + b


print(toy()(1.1,2))
# 运行结果为:3.1
add = toy()
print(add(1.2,2))
```

这里使用两种方法实现本任务,详细代码如下。

2. 程序代码

(1) 使用匿名函数作序列型对象的元素的方式实现

```
lst = [lambda a,b:a + b,lambda a,b:a - b,lambda a,b:a * b,lambda a,b:a/b]
```

```
op = input("请输入运算符( + - * /):")
x,y = eval(input("请输入两个操作数,用逗号分开:"))
if op = = '+':
    res = lst[0](x,y)
elif op = = '-':
    res = lst[1](x,y)
elif op = = '*':
    res = lst[2](x,y)
elif op = = '/':
    res = lst[3](x,y)
else:
    print("输入的运算符错误")
    exit()
print("{0}{1}{2} = {3}".format(x,op,y,res))
```

运行结果:

```
请输入运算符( + - * /):*
请输入两个操作数,用逗号分开:1.1,4
1.1 * 4 = 4.4
```

(2) 匿名函数作函数的返回值

```
def anonymity(op):
    match op:
        case '+':
            return lambda a,b:a + b
        case '-':
            return lambda a,b:a - b
        case '*':
            return lambda a,b:a * b
        case '/':
            return lambda a,b:a/b
        case _:
            print("输入的运算符错误")
            exit()

op = input("请输入运算符( + - * /):")
x,y = eval(input("请输入两个操作数,用逗号分开:"))
res = anonymity(op)(x,y)
print("{0}{1}{2} = {3}".format(x,op,y,res))
```

运行结果：

```
请输入运算符( + - * /)：+
请输入两个操作数,用逗号分开:1,2
1 + 2 = 3
```

3. 任务拓展

Python 的内置函数 map（）、filter（）、sorted（）等，都是可作用于序列对象的高阶函数，注意它们的返回值类型。

（1）map 函数

map 函数的调用形式：

```
map(function,iterable,...)
```

第一个参数 function 指定映射函数，是针对每一个迭代取值调用的函数；第二个参数 iterable 指定可以迭代的对象，迭代对象可以是一个或者多个。map 函数是将函数 function 作用到 iterable 中的每个元素，并返回一个与传入可迭代对象大小一样的 map 对象，该 map 对象可以通过 for 循环进行遍历，也可以将该对象作为参数传入 list（）函数并返回一个新的列表。示例：求列表中每个元素的平方值。

```
def double(x):
    return 2 * x


data = [1,3,5]
# 作用于普通函数
res1 = map(double,data)
for it in res1:
    print(it,end = " ")
print()
# 作用于匿名函数,此处可以体会到,匿名函数书写更简单
res2 = map(lambda x:2 * x,data)
for it in res2:
    print(it,end = " ")
```

运行结果：

```
2  6  10
2  6  10
```

（2）filter 函数

filter 函数的调用形式：

```
filter(function,iterable)
```

参数 function 为筛选函数，筛选函数的返回值是布尔型，若是其他类型将转化为布尔型；参数 iterable 为可迭代对象。filter 函数把传入的筛选函数依次作用于每个元素，筛选函数返回值是 True 时对应的元素保留。最后得到 filter 对象，该 filter 对象可以通过 for 循环进行遍历，也可以将该对象作为参数传入 list（）函数并返回一个新的列表。

```
def is_even(n):
    return n % 2 == 0
# 求 20 以内的偶数
res1 = filter(is_even,range(1,21))
print(list(res1))
res2 = filter(lambda x:x % 2 == 0,range(1,21))
print(list(res2))
```

运行结果：

```
[2,4,6,8,10,12,14,16,18,20]
[2,4,6,8,10,12,14,16,18,20]
```

（3）sorted 函数
sorted 函数的调用形式：

```
sorted(iterable,key = None,reverse = False)
```

参数 iterable 为用于排序的可迭代对象；参数 key 用于设置排序规则，可传入自定义的排序规则；参数 reverse 指定是以升序（False，默认）还是降序（True）进行排序。sorted 函数得到的是一个排好序的列表。示例：用列表保存员工信息，每个员工用一个元组记录姓名和年龄，现在要求用 sorted 函数将员工按年龄进行排序。

```
def compare(item):
    return item[1]

lst = [('zs',19),('ls',21),('ww',18),('cl',20)]
res1 = sorted(lst,key = compare,reverse = True)
print(res1)
res2 = sorted(lst,key = lambda x:x[1],reverse = False)
print(res2)
```

运行结果：

```
[('ls',21),('cl',20),('zs',19),('ww',18)]
[('ww',18),('zs',19),('cl',20),('ls',21)]
```

任务 5.3.2　递归函数：求阶乘

从键盘输入一个正整数，计算并输出其阶乘，要求通过递归函数来实现这个功能。

1. 任务分析

定义一个函数时，如果函数体内直接或者间接地调用了函数自身，这种调用就是递归调用。该函数称为递归函数，递归函数是高阶函数的一种。

定义递归函数的一般格式如下：

```
def 函数名([参数列表]):
    # condition:结束递归调用的边界条件
    if condition:
        # 其他代码
        return something
    else:
        # 其他代码
        函数名([参数列表])    # 包含函数名的调用
```

定义递归函数需要注意以下几个要点：

① 必须有一个明确的递归结束条件。

② 每次递归应使用更小或更简单的输入。

③ 函数递归深度不能太大，否则会引起内存崩溃。

如，有一个列表为 [1，[2，3，[4，5，[6，[7]]]]，8]，现要求把所有元素取并输出。

```
def toy(lst):
    for v in lst:
        if type(v) is list:
            toy(v)
        else:            # 边界条件
            print(v,end = " ")

lst = [1,[2,3,[4,5,[6,[7]]]],8]
toy(lst)
```

运行结果：

```
1 2 3 4 5 6 7 8
```

一个数 n 的阶乘用 n! 表示，那么 n! ＝1×2×3×…×n。当 n＝1 时，所得的结果为 1，当 n＞1 时，所得的结果为 n×(n－1)!。因此求 n! 可以分为下面两种情况：

$$n! = \begin{cases} 1 & n \leqslant 1 \\ n(n-1)! & n > 1 \end{cases}$$

递归函数以层层递进的方式，不断将复杂问题拆解成规模更小、更容易解决的子问题，当子问题的难度降到一定程度时，不再进行递归，而是基于该子问题的答案逐步反推上一级父问题的答案。以阶乘函数为例，我们可以定义一个函数 fac（n）来计算 n 的阶乘，以此类推 fac（n−1）就是计算 n−1 的阶乘。其中，n! ＝fac（n）＝n×fac（n−1）。假设计算机只知道 fac（1）的值为 1，且仅能执行简单的二数相乘操作，现利用递归函数求解 n! 问题。

2. 程序代码

```
def recursion(n):
    if n <= 1:
        return 1      # 假设计算机只知道 fac(1)等于 1
    else:
        return n * recursion(n - 1)     # 假设计算机只能执行两数相乘操作


data = int(input("请输入一个正整数:"))
# 调用 fac 函数,其间没有用到复杂的 for 循环编程逻辑,仅通过降解子问题难度求解 n!
res = recursion(data)
print("{0}! ={1}".format(data,res))
```

运行结果：

```
请输入一个正整数:5
5! = 120
```

通过上述例子，可以体会到，当一个问题难度较大，而我们不知道该如何实现复杂编程逻辑时，可以基于分而治之的思想，利用递归函数最终解决问题。

任务 5.4　模块与包

为了方便组织和维护程序代码，我们可以将相关的代码存放到一个扩展名为".py"的程序文件，该文件就是一个模块，模块能定义常量、变量、函数、类，也能包含可执行的代码。包是一个容器，将相关联的模块组织在一起，其实就是一个文件夹。包中必须存在 _ _init _ _.py 文件，可以包含模块，也可以包含其他包。本任务将通过案例介绍模块的类别、定义和使用，介绍包的创建和使用。

任务 5.4.1　模块分类：导入模块

导入 os 模块，列出当前程序文件夹下所有文件。

1. 任务分析

Python 之所以开发效率高，主要在于官方和第三方机构提供了大量的模块库供我们使用。狭义上以 .py 结尾的文件就是模块，包含了 Python 对象定义和 Python 语句。

使用模块中的函数等之前需要导入，导入模块就是将一个模块文件全部或指定的内容加载到当前文件。注意执行当前文件时，导入的模块中的 Python 语句会自动执行，因而模块的 Python 语句部分应该写到"if ＿＿name＿＿ ＝＝ "＿＿main＿＿":"结构中，具体参考本任务拓展部分。一个模块只会被导入一次，不管执行了多少次 import。

当导入一个模块时，系统将依次从"当前目录""系统环境变量指定的目录""pip 安装的默认目录（包含 site－packages 的目录）"中查找，只会导入最先找到的模块。如果未搜索到，将产生 ModuleNotFoundError 错误。

导入模块的主要方式有：

```
♯ 导入模块或是包,不能导入函数、类、对象等,通常用在内置模块、第三方模块
import 模块/包名 [as 别名]
♯ 导入模块、函数、类、对象等,通常用在自定义模块、第三方模块
from 模块/包名 import 功能名 [as 别名]
♯ 导入模块中的所有内容,但容易造成重名
from 模块/包名 import *
♯ 从指定路径导入模块,用在自定义模块
from 含路径的模块/包名 import 功能名[as 别名]
```

当一个文档需要导入的模块类型较多时，一般遵循如下导入顺序：标准模块、第三方模块、自定义模块。

不同的导入方法，模块的使用方法也各不同，以函数为例：

```
模块名/包名/别名. 函数名(参数)
```

（1）标准模块（库）

标准库是安装 Python 时自动安装好的，默认情况下，标准模块存储在 Python 安装目录下的 lib 文件夹中。标准库主要包括：数学运算、文件操作、字符串处理、系统服务、网络服务等。导入标准模块后，可以通过内置函数 dir（）来查看标准模块中的内容，也可以通过内置函数 help（）来查看标准模块的信息。以下命令是导入模块 math，分别用 dir 和 help 获得该模块所包含的内容和用法。

```
>>> import math
>>> dir(math)
['__doc__','__loader__','__name__','__package__','__spec__','acos','acosh','asin','asinh',
'atan','atan2','atanh','ceil','comb','copysign','cos','cosh','degrees','dist','e','erf','erfc',
'exp','expm1','fabs','factorial','floor','fmod','frexp','fsum','gamma','gcd','hypot','inf','isclose',
'isfinite','isinf','isnan','isqrt','ldexp','lgamma','log','log10','log1p','log2','modf','nan',
'perm','pi','pow','prod','radians','remainder','sin','sinh','sqrt','tan','tanh','tau','trunc']
>>> help(math)
Help on built - in module math:
…
 cos(x,/)
    Return the cosine of x(measured in radians)…
```

下面介绍几个常用的标准模块中的函数。

① random 模块。random 模块提供了很多函数，下表是 random 模块的常用函数及功能。

表 5-1 random 模块的常用函数

函数	说明
random. random ()	返回 0 与 1 之间的随机浮点数 N，范围为 0 <= N < 1.0
random. uniform（a，b）	返回 a 与 b 之间的随机浮点数 N，范围为 [a，b] 如果 a 小于 b，则生成的随机浮点数 N 的取值范围为 a <= N <= b 如果 a 大于 b，则生成的随机浮点数 N 的取值范围为 b <= N <= a
random. randint（a，b）	返回一个随机的整数 N，N 的取值范围为 a <= N <= b 注意：a 和 b 的取值必须为整数，并且 a 的值一定要小于 b 的值
random. randrange（[start]，stop [，step]）	返回指定递增基数集合中的一个随机数，基数默认值为 1 start 参数指定范围内的开始值，该值包含在范围内 stop 参数指定范围内的结束值，该值不包含在范围内 step 表示递增基数。注意：上述这些参数必须为整数
random. choice（sequence）	从 sequence 中返回一个随机的元素 sequence 参数可以是列表、元组或字符串 如果 sequence 为空，则会引发 IndexError 异常
random. shuffle（x [，random]）	将列表中的元素打乱顺序，直接修改列表 x
random. sample（sequence，k）	从指定序列中随机获取 k 个元素作为一个片段返回，sample 函数不会修改原有序列

示例代码如下：

```
>>> import random
>>> random.random()  # 生成 1 个随机数
0.6278722765068118
>>> random.uniform(10,20)              # 区间的随机浮点数
17.589051168843085
>>> random.randint(20,30)              # 区间的随机整数
30
>>> random.choice(["+","-","*","/"])   # 返回一个随机的元素
'/'
>>> random.randrange(2,52,2)           # 指定序列的随机整数
46
>>> data = list(range(1,11))
>>> random.shuffle(data)               # 打乱列表元素顺序,直接修改列表
>>> data
```

```
[7,3,9,2,10,1,4,5,6,8]
>>> inds = [1,2,3,4,5,6,7,8]
>>> random.sample(inds,4)                    # 从列表中取样,返回列表
[7,6,1,2]
```

② time 模块。time 模块中提供了一系列处理时间的函数,下表是其常用函数及功能。

表 5-2　time 模块的常用函数

函数	说明
time.time ()	获取当前时间,结果为实数,单位为秒
time.sleep (secs)	推迟调用线程的运行,时长由参数 secs 指定,单位为秒
time.strptime (string [, format])	将一个时间格式(如:2023-01-23)的字符串解析为时间元组
time.localtime ([secs])	将以秒为单位的时间戳转化为 struct_time 表示的本地时间
time.asctime ([tuple])	接受时间元组并返回一个字符串形式的日期和时间
time.mktime (tuple)	将时间元组转换为秒数
strftime (format [, tuple])	接受时间元组并返回字符串表示的当地时间,格式由 format 决定

以下示例演示了 time 模块的部分函数的功能,包括将指定日期生成时间戳,时间戳常在程序开发过程中所使用。

```
>>> import time
>>> time.time()                              # 以时间戳显示当前时间
1715255943.4680443
>>> time.localtime()                         # 以时间结构体显示当前时间
time.struct_time(tm_year = 2024,tm_mon = 5,tm_mday = 9,tm_hour = 19,tm_min = 59,tm_sec = 27,
tm_wday = 3,tm_yday = 130,tm_isdst = 0)
>>> time.strftime("%Y-%m-%d %H:%M:%S",time.localtime())    # 按指定格式输出
'2024-05-09 19:59:51'
>>> time.strftime("%a %b %d %H:%M:%S %Y",time.localtime())
'Thu May 09 20:00:07 2024'
>>> str_date ='2024-5-9'
>>> time.strptime(str_date,"%Y-%m-%d")        # 将日期转化为时间结构体对象
time.struct_time(tm_year = 2024,tm_mon = 5,tm_mday = 9,tm_hour = 0,tm_min = 0,tm_sec = 0,tm_
wday = 3,tm_yday = 130,tm_isdst = -1)
>>> time.mktime(time.strptime(str_date,"%Y-%m-%d"))        # 将时间生成时间戳
1715184000.0
```

下面代码演示了 time 模块的 time ( ) 和 sleep ( ) 函数的使用。time ( ) 常用于计算程序运行时间间隔,单位是秒。sleep ( ) 常用于让程序休眠一段时间。

```
import time

begin = time.time()
s = 0
for i in range(1,10000001):
    s += i
stop = time.time()
print(f"计算 1 + 2 + ... + 10000001 = {s},共耗时{stop - begin:0.2f}秒")
```

运行结果:

计算 1 + 2 + ⋯ + 10000001 = 50000005000000,共耗时 0.88 秒

③ calendar 模块。calendar 模块提供了诸多处理日期的函数,如下表所示。

表 5-3 calendar 的常用函数

函数	说明
calendar. calendar (year, w=2, l=1, c=6)	返回一个多行字符串格式的 year 指定的年份的年历,三个月一行,间隔距离为 c 的值,每日宽度间隔为 w 字符的值,每行长度为 21 * w + 18+2 * c,l 是每星期行数
calendar. firstweekday ()	返回当前每周起始日期的设置 默认情况下,首次载入 calendar 模块时返回 0,即星期一
calendar. isleap (year)	如果 year 指定的年份是闰年,返回 True,否则为 False
calendar. leapdays (y1,y2)	返回在 y1,y2 两年之间的闰年总数
calendar. month (year, month, w=2, l=1)	返回一个多行字符串格式的 year、month 的日历,两行标题,每周一行,每日宽度间隔为 w 字符,每行的长度为 7 * w+6,l 指的是每星期的行数
calendar. monthcalendar (year, month)	返回一个整数的单层嵌套列表。每个子列表代表一个星期 year、month 范围内的日子由该月第几日表示,从 1 开始
calendar. monthrange (year, month)	返回两个整数。第 1 个是该月的星期几的日期码,第 2 个是该月的日期码。日期从 0 (星期一)～6 (星期日),月份为 1 (1 月)～12 (12 月)
calendar. prcal (year, w=2, l=1, c=6)	相当于 print (calendar. calendar (year, w, l, c))
calendar. setfirstweekday (weekday)	设置每周的起始日期码。0 (星期一)～6 (星期日)
calendar. weekday (year, month, day)	返回给定日期的日期码。0 (星期一)～6 (星期日) 月份为 1 (1 月)～12 (12 月)

示例:列出 2024 年 4 月份的日历。

```
import calendar

cal = calendar.month(2024,4)
print("以下输出 2024 年 4 月份的日历：")
print(cal)
```

运行结果：

```
以下输出 2024 年 4 月份的日历：
      April   2024
Mo Tu We Th Fr Sa Su
 1  2  3  4  5  6  7
 8  9 10 11 12 13 14
15 16 17 18 19 20 21
22 23 24 25 26 27 28
29 30
```

（2）第三方模块

pip 是 Python 包管理工具，该工具随 Python 一起安装，它提供了对 Python 包的查找、下载、安装和卸载的功能。包是管理模块的一种方式。以下示例可查看 pip 的版本。

```
C:\Users\Administrator>pip − − version
pip 23.3.1 from C:\...\Python3\Lib\site − packages\pip(Python 3.12)
```

用命令"pip −−help"获取帮助，用命令"pip install −U pip"升级 pip 工具。pip 默认从 Python 官方服务器安装包，将 pip 源改为国内镜像服务器将大大提高下载速度。以 Windows 环境将 pip 源修改为华为云为例，在当前用户目录下，创建 pip 文件夹，在 pip 文件夹中新建 pip.ini 文件，其内容为：

```
[global]
trusted − host = repo.huaweicloud.com
index − url = https://repo.huaweicloud.com/repository/pypi/simple
[install]
trusted − host = repo.huaweicloud.com
```

下面介绍 pip 管理包的常用命令。
① 查看已安装的包。

```
C:\Users\Administrator>pip list
Package    Version
− − − − − − − − − − − − − − − − −
numpy      1.26.4
pip        23.3.1
……
```

② 查看已安装的包详情，不带 f 参数时只显示概要。

```
C:\Users\Administrator>pip show - f numpy
Name:numpy
Version:1.26.4
Summary:Fundamental package for array computing in Python
Home - page:https://numpy.org
Author:Travis E. Oliphant et al.
Author - email:
License:Copyright(c)2005 - 2023,NumPy Developers.
All rights reserved.

Redistribution and use in source and binary forms,with or without
modification,are permitted provided that the following conditions are
met:

    * Redistributions of source code must retain the above copyright
      notice,this list of conditions and the following disclaimer.

......
```

③ 查询包。官方已经不再支持用"pip search packagename"从官方镜像查询包，需要用浏览器访问"https://pypi.org/search"查询。

④ 离线安装包。从网络下载的离线包后缀为.whl，可以用 pip install 命令安装。语法结构：

```
pip install filename.whl          # filename.whl 是离线包文件名
```

⑤ 在线安装包。安装包有以下方式：

```
pip install packagename           # 最新版本,packagename 是包名
pip install packagename = = 1.0.4    # 指定版本
pip install 'packagename> = 1.0.4'    # 最小版本
```

以下是安装示例（此处默认从清华源下载）：

```
C:\Users\Administrator>pip install pymysql = = 1.0.2
Looking in indexes:https://pypi.tuna.tsinghua.edu.cn/simple
Collecting pymysql = = 1.0.2
  Downloading
https://pypi.tuna.tsinghua.edu.cn/packages/4f/52/a115fe175028b058df353c5a3d5290b71514a8
3f67078a6482cff24d6137/PyMySQL
  - 1.0.2 - py3 - none - any.whl(43 kB)
```

```
|████████████████████████████████████| 43 kB 378 kB/s
Installing collected packages：pymysql
Successfully installed pymysql－1.0.2
anyio                  3.6.2
argon2－cffi            21.3.0
……
```

可以通过－i 选项另外指定安装源，下面例子将 pip 源临时修改为阿里云：

```
pip install packagename －i http：//mirrors.aliyun.com/pypi/simple/
```

⑥ 升级包。命令为：pip install －－upgrade packagename。当包未安装，则自动安装最新版本。

⑦ 卸载包。卸载包有以下方式：

```
pip uninstall packagename              ♯ 最新版本
pip uninstall packagename＝＝1.0.4      ♯ 指定版本
pip uninstall 'packagename＞＝1.0.4'    ♯ 最小版本
```

pip 命令不在 Python 环境中运行，这是初学者很容易混淆的。如果要在 Python 环境中运行 pip 命令，请在 pip 前加"!"号。示例：

```
! pip install numpy
```

⑧ 清除缓存。pip 命令在安装 Python 包时，会下载相关文件进行缓存。随着时间的推移，这些缓存文件会占用大量磁盘空间，造成磁盘空间浪费。定期清除 pip 缓存是一个好习惯，输入以下命令可以清除 pip 缓存：

```
pip cache purge
```

（3）自定义模块

用户自己创建的一个 .py 文件，可以在其他文件中导入使用。具体定义和使用将在接下来的子任务中介绍。

os 是操作系统接口模块，os.path 是操作路径的子模块。这些模块提供了大量方法来管理文件和文件夹。

本任务的完整代码如下。

2. 程序代码

```
import os

♯ 获取当前程序所在的文件夹,系统变量__file__是当前文件全路径名
wd = os.path.dirname(__file__)
♯ 用于存放所有文件的列表
```

```
file_list = []
sfs = os.listdir(wd)                          # 列出文件夹下所有的目录与文件
for i in range(0,len(sfs)):
    path = os.path.join(wd,sfs[i])            # 将当前文件夹和文件或子文件夹拼接
    if os.path.isfile(path):                  # 如果是文件
        file_list.append(sfs[i])
print(file_list)
```

运行结果：

```
[' index. html',' run. py']
```

3. 任务拓展

我们经常看到作为模块的 Python 文件的执行代码部分有 "if ＿ ＿ name ＿ ＿ ＝ ＝ " ＿ ＿ main ＿ ＿":"，这种结构一般用于当前模块的测试。当模块被其他文件导入时，这部分代码不会执行。因为执行一个 Python 文件，只有当前运行的文件是程序的入口时，才会生成值为 "＿ ＿ main ＿ ＿" 的 ＿ ＿ name ＿ ＿ 全局变量。被导入的模块的 ＿ ＿ name ＿ ＿ 值等于模块名。示例：

模块 tool. py 文件：

```
def toy():
    print("模块 tool 的__name__值为",__name__,sep = "")


print("执行模块 tool 的程序段")
if __name__ = = '__main__':
    print("模块 tool 的测试语句")
```

主程序文件：

```
import tool

print("执行主程序的程序段")
if __name__ = = '__main__':
    print("主程序的测试语句")
    print("主程序的__name__值为",__name__,sep = "")
tool.toy()
```

运行结果：

```
执行模块 tool 的程序段
执行主程序的程序段
主程序的测试语句
主程序的__name__值为__main__
模块 tool 的__name__值为 tool
```

任务 5.4.2　自定义模块：计算图形面积

在一个模块中定义三角形、长方形、圆形的面积计算函数，在其他模块中调用这些函数。

1. 任务分析

一个 Python 程序通常由一个主程序和若干模块组成。主程序是程序运行的启动和管理模块，模块则是用户自定义功能的集合，在模块中还可以调用其他模块中的功能。

创建一个模块，其名称为 calc_area.py 的文件，在文件中写三个函数分别计算三角形、长方形和圆形的面积。在主程序中导入刚刚创建的模块，便可以调用模块 calc_area 的功能函数。

2. 程序代码

模块 calc_area.py 文件：

```
def triangle_area(w,h):
    return w * h / 2

def rectangle_area(w,h):
    return w * h

def circle_area(r):
    return 3.14 * r * r
```

主程序文件：

```
import sys
import calc_area as area       # 导入模块,并利用 as 关键字为 calc_area 起别名 area

choice = input('三角形面积请输入 1,长方形面积请输入 2,圆形面积请输入 3:')
if choice == "1":
    w,h = eval(input('请输入三角形的底和高(w,h):'))
    s = area.triangle_area(w,h)
    graph = '三角形'
elif choice == "2":
    w,h = eval(input('请输入长方形的长和宽(w,h):'))
    s = area.rectangle_area(w,h)
    graph = '长方形'
elif choice == "3":
    r = eval(input('请输入圆形的半径 r:'))
    s = area.circle_area(r)
    graph = '圆形'
else:
```

```
    sys. exit('输入的数字不正确,程序将退出！')
print(graph + '面积 = {0}'. format(s))
```

运行结果：

```
三角形面积请输入 1,长方形面积请输入 2,圆形面积请输入 3:3
请输入圆形半径 r:8
圆形面积 = 200.96
```

任务 5.4.3　包：四则运算

创建一个包 func，包中有四则运算的各个模块，在主程序中导入包，然后使用包里的各个模块完成算术四则运算。

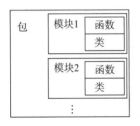

图 5－2　包和模块的结构

1. 任务分析

包是一个有层次的文件目录结构，它定义了一个由相互关联的模块和子包组成 Python 应用程序执行环境。简单理解包就是"文件夹"，并且这个文件夹中必须有一个 ＿＿init＿＿. py 文件，该文件用于进行包的初始化操作。

Python 程序通常由包（package）、模块（module）和函数组成。模块是处理某一类问题的集合，主要由函数和类组成，而包又由一系列模块组成集合。如图 5－2 所示。

本任务在 PyCharm 的工程中新建一个 Python 包，包名称 func，开发工具将在当前目录下创建 func 子目录，同时在 func 子目录中创建空白的 ＿＿init＿＿. py 文件。接下来在 func 子目录中依次创建 add. py、sub. py、mul. py、div. py 四个模块，编写对应的计算功能，最后在主程序中导入 func 包的所有模块，完成测试。整个工程目录树结构如下：

```
├── func/
│   ├── add. py
│   ├── div. py
│   ├── mul. py
│   ├── sub. py
│   └── __init__. py
├── run. py
```

2. 程序代码

各模块代码如下：

```
# add. py
def compute(a,b):
    return a + b


# sub. py
```

```
def compute(a,b):
    return a - b

# mul.py
def compute(a,b):
    return a * b

# div.py
def compute(a,b):
    return a / b
```

主程序代码：

```
# 将包 func 中所有模块导入
from func import add,sub,mul,div

op = input('请输入运算( + - * /):')
x,y = eval(input('请输入两个整数:'))
if op == "+":
    res = add.compute(x,y)
elif op == "-":
    res = sub.compute(x,y)
elif op == "*":
    res = mul.compute(x,y)
elif op == "/":
    res = div.compute(x,y)
else:
    print("无效运算方式!")
    res = None
print("计算结果为:" + str(res))
```

运行结果：

```
请输入运算( + - * /):.
请输入两个整数:1,2
无效运算方式!
计算结果为:None
```

3. 任务拓展

导入模块有多种方式，以下提供一些例子。编辑 func 子目录的 _ _init_ _.py 文件：

```
# 从当前路径(即 func 文件夹所在位置)导入 add 模块
from. import add
```

```
def info():
    return __name__
```

主程序代码：

```
# import 模块/包名 [as 别名]
import func
print(func.info())
print("1 + 2 = ",func.add.compute(1,2))
import func.add as cadd
print("3 + 4 = ",cadd.compute(3,4))

# from 模块/包名 import 功能名 [as 别名]
from func.add import compute
print("5 + 6 = ",compute(5,6))
from func import info
print(info())

# from 模块/包名 import *
from func import *
print("7 + 8 = ",add.compute(7,8))
from func.add import *
print("9 + 10 = ",compute(9,10))
```

本项目讨论如何在 Python 程序中使用函数和模块，主要内容包括函数的定义、函数的调用、函数参数的传递、有返回值的函数、变量的作用域、匿名函数、高阶函数、递归函数、日期时间函数、随机数函数以及自定义模块、标准模块、第三方模块和包的使用等。

习 题 ▐▐▐▶

一、选择题

1. 包是 Python 模块文件所在的文件夹，该文件夹下必须有一个名为_____的文件。

A. init _ _ . py   B. init. py   C. _ _init _ _ . py   D. _ _ init. py

2. Python 中使用关键字_____自定义一个函数。

A. function   B. def   C. func   D. import

3. 通过 Python 内置全局变量_____可以获取当前模块文件的绝对路径。

A. _ _ main _ _   B. _ _ name _ _   C. _ _ doc _ _   D. _ _ file _ _

4. 获取程序运行时间经常用到 time 模块，函数 time. time（）的作用是_____。

A. 获取当前时间

B. 将时间元组转换为秒数

C. 推迟调用线程的运行

D. 接受时间元组并返回字符串表示的当地时间

5. 深度学习训练模型时，批量随机梯度下降法经常要用到 random 模块，random. shuffle（x）函数的作用是_____。

A. 从指定序列中随机获取 k 个元素作为一个片段返回

B. 返回 0 与 1 之间的随机浮点数

C. 将列表中的元素打乱顺序，直接修改列表 x

D. 从序列 x 中返回一个随机的元素

6. pip install 命令可以通过_____选项临时指定安装源。

A. -a　　　　　　　B. -d　　　　　　　C. -f　　　　　　　D. -i

7. 如果函数体中有_____关键字，那么该函数就是有返回值的。

A. global　　　　　B. return　　　　　C. filter　　　　　D. def

二、填空题

1. 定义字典类型的可变长参数方法是在形参名称前面加_____。

2. Python 使用_____关键字定义全局变量。

3. 在 Python 中使用_____关键字定义一个匿名函数。

4. 使用_____关键字可以导入 Python 模块/包。

5. 函数调用时，参数的传递方式包括_____和_____两种。

三、程序设计题

1. 编写函数，打乱一个序列的顺序（拓展：该函数的一个应用场景是 AI 训练）。

2. 利用 os. path 和 os 模块，列出指定路径下的所有文件的名字（拓展：该函数的一个应用场景是获取指定类别目录下的所有样例文件）。

3. 使用递归函数求幂运算。

项目6 字符串和正则表达式

字符串是 Python 中常用的数据类型。字符串用于存储文本，可以包含任何数量的字符，如字母、数字和符号。字符串在计算机编程中有着广泛的应用，例如可以存储用户从键盘的输入、可以存储爬虫模块获取的数据。在读写文件时，文件路径和文件内容通常都是以字符串的形式提供的。正则表达式是字符串处理的有力工具。它可以被看作一个特殊的字符序列，或称为模式字符串，用于检查一个字符串与正则表达式的模式字符串是否匹配，或提取、替换匹配结果。正则表达式比字符串自身提供的方法提供了更强大的处理功能。例如，使用字符串对象的 split（）方法只能指定一个分隔符，而使用正则表达式可以很方便地指定多个分隔符；使用字符串对象的 split（）并指定分隔符时，很难处理分隔符连续多次出现的情况，而正则表达式让这一切都变得非常轻松。本项目将以任务的方式介绍字符串的基本操作和常用方法，介绍正则表达式基本语法和实现正则表达式的模块 re 的使用。

 项目任务

- 使用字符串
- 正则表达式

 学习目标

- 掌握字符串基本操作和常用字符串函数
- 理解常用的字符编码
- 了解正则表达式模式
- 掌握使用 re 模块实现正则表达式功能

任务6.1 使用字符串

我们从生成字符串作为任务起点，逐步进阶到含转义字符的字符串、字符串常见的运算和常用的方法、字符串格式化方式、字符编码等。

任务 6.1.1　字符串的索引与切片

定义 3 个变量分别存储 3 个表示学生学号的字符串：① 2406090133Zhangsan，② 2406090134"Lisi，③ 2406090135'Wangwu。实现学号中间 4 位号码隐藏，将第 3 位至第 6 位号码使用 * 隐藏。如图 6－1 所示。

1. 任务分析

字符串是由字母、符号或数字组成的字符序列。Python 支持用单引号、双引号和三引号之一作为定界符。单引号定界的字符串中可包含双引号字符，双引号

> 24****0133Zhangsan

图 6－1　隐藏第 3 位至第 6 位学号

定界的字符串中可包含单引号字符，三引号定界的字符串可包含单引号、双引号字符。如果是多行字符串（即字符串中夹有换行符），只能使用三引号定界符。由此可见，这里要存储的 3 个字符串都可使用三引号定界符。另外，第 1 个字符串还可用单引号或双引号定界符，第 2 个字符串还可用单引号定界符，第 3 个字符串还可用双引号定界符。

实现号码隐藏，也就是使用 * 替代部分字符串，于是我们想到可以使用字符串切片的方式获取学号中第 3 位至第 6 位的字符串，然后用字符串的 replace（）方法，把字符串中的旧字符串替代为新字符串。字符串是一个有序序列，每个字符在其序列中都有固定位置，因此可以通过序列的位置实现索引与切片操作。在字符串中，字符从左端开始索引，用非负整数 0，1，2，…表示；从右端开始索引，用负整数 -1，-2，…表示。字符位置如图 6－2 所示。

0	1	2	3	4	5	6	7	8	9
h	e	l	l	o	w	o	r	l	d
-10	-9	-8	-7	-6	-5	-4	-3	-2	-1

图 6－2　字符位置

字符串的切片是指从一个索引范围中获取连续的多个字符。切片操作基本格式为 stringname [start：end：step]，使用冒号（：）将参数进行分隔。

step 表示获取字符串时的"步长"，正负数均可。正负号决定了获取方向，正表示"从左往右"取值，负表示"从右往左"取值。当 step 省略时，默认为 1，即从左往右以增量 1 取值。start 和 end 代表字符串的切片从哪里开始到哪里结束，其中切片的最后一个字符是 end-1，这里有一个口诀叫"包左不包右"。

2. 程序代码

```
a1 = "2406090133Zhangsan"
a2 = '2406090134"Lisi'
a3 = "2406090135'Wangwu"
substr1 = a1[2:6]          #字符串切片操作
result1 = a1. replace(substr1,"＊＊＊＊")
```

```
print("遮码效果:",result1)
substr2 = a2[2:6]              #字符串切片操作
result2 = a2. replace(substr2,"＊＊＊＊")
print("遮码效果:",result2)
substr3 = a3[2:6]              #字符串切片操作
result3 = a3. replace(substr3,"＊＊＊＊")
print("遮码效果:",result3)
```

运行结果：

```
遮码效果:24＊＊＊＊0133Zhangsan
遮码效果:24＊＊＊＊0134"Lisi
遮码效果:24＊＊＊＊0135'Wangwu
```

3. 任务拓展

字符串是一种不可变的有序序列。字符串一旦创建便不可修改，若对字符串进行修改，就会生成一个新的字符串。定义一个字符串变量，本质上该变量存储了在内存中的字符串的首地址。内置 id 函数用于获取变量或对象的存储地址，另外内置 len 函数可获取字符串长度。

```
>>> s1 = "morning"
>>> id(s1)
1791922213472
>>> s1 = "afternoon"
>>> id(s1)
1791922249328       #结果说明,变量 s1 指向了另一个存储空间的字符串
>>> s2 = " afternoon"
>>> id(s2)
1791922249328       #结果说明,变量 s1 和 s2 是指向同一个存储空间的字符串
>>> len(s2)
9
```

任务 6.1.2　转义字符：登鹳雀楼

以单行字符串方式存储如下形式的《登鹳雀楼》：

白日依山尽	黄河入海流
欲穷千里目	更上一层楼

1. 任务分析

上文存在着无法表述的特殊字符：制表位和换行符，在字符串中可以使用转义字符表示这类字符。和其他语言相同，Python 的字符串中，用反斜杠 \ 后面带字符或数字表示转义字符，如 \ t 为制表位，\ n 为换行符。

转义字符一般用于表示包含反斜杠、单引号、双引号等有特殊用途的字符或包含回车、换行、制表符等无法显示的字符。常见转义字符见表 6 - 1 所列。

表 6 - 1　常用的转义字符

转义字符	描述	转义字符	描述
\	用于行尾，表示续行符	\ \	反斜杠
\'	单引号	\ "	双引号
\ a	响铃	\ b	退格（Backspace）
\ n	换行符	\ v	纵向制表符
\ t	横向制表符	\ r	回车符
\ f	换页	\ 000	空字符
\ 其他字符	表示其他字符，反斜杠不起转义作用		

上述《登鹳雀楼》第一、三句后是制表位，第二句后有换行符，因此程序代码如下。

2. 程序代码

```
s = '白日依山尽\t 黄河入海流\n 欲穷千里目\t 更上一层楼'
print(s)
```

3. 任务拓展

不同于其他一些语言，Python 没有专门用于表示字符的类型，因此一个字符就是只包含一个元素的字符串。在内存中，Python 对字符采用 Unicode 编码，使用 ord 函数可取到字符的整数 Unicode 编码，如 ord（'华'），返回 21326。使用 chr（整数）函数可得到该整数 Unicode 编码对应的字符，如 chr（21326）返回'华'。字符编码将在任务 6.1.5 中进行详细介绍。

另外，Python 中，在字符串前加 r 或 R、f 或 F、u 或 U、b 或 B 有特别用处。

① 字符串前加 r 或 R：表示去除反斜杠的转义机制；即在字符串开始的引号之前添加 r 或 R，使它成为原始字符串。原始字符串完全忽略字符串中的转义字符。

```
s = R'白日依山尽\t 黄河入海流\n 欲穷千里目\t 更上一层楼'
print(s)
```

运行结果：

```
白日依山尽\t 黄河入海流\n 欲穷千里目\t 更上一层楼
```

② 字符串前加 f 或 F：表示支持字符串内的大括号 {} 中的变量或表达式运算。有的书上称之为 f - string 格式化字符串。在字符串中使用"{变量名}"标识被替换的真实数据和其所在位置。格式为 f ' {变量名}'或 F ' {变量名}'。

```
age = 30
```

```
name = "小明"
s = f'姓名:{name},\n 年龄:{age}'
print(s)
```

运行结果：

```
姓名:小明,
年龄:30
```

③ 字符串前加 u 或 U：一般在含中文的字符串前加，防止出现乱码。

④ 字符串前加 b 或 B：表示一个字节类型的对象，此时字符串中一般只允许使用 ASCII 字符。在字符串数据存储到磁盘、发送到网络时，一般要使用字节对象。

```
s = b'Hello world'
print(type(s))
print(s)
```

运行结果：

```
<class 'bytes'>
b'Hello world'
```

任务 6.1.3 字符串运算

将给定的两个字符串" Happy new year"和" Happy birthday"拼接，再把拼接后的字符串重复一次，之后把首尾 1 个字符去除。最后输出结果，并判断字符串" day"是否在输出的结果中。

1. 任务分析

Python 为字符串运算提供了＋、＊、[]、[:]、% 运算符，分别表示连接、重复、按索引位取字符、切片、格式化。还提供了成员运算符 in、not in，用于判断一个字符串是否在另一个字符串中，返回 True 或 False。

举例说明，" a" ＋" b" 得到" ab"," a" ＊3 得到" aaa"," bookstore" [3] 得到" k"," k" in " bookstore" 得到 True," k" not in " bookstore " 得到 False。

[:] 切片运算在子任务 6.1.1 中有详细介绍，这里不赘述。格式字符串% 运算符将在接下来的子任务 6.1.4 中进行详细介绍。

2. 程序代码

```
a1 = "Happy new year"
a2 = "Happy birthday"
a = (a1 + a2) * 2          #字符串连接和重复运算
a = a[1:-]                 #字符串切片操作
print(a)
if 'day' in a:             #成员运算符
        print("day 在字符串 % s 中" % a) #格式字符串
```

运行结果：

> appy new yearHappy birthdayHappy new yearHappy birthda
> day 在字符串 appy new yearHappy birthdayHappy new yearHappy birthda 中

任务 6.1.4 格式化字符串：打印个人信息

通过控制台输入一个顾客姓名、余额（以元为单位），要求以格式"顾客：XXX，余额：X.XX 元"输出。

1. 任务分析

由于顾客姓名和余额是在运行时输入，要完成本任务需借助字符串的％格式化符号或 format 方法来实现。假设姓名用变量 name、余额用变量 balance 存储。

（1）格式化符号％

语法如下：

> "含 ％ 格式串的字符串" ％ 元组

字符串中，％格式串相当于占位，和元组中元素相对应。字符串中有多少个％格式串，元组就要有多少个元素，如果只有一个，则％号后直接跟数值或变量。示例如下：

```
Name = "小明"
print("大家好,我叫 % s" % name)
print("我叫 % s,今年 % d 岁!" % (name,10))
```

运行结果：

> 大家好,我叫小明
> 我叫小明,今年 10 岁!

在字符串中,％格式串的形式为：

> ％〔-〕〔+〕〔0〕〔m〕〔.n〕格式字符

〔〕部分表示可省略。其中：〔-〕表示左对齐输出，缺省时右对齐；〔+〕表示正数时加符号"+"；〔0〕表示空位填充 0；〔m〕表示最小宽度，当格式字符串宽度小于该值时，以最小宽度为准；〔.n〕表示小数位的精度。格式字符包括：s 字符串，c 单个字符，d 或 i 十进制数，o 八进制数，x 十六进制数，e 或 E 指数形式表示，f 或 F 浮点数。

因此，本任务字符串格式化的语句为:" 顾客:％s,余额:％.2f 元" ％ (name, balance)。

（2）format 方法

基本语法如下：

> 字符串 .format(参数列表)

此时，字符串需要使用大括号 ｛｝ 占位，｛｝ 占位符和参数列表相关。大括号中可带编号、关键字。根据｛｝所包含的内容，分为以下三种用法：

① 空。此时，参数的数量要和｛｝占位数量一致。如"｛｝，｛｝".format（"Hello"，"world"）。示例如下：

```
age = 23
print("Her age is {}.".format(age))
print("My name is {},age {}.".format('Bob',18))
```

运行结果：

```
Her age is 23.
My name is Bob,age 18.
```

② 带编号（编号是从 0 开始）。使用"编号"，输出时对应编号的占位符用对应位置的参数值替换。如"｛1｝，｛0｝".format（"Hello"，"World"）得到的字符串为 World，Hello。

使用"编号：格式字符"，则对应编号的占位符号将依据格式字符的规则输出。格式字符包括：［m.n］%（指定小数位的百分数）、b（二进制）、d（十进制，可省略）、o（八进制）、x 或 X（十六进制）、［m.n］e 或 E（指定小数位的科学记数法）、［m.n］f 或 F（指定小数位的浮点数），其中 m 是总长度，n 是小数位长度，默认是 6 位。示例如下：

```
print("数值{0}用百分数表示为{0:.2%}".format(0.853))
print("数值:{0}的二进制为{0:b},八进制为{0:o},十六进制为{0:X},科学记数法为{0:E}".format
(123456))
```

运行结果：

```
数值 0.853 用百分数表示为 85.30%
数值:123456 的二进制为 11110001001000000,八进制为 361100,十六进制为 1E240,科学记数法为
1.234560E + 05
```

假如 format 方法的参数存在序列类型数据时，可通过"编号［索引］"来取序列数据的某个元素。如"｛0［2］｝".format（［10，20，30］）得到字符串 30。

③ 带关键字。假如 format 方法的参数使用关键字方式传入，那么字符串中占位的大括号｛｝中需用关键字，如｛name｝，关键字后还可以用"：格式字符"来限定数值类型数据表示的小数位、总长度。

示例：

```
"顾客:{name},余额:{balance}".format(name = "小明",balance = 605)
```

本任务用 format 方法的语句为："顾客：｛0｝，余额：｛1：.2f｝元".format（name，balance）。

2. 程序代码

```
name = input("输入顾客姓名:")
balance = float(input("输入余额(元):"))
print("顾客:%s,余额:%.2f 元" %(name,balance))
print("顾客:{0},余额:{1:.2f}元".format(name,balance))
```

运行结果:

```
输入顾客姓名:小明
输入余额(元):6.05
顾客:小明,余额:6.05 元
顾客:小明,余额:6.05 元
```

3. 任务拓展

(1) 字符串使用 f 或 F 前缀

Python 官方推荐的字符串格式方法是在字符串前加 f 或 F 前缀,字符串中的格式占位符是 {},且必须事先定义同名变量。格式占位符的使用规则与带关键字的字符串 format 方法相同。示例:

```
province = 'jiangxi'
city = '南昌'
gdp = 7300
# capitalize 是字符串的方法,用于把首字母转换为大写
print(f"{city}是{province.capitalize()}的省会,2023 年 gdp 为{gdp:5.1f}亿元")
```

运行结果:

```
南昌是 Jiangxi 的省会,2022 年 gdp 为 7200.0 亿元
```

(2) 字符串的常用方法

前文已经介绍了字符串的两个方法 format 和 capitalize。表 6-2 是字符串的常用方法。注意:Python 的字符串是不可修改的数据,当字符串的方法进行修改、替换等操作时,不会直接修改原字符串,而是返回新的字符串。

表 6-2　字符串的常用方法

方法	描述	示例
capitalize ()	把首字符转换为大写	" Python" .capitalize () -> Python
casefold ()	把字符转换为小写	" openCV" .casefold () -> opencv
center ()	返回以某串居中的新字符串,需指定长度	" Python" .center (8," * ") -> * Python *
count ()	返回某串在字符串中出现的次数	" Beijing" .count (" i") -> 2

（续表）

方法	描述	示例
endswith（）	如果字符串以某串结尾，则返回 True	"Beijing".endswith（"ing"）—>True
find（）	某串在字符串中的位置，未找到返回－1	"Beijing".find（"ji"）—>3
format（）	格式化字符串	参考本任务
index（）	某串在字符串中的位置，未找到时报错	"Beijing".index（"ji"） —>3
isalnum（）	所有字符都是字母数字时返回 True	"Beijing".isalnum（）—>True
isalpha（）	所有字符都是字母时返回 True	"Beijing".isalpha（）—>True
isdecimal（）	所有字符都是十进制数时返回 True	"36.2".isdigit（） —>False
isdigit（）	所有字符都是数字时返回 True	"36".isdigit（） —>True
isidentifier（）	字符串是有效标识符时返回 True	"if".isidentifier（）—>True "2if".isidentifier（）—>False
islower（）	所有字符都是小写时返回 True	"Python".islower（） —>False
isnumeric（）	所有字符都是数时返回 True	"36.2".isdigit（） —>False
isprintable（）	所有字符都是可打印的时返回 True	"a\tb".isprintable（） —>False
isspace（）	所有字符都是空白字符时返回 True	"\t\n".isspace（） —>True
isupper（）	所有字符都是大写时返回 True	"Python".isupper（） >False
join（）	用字符串连接可迭代对象的每个元素	"－".join（["a","b","c"]）—>a－b－c
lower（）	把字符串转换为小写	"Python".lower（） —>Python
lstrip（）	清除字符串的左边空格	"Python".lstrip（）—>右边空格保留
strip（）	清除字符串的右边空格	"Python".lstrip（）—>左边空格保留
partition（）	以某串将字符串拆分为三部分数据的元组	"Python".partition（"y"）—>（'P','y','thon'）
replace（）	将某串替换为指定的值，并返回新字符串	"Python".replace（"y","a"）—>Pathon
rfind（）	从右边查找某串在字符串中的位置，未找到返回－1	"Beijing".rfind（"i"）—> 4
rindex（）	从右边查找某串在字符串中的位置，未找时报错	"Beijing".rindex（"i"）—> 4
split（）	用指定分隔符处拆分字符串，并返回列表	"Python".split（'t'） —>['Py','hon']
startswith（）	以某串开头的字符串时返回 true	"Python".startswith（"Py"）—>True
swapcase（）	切换大小写，小写成为大写，反之亦然	"Python".swapcase（） —>Python

（续表）

方法	描述	示例
title（）	把每个单词的首字符转换为大写	" hiPython" . title（)　—> Hi Python
upper（）	把字符串转换为大写	" Python" . upper（)　—> Python

任务6.1.5　字符编码：以指定编码保存字符串到文本文件

将字符串"1234567890 中国美食城"分别以 UTF－8 和 GBK 编码保存到文件 test.txt 和 test2.txt，并查看这两个文件的大小。

1. 任务分析

和其他数据类型不同，字符串数据在存储时，存在着字符编码问题。Python 在内存中存储字符串时采用 Unicode 编码，比如函数 ord（'中'）得到的值 20013 就是"中"的 Unicode 编码。而 20013 的十六进制为 4e2d，因此字符'\u4e2d '和'中'是等价的，比如 print（'\u4e2d 国'）输出的结果是"中国"。由于不同的字符集编码长度不同，相同的数据以不同字符集编码存储得到的文件大小不同。下面是本任务的程序代码，其中文件操作部分参考项目七，字符编码详细内容见本任务拓展部分。

2. 程序代码

```
# 以写入方式创建文本文件 test.txt,字符编码时采用 UTF-8
file = open("test.txt",'w',encoding='utf-8')
# 字符串将以 UTF-8 编码写入文件对象
file.write('1234567890 中国美食城')
# 关闭文件对象
file.close()
# 以写入方式创建文本文件 test2.txt,字符编码时采用 GBK
file = open("test2.txt",'w',encoding='gbk')
file.write('1234567890 中国美食城')
file.close()
```

运行后，查看两个文件大小，得到图6-3。左图采用 UTF－8 编码，右图采用 GBK 编码。

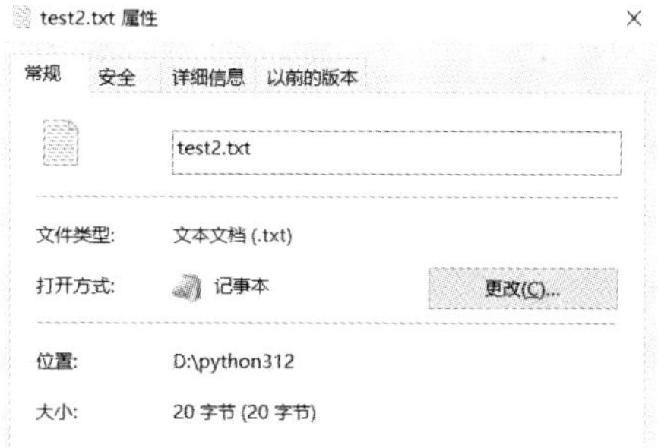

图6-3　相同字符串使用不同编码时的存储大小

3. 任务拓展

（1）ASCII、Unicode、UTF－8 编码

ASCII 码只能保存包括英文字符在内的有限字符，为解决中文、阿拉伯文等数据存储，Unicode 字符集应运而生。Unicode 把所有语言都统一到一套编码里，通常是 2 个字节长度，在 Python 读取字符串到内存时，使用 Unicode 编码。UTF－8 是一种算法变换，用于节省存储空间，它将定长 Unicode 字符变换为变长 ASCII 安全的字节字符串，UTF－8 字符的最大长度可以为 4 个字节。ASCII 编码实际上可以被看成是 UTF－8 编码的一部分，ASCII 编码的文档，在 UTF－8 编码中可正常识别。网页的源码上会有类似 ＜meta charset＝" UTF－8" /＞的信息，表示该网页传输时使用 UTF－8 编码。

现在计算机系统通用的字符编码工作方式：在计算机内存中，统一使用 Unicode 编码，当需要保存到硬盘或者需要传输的时候，就转换为 UTF－8 或其他编码。如果保存文本文件未指定字符编码，则系统使用默认编码，下面是查看默认编码的命令。

```
>>> import sys
>>> print(sys.getdefaultencoding())
utf - 8
```

（2）编码与解码

字符串数据保存到磁盘上时需要转化为字节（bytes）数据。在保存数据时，文件对象 file 自动根据创建或打开文件设定的编码来把数据转化为字节数据。当然，字符串的 encode 方法也可以对字符串数据进行编码。下面代码对"中国"分别使用字符集 UTF－8 和 GBK 进行编码。

```
>>> '中国'.encode()   #默认使用 utf - 8 进行编码
b'\xe4\xb8\xad\xe5\x9b\xbd'
>>> '中国'.encode('gbk')
b'\xd6\xd0\xb9\xfa'
```

可见，相同字符串用 gbk 编码比用 UTF－8 编码更省空间，进一步解释了图 6 - 3 的结果。

从文本文件读取到的数据、网络中获取的字符数据都属于字节数据，需要解码才能正确显示。假如用文件对象 file 读取文件，那么 file 对象将自动根据打开文件时设定的字符集编码对字节数据进行解码。字符数据编码和解码必须保证使用一致的字符集。假如使用 GBK 字符集对数据进行编码，编码的结果再用 UTF－8 字符集解码，系统将报错。如下示例：

```
#默认使用 utf - 8 字符集进行解码,而字符串字节对象使用了 gbk 字符集编码
>>> b'\xd6\xd0\xb9\xfa'.decode()
Traceback(most recent call last):
  File "<stdin>",line 1,in <module>
UnicodeDecodeError:'utf - 8' codec can't decode byte 0xd6 in …
```

```
>>> b'\xd6\xd0\xb9\xfa'.decode('gbk')
'中国'
```

另外，Python 源代码文件也是文本文件，也需要指定编码，源文件前两行一般是注释。

```
#! /usr/bin/Python
# - * - coding:UTF - 8 - * -
```

第一行表示指定 Python 解释器，在 Windows 环境下忽略该行；第二行表示对源文件的字符进行编码保存时使用指定的字符集。

任务 6.2　正则表达式

正则表达式是处理字符串强大的工具，拥有独特的语法和独立的处理引擎。其效率可能不如 str 自带的方法，但是功能十分强大。可以把它看作一个特殊的字符串，又称为模式字符串。模式字符串中不但出现普通字符，还可以出现大量用于匹配、提取和替换数据的且具有特殊含义的元字符。Python 内置了完全实现正则表达式功能的模块 re。

任务 6.2.1　元字符组成模式字符串：邮箱有效性验证

实现邮箱有效性验证功能。通常我们在使用邮箱进行注册时，会检测用户提供的邮箱是不是合法有效的邮箱地址。

1. 任务分析

正则表达式 regular expression，本质上是一系列的规则，几乎所有的语言都支持这一套规则。正则表达式用于检查一个字符串与该模式字符串是否匹配以及提取和替换等功能，如从一篇文章中提取所有电话号码。简单地说，正则表达式就是创建一个正则模板（筛子），筛选出那些需要的字符串，这个过程称为"匹配"。正则表达式是一种小型专业化的编程语言，在 Python 中，它通过 re 模块实现。提供正则表达式功能的编程语言，正则表达式的语法规则都是相同的，区别在于不同的编程语言实现支持的语法数量不同，以及它们正则函数的形式不同。

我们从介绍正则表达式的元字符开始。

① 表 6-3 是基本元字符，用于匹配指定范围的字符，其中 [] 用于限定集合的范围。

表 6-3　基本元字符

元字符	说明	示例
.	匹配除换行符之外任意一个字符	'.'—可匹配'Python'中所有字符
|	逻辑或运算符，匹配 | 的前后一个字符	'a|b'—可匹配'basic'中的字符 b、a
[ ]	匹配该字符集合中的字符	'[a]'—可匹配'java'中的字符 a、a '[ja]'—可匹配'java'中的字符 j、a、a

（续表）

元字符	说明	示例
[^]	排除该字符集合的字符	'[^a]'—可匹配'java'的字符 j、v
[—]	在一个范围的字符（例如［A—Z］）	'[a—d]'—可匹配'java'的字符 a、a' [h—kp—x]'—可匹配'Python'的字符 p、t、h
\	对接下来的一个字符进行转义。它可把一般字符转换为特殊字符，如 \d 表示任意一个数字，等效于［0—9］。也可以把特殊字符转化为一般字符，如 \. 表示普通符号点., * 表示普通符号*	'\d'—可匹配'tel：110'的字符 1、1、0 '\w'—可匹配'tel：110'的字符 t、e、l、1、1、0，即数字字母下划线 '\.'—可匹配'tel.110'的字符 表 6-5 和 6-6 有更多的转义元字符

② 表 6-4 是量词元字符，用于指定匹配一个字符或子表达式出现的次数。

其中：子表达式是用括号（）括起来，作为一个整体使用；* 表示取 0 次或多次重复；＋表示取 1 次或多次重复；? 表示取 0 次或 1 次；{} 用于指定重复次数，包括固定 n 次、从 m 到 n 次、至少 n 次。

在 Python 中，正则表达式默认是"贪婪"的，即重复次数越多越好。比如'\d+'会取给定字符串中连续的数字，而不是取一部分。如果希望重复次数越少越好，即"惰性"匹配，那么在 *、＋、{} 后面时加上?，即匹配最少重复次数，常用结构有 *?、+?、{n,}?。

显然，量词元字符不能单独使用，它需用在一个字符或子表达式后面。如'\d+'可匹配给定字符串中所有的数字；'\d{1，3}\.\d{1，3}\.\d{1，3}\.\d{1，3}'用于匹配 IP 地址，\d{1，3}\. 重复了 3 次，用子表达式优化为'（\d{1，3}\.）{3}\d{1，3}'。

表 6-4 量词元字符

元字符	说明	示例
*	匹配前一个字符（子表达式）的 0 次或多次重复	'：\d*'—可匹配'报警电话：110，火警电话：119'的字符：110 和：119
*?	*的懒惰型，所谓惰性是次数越少越好，因此取 0 次重复	'：\d*?'—可匹配'报警电话：110，火警电话：119'的字符：和：
+	匹配前一个字符（子表达式）的一次或多次重复	'\d+'—可匹配'报警电话：110，火警电话：119'的字符 110 和 119
+?	＋的懒惰型，所谓惰性是次数越少越好，因此取一次重复	'\d+?'—可匹配'报警电话：110，火警电话119'的字符 1、1、0、1、1、9
?	匹配前一个字符（子表达式）的零次或一次	'：\d?'—可匹配'报警电话：110，火警电话：119'的字符：1 和：1
{n}	匹配前一个字符（子表达式）的 n 次重复	'\d{3}'—可匹配'报警电话：110，火警电话：119'的字符 110 和 119

（续表）

元字符	说明	示例
{m, n}	匹配前一个字符（子表达式）的至少 m 次且至多 n 次重复	'\d{1, 2}'—可匹配'报警电话：110，火警电话：119'的字符 11、0、11 和 9
{n,}	匹配前一个字符（子表达式）的 n 次或更多次重复，即至少 n 次重复	'\d{2,}'—可匹配'报警电话：110，火警电话：119'的字符 110 和 119
{n,}?	{n,} 的懒惰型，所谓惰性是次数越少越好，因此取 n 次重复	'\d{2,}?'—可匹配'报警电话：110，火警电话：119'的字符 11 和 11

③ 表 6-5 是位置元字符，用于指定匹配字符出现的位置。

其中：元字符ˆ和 \A 表示以若干字符开头；元字符 $ 和 \Z 表示以若干字符结尾，结尾字符放在元字符前面；元字符 \b 用于匹配给定字符串的单词边界，由于 \b 默认是转义字符—回退符（backspace），故 \b 作单词边界时需要在模式字符串前加 r，或者用 \\b 形式；元字符 \B 的含义与 \b 刚好相反，即不匹配给定字符串的单词边界。

单词边界符：一个英文单词或一组数字，一般用空格、换行、标点符号、特殊符号表示边界符。如"my name is lucy!"，my 的边界符是空格和句子开头，name 的边界符是空格，is 的边界符是空格，lucy 的边界符是空格和符号！。

表 6-5 位置元字符

元字符	说明	示例
ˆ	开头匹配：后接若干字符，匹配给定字符串以这些字符开头	'ˆpy'—可匹配' Python '的字符 py 'ˆth'—不能匹配' Python '
\A	开头匹配：后接若干字符，与ˆ相同	'\Apy'—可匹配' Python '的字符 py
$	结尾匹配：前接若干字符，匹配给定字符串是否以这些字符结尾	'on$'—可匹配' Python '的字符 on，注意元字符 $ 的位置
\Z	结尾匹配：前接若干字符，用法与 $ 相同	'on\Z'—可匹配' Python '的字符 on，注意元字符 \Z 的位置
\b	边界匹配：后接若干字符，匹配给定字符串的单词边界是否为这些字符	r'\bpy'或'\\bpy'—可匹配' hello Python '的字符 py；r'lo\b'或'lo\\b'则匹配 lo
\B	非边界匹配：\b 的反义	'\Bth'或' th\B'—可匹配' hello Python '的字符 th

④ 表 6-6 是其他元字符，大都是转义字符，用于匹配特殊的字符。

其中：\d 和 \D 分别用于匹配数字和非数字字符，\w 和 \W 分别用于匹配和不匹配字母数字或下划线，\s 和 \S 分别用于匹配和不匹配空白字符，其他转义字符用于匹配转义字符自身。

表 6－6　其他元字符

元字符	说明	示例
\d	匹配任意数字字符，等效于［0－9］	'\d+'—可匹配'报警电话：110，火警电话：119' 的字符 110 和 119
\D	匹配任意非数字字符，等效于［^0－9］	'\D+'—可匹配'报警电话：110，火警电话：119' 的字符 报警电话：和火警电话：
\w	匹配任意字母数字字符或下划线字符	'\w+'—可匹配'报警电话：110，火警电话：119' 的字符 报警电话、110、火警电话、119
\W	\w 的反义	'\W+'—可匹配'报警电话：110，火警电话：119' 的字符：、，、：
\s	匹配任意空白字符（含 Tab 键），等效于［\f\n\r\t\v］	'\s+'—可匹配' hello Python world'的字符 空格和 \t
\S	\s 的反义，等效于［^\f\n\r\t\v］	'\S+'—可匹配' hello Python world'的字符 hello、Python、world
\n，\r，\t，\v	其他字符转义	'\t'—可匹配' hello \tPython'的字符 \t '\n'—可匹配' hello \nPython'的字符 \n

2. 程序代码

正则表达式语法博大精深，很难在有限篇幅中全都讲清楚，建议在了解基本语法的基础上记住一些常用的写法，然后在实际应用中不断深入。以下是常用的正则表达式。

最简单的正则表达式是普通字符串，只能匹配自身
'[pjc]ython'或者'(p|j|c)ython'都可以匹配'Python'、'jython'、'cython'
'Python|perl'或' p(ython|erl)'都可以匹配'Python'或'perl'
'(pattern) * '：允许模式重复 0 次或多次
'(pattern) + '：允许模式重复 1 次或多次
'ab{1,}'：等价于'ab+',匹配以字母 a 开头后面带 1 个至多个字母 b 的字符串
'^[a－zA－Z]{1}([a－zA－Z0－9. _])*{4,19}$'：匹配长度为 5－20 的字符串,必须以字母开头并且可带字母、数字、"_"、"."的字符串
'^(\w){6,20}$'：匹配长度为 6－20 的字符串,可以包含字母、数字、下划线
'^\d{1,3}\.\d{1,3}\.\d{1,3}\.\d{1,3}$'：检查给定字符串是否为合法 IP 地址
'^(13[4－9]\d{8})|(15[01289]\d{8})$'：检查给定字符串是否为移动手机号码
'^[a－zA－Z]+$'：检查给定字符串是否只包含英文字母大小写
'^\w+@(\w+.)+\w+$'：检查给定字符串是否为合法电子邮件地址
'^(－)?\d+(.\d{1,2})?$'：检查给定字符串是否为最多带有 2 位小数的正数或负数
'^\d{18}|\d{15}$'：检查给定字符串是否为合法身份证格式
'^\d{4}－\d{1,2}－\d{1,2}$'：匹配指定格式的日期,例如 2023－1－31

从以上列出的常用正则表达式中可以找到'^\w+@（\w+\.）+\w+$',它可

以用来检查给定字符串是否为合法电子邮件地址。代码如下：

```
import re
pattern = '^\w+@(\w+\.)+\w+$'
email = input("请输入邮箱:")
result = re.match(pattern,email)
if result:
    print("%s 是有效邮箱地址。"% result.group())
else:
    print("%s 是无效邮箱地址。" % email)
```

运行结果：

```
请输入邮箱:Python555@qq.com
Python555@qq.com 是有效邮箱地址。

请输入邮箱:zhangsan@qq..com
zhangsan@qq..com 是无效邮箱地址。
```

3. 任务拓展

（1）在模式字符串前加 r 或 R

r 表示原生字符串（raw string）。任务 6.1 中，在字符串前加 r 或 R，表示字符串内没有特殊字符、功能性字符，即消除转义符"\"的影响。模式字符串前加 r 或 R 也是如此，字符串前加 r，表明引号中的内容为其原始含义。

举例说明，给定字符串' hello \ nworld '，用' \ n '可匹配指定字符串的 \ n，如果给定字符串是' hello\\nworld '，用'\\n'无法匹配指定字符串中的\\n，而只能使用模式字符串'\\\\n'去匹配，这是因为模式字符串转义符带来了转义影响，正则表达式实际接收的值为' \ n '（表示换行）。为了消除正则表达式中 \ 的转义作用，可在正则表达式前加 r，即 r'\\n'可匹配指定字符串的\\n。在正则表达式中使用 r 原生字符串也符合 PEP8 规范。

（2）子模式或分组

在模式字符串中，使用小括号（）来分组，又称子模式。子模式的内容会作为一个整体出现，子模式匹配结果一般只返回小括号中的内容。如'（\ d {3，4}）－（\ d {7，8}）'可匹配固定电话' 020－87112239 '中的区号和电话号码，'：（ \ d＋）'可以匹配字符串'报警电话：110，火警电话：119 '的号码 110 和 119。

任务 6.2.2　re 模块：用户名合法验证

通过控制台从键盘输入用户名，要求用户名以字母开头，长度不少于 6 位，不超过 20 位，只能包括字母、数字、下划线。使用 re 模块进行验证输入的用户名是否符合要求，并分别输出注册用户名中的全部字母、全部数字、全部下划线。

1．任务分析

Python 内置的 re 模块可实现正则表达式所有功能。先用命令 import re 导入模块，re 的 match、search、findall 方法都可以对输入的字符串进行模式匹配，调用这些方法第一个参数是模式字符串，第二个参数是待匹配的字符串。match 和 search 匹配成功会返回一个 match 对象，不成功则返回 None。其中 match 是从头开始匹配，search 可以从字符串任意位置开始匹配。findall 返回所有匹配结果的一个列表，如果列表为空，则表示匹配不成功。

根据任务要求，模式字符串可以写成 '^[a−zA−Z] \ w {5，19} $'，这里只允许字母、数字、下划线，所以最后以元字符 $ 结束。当符合要求时，分别用正则表达式 '[a−zA−Z] +'提取所有字母、'[0−9] +'提取所有数字、'_ +'提取所有下划线。

2．程序代码

下面分别用 re 模块的 match、search、findall 方法来完成本任务。

① match 方法只能进行匹配验证，代码如下：

```
import re
user_name = input("请输入用户名,以字母开头,长度不少于 6 位,不超过 20 位,只能包含字母、数字、下划线:")
result = re. match('^[a − zA − Z]\w{5,19}$',user_name)
if result is None:
    print('用户名"{}"不符合要求'. format(user_name))
else:
    print('用户名"{}"符合要求'. format(user_name))
```

运行结果：

```
请输入用户名,以字母开头,长度不少于 6 位,不超过 20 位,只能包含字母、数字、下划线:gdkm_2024_
king007
    用户名"gdkm_2024_king007"符合要求
请输入用户名,以字母开头,长度不少于 6 位,不超过 20 位,只能包含字母、数字、下划线:gdkm_20 $ 4
_007
    用户名"gdkm_20 $ 4_007"不符合要求
```

② search 方法只能进行匹配验证，代码如下：

```
import re
username = input("请输入用户名,以字母开头,长度不少于 6 位,不超过 20 位,只能包含字母、数字、下划线:")
result = re. search('^[a − zA − Z]\w{5,19}$',username)
if result is None:
    print('用户名"{}"不符合要求'. format(username))
else:
    print('用户名"{}"符合要求'. format(username))
```

运行结果：

> 请输入用户名,以字母开头,长度不少于 6 位,不超过 20 位,只能包含字母、数字、下划线:gdkm_2024_king007
>
> 用户名"gdkm_2024_king007"符合要求
>
> 请输入用户名,以字母开头,长度不少于 6 位,不超过 20 位,只能包含字母、数字、下划线:gdkm_20 $ 4_007
>
> 用户名"gdkm_20 $ 4_007"不符合要求

③ findall 方法既可以匹配,又可以提取。可实现本任务的全部要求。代码如下:

```
import re
username = input("请输入用户名,以字母开头,长度不少于 6 位,不超过 20 位,只能包含字母、数字、下划线:")
result = re.findall('^[a-zA-Z]\w{5,19} $ ',username)
if len(result) == 0:
    print('用户名"{}"不符合要求'.format(username))
else:
    print('用户名"{}"符合要求'.format(username))
    # 分别提取字母,数字,下划线
    print("其中,字母有:",end='')
    result = re.findall('[a-zA-Z]+',username)
    for item in result:
        print(item,end='')
    print("\n 数字有:",end='')
    result = re.findall('[0-9]+',username)
    for item in result:
        print(item,end='')
    print("\n 下划线有:",end='')
    result = re.findall('_+',username)
    for item in result:
        print(item,end='')
```

运行结果：

> 请输入用户名,以字母开头,长度不少于 6 位,不超过 20 位,只能包含字母、数字、下划线:gdkm_2024_007
>
> 用户名"gdkm_2024_007"符合要求
>
> 其中,字母有:gdkm
>
> 数字有:2024007
>
> 下划线有:__
>
> 请输入用户名,以字母开头,长度不少于 6 位,不超过 20 位,只能包含字母、数字、下划线:gdkm_20 $ 4_007

用户名"gdkm_20 $ 4_007"不符合要求

3. 任务拓展

上述任务只是简单介绍了 re 模块的基本使用，下面进行详细介绍。

（1）两种使用方式

re 模块的 match、search、findall 三种方法都可以用以下两种使用方式，这里以 match 为例。re 模块的每个方法的具体参数和使用后续还会详细介绍。

① 先编译，再使用。用 re 的 compile 方法生成编译对象，再调用编译对象的 match、search、findall 方法。参考代码如下：

```
pattern = re.compile(正则表达式,[flags])    #pattern 为正则表达式编译对象
result = pattern.match(字符串)
```

flags 参数可选，包括以下的组合：re.I——忽略大小写，re.L——支持本地字符集，re.M——匹配多行模式，re.S——匹配包括换行符在内的任意字符，re.U——匹配 Unicode 字符，re.X——忽略空格和 # 后面的注释。

② 直接使用。没有编译的过程，参考代码如下：

```
result = re.match(正则表达式,字符串,[flags])
```

如果多个字符串可以使用一个正则表达式来匹配，那么先编译后匹配可显著提高效率。本书全部采用直接使用方式。

（2）match 方法的基本使用

语法：match（pattern，string，flags＝0）。pattern 是模式字符串，string 是要匹配的字符串，flags 是匹配模式。

返回一个 match 对象或 None，该方法是从字符串开始处进行匹配，且只匹配一个。如果第一个字符就不匹配，则无需匹配下去，并返回 None。

要获取匹配的真实结果，还需调用返回值 match 对象的方法。常用的方法有：

① span（）：返回匹配对象开始和结束的位置构成的元组，不管是否有分组。

② group（）：返回匹配到的所有结果，不管是否有分组。

③ group（0）：同 group（）。

④ group（1）：如果模式字符串里有分组，则它表示第一个分组结果，其他分组依此类推。如果模式字符串里没有对应序号的分组，将报错。

⑤ groups（）：由分组结果 group（1）、group（2）等组成的元组。

⑥ group（1，2，...）：返回指定序号分组结果组成的元组。如果模式字符串里没有对应序号的分组，将报错。以下是 match 方法的相关示例。

```
>>> result = re.match(r'.+:(.*),.+:(.*)','报警电话:110,火警电话:119')
>>> result.groups()
```

```
('110','119')
>>> result. span()
(0,17)
>>> result. group()
'报警电话:110,火警电话:119'
>>> result. group(0)
'报警电话:110,火警电话:119'
>>> result. group(1)
'110'
>>> result. group(2)
'119'
>>> result. group(1,2)  #以元组形式返回匹配结果
('110','119')
>>> result. group(3)  #该序号分组不存在时报错
Traceback(most recent call last):
  File "<stdin>",line 1,in <module>
IndexError:no such group
```

（3）search 方法的基本使用

语法：search（pattern，string，flags＝0）。

返回一个 match 对象或 None，该方法是在整个字符串中查找，也只会匹配一个结果。对返回值 match 对象的操作与 match 方法相同。以下是 search 方法的相关示例。

```
>>> result = re. search('(\d + ). * ?:(\d + )','报警电话:110,火警电话:119,电话查询:114,交
通事故:112')
>>> result. span()
(5,17)
>>> result. groups()
('110','119')
>>> result. group(0)  #符合匹配条件的有两个结果,search 只返回一个结果
'110,火警电话:119'
>>> result. group(1)
'110'
>>> result. group(2)
'119'
```

（4）findall 方法的基本使用

语法：findall（pattern，string，flags＝0）。

匹配所有符合模式字符串规则的字符串，匹配到的字符串放到一个列表中，未匹配成功返回空列表。如果模式字符串有分组，只会把匹配到的分组结果放在列表中。模式字符串中有多个分组，那么多个分组结果以元组方式存放到列表中。

① 模式字符串无分组。

```
>>> import re
>>> text = 'Alpha,Beta,Gamma.... Delta'
>>> pattern = '[a - zA - Z]+'
>>> re.findall(pattern,text)
['Alpha','Beta','Gamma','Delta']
```

② 模式字符串有分组。

```
>>> result = re.findall('(\d+).*?:(\d+)','报警电话:110,火警电话:119,电话查询:114,交
通事故:112')
>>> result#符合匹配条件的有两个结果,findall 全部返回
[('110','119'),('114','112')]
```

（5）其他方法

re 模块除了可匹配、提取之外，还支持用模式字符串来分割、替换字符串，下面分别
介绍。

① split。字符串的 split 方法，只支持用普通字符分割。re 模块的 split 方法可返回用
指定字符串用模式字符串作为分隔符的列表。

语法：split（pattern，string，maxsplit＝0，flags＝0）。其中 maxsplit 指定分割数
量，超出数量的不再分割。相关示例：

```
>>> result = re.split('[ - ]','乘坐列车 Z99 - Z100 - K202 - K203')
>>> result
['乘坐列车 Z99','Z100','K202','K203']
>>> result = re.split('[ - ]','乘坐列车 Z99 - Z100 - K202 - K203',maxsplit = 2)
>>> result
['乘坐列车 Z99','Z100','K202 - K203']
```

② sub。语法：sub（pattern，replace，string [，count＝0，flags＝0]）。

其中，replace 是用于替换的字符串或返回字符串的一个函数，参数 count 是模式匹配
后替换的最大次数，默认为 0 表示替换所有匹配的字符。

结果返回替换后的新字符串。相关示例：

```
>>> phone = "0086 - 020 - 87112239[这是一个电话号码]"
>>> num = re.sub('\D',"",phone)      # 正则模板,删除非数字内容
>>> print("整理后的电话号码:",num)
整理后的电话号码:008602087112239
```

项 目 小 结

本项目中，我们介绍了字符串的定义、字符串中使用转义字符、用字符串表示字符类

型、字符编码和解码、字符串常用方法，重点是字符串的常用运算、格式化输出。同时还较为详细地介绍了正则表达式，正则表达式本质上是关于字符串的一系列规则，可用于匹配、提取、分割、替换等操作，这些规则核心是元字符的功能定义。正则表达式是本书的难点，要掌握好它，必须对元字符的定义理解透彻，遵守其规则。Python 内置模块 re 可实现正则表达式的所有功能。

习　题 ▮▮▶

一、选择题

1. Python 中使用_____可以组成转义字符。

A. /　　　　　　　B. \　　　　　　　C. $　　　　　　　D. %

2. 下列方法中，可以设置字符串为指定宽度且左对齐的是_____。

A. ljust（）　　　B. rjust（）　　　C. center（）　　　D. zfill（）

3. 下列方法中，可以将字符串中的字母全部转化为大写的是_____。

A. upper（）　　　B. lower（）　　　C. title（）　　　D. capitalize（）

4. 下列选项中，用于格式化字符串的是_____。

A. %　　　　　　B. format（）　　　C. f‑string　　　D. 以上全部

5. 按位置从字符串提取子串的操作是_____。

A. 连接　　　　　B. 赋值　　　　　C. 索引　　　　　D. 切片

6. 下列关于字符串的说法，错误的是_____。

A. 格式符均由%和说明转换类型的字符组成

B. 字符串可以使用单引号、双引号和三引号定义

C. 转义字符 \ n 表示换行

D. 字符串创建后可以被修改

7. 字符串的最后一个索引是_____。

A. 99　　　　　　B. 1　　　　　　C. 字符串长度减 1　　D. 0

8. Python 中，正则表达式' \ w '可以匹配的内容最接近下列_____。

A. 仅数字　　　　B. 仅特殊字符　　　C. 仅小写英文字符

D. 含大写、小写英文字符和数字

9. 关于 Python 字符串，下列说法错误的是_____。

A. 字符即长度为 1 的字符串

B. 字符串以 \ 0 标志字符串的结束

C. 既可以用单引号，也可以用双引号创建字符串

D. 在三引号字符串中可以包含换行回车等特殊字符

10. 若要匹配前面的 0 个或多个字符，可在正则表达式中使用的元字符是_____。

A. *　　　　　　B. ＋　　　　　　C. ?　　　　　　D. ＃

11. （多选题）下列_____字符串匹配正则表达式' \ d {3, 4} － \ d {7, 8} '。

A. '020－1234567'　　　　　　　　　B. '020－12345678'

C. '020－123456789'   D. '0123－1234567'

12. （多选题）下面对 count（），index（），find（）方法描述错误的是_____。

A. count（）方法用于统计字符串里某个字符出现的次数

B. find（）方法检测字符串中是否包含子字符串 str，如果包含子字符串返回开始的索引值，否则会报一个异常

C. index（）方法检测字符串中是否包含子字符串 str，如果 str 不在则返回－1

D. 以上都错误

二、填空题

1. 任意长度的 Python 列表、元组和字符串中最后一个元素的下标为_____。

2. 已知 x＝'a234b123c'，并且 re 模块已导入，则表达式 re.split（'\d＋'，x）的值为_____。

3. 表达式 ''.join（'asdssfff'.split（'sd'））的值为_____。

4. 表达式 ''.join（re.split（'[sd]'，'asdssfff'））的值为_____。

5. 当在字符串前加上小写字母_____或大写字母_____表示原始字符串，不对其中的任何字符进行转义。

6. 字节对象是由一些字节组成的有序的_____，但将其作为参数传入函数 bytearray（）后可以创建_____的字节数组。

7. 使用_____函数可以将十六进制字符串转换成字节对象，使用字符串对象的_____函数可以将字节对象转换成十六进制字符串。

8. 假设正则表达式模块 re 已导入，那么表达式 re.sub（'\d＋'，'1'，'a12345bbbb67c890d0e'）的值为_____。

三、程序设计题

1. 输入三个字符串，求这些字符串的最大长度。

2. 编写一个程序，要求用户输入一系列没有分隔的一位数的数字字符。该程序显示字符串中所有一位数的数字字符的总和。例如：用户输入 2、5、1、4，则该程序返回的是 2，5，1 和 4 的总和。

3. 用正则表达式将字符串 s＝'123456abcd123DFE222333BCDEFG'中连续的 3 位数字替换成'xxx'。

4. 创建一个正则模板"［A－Za－z0－9\！\％\［\]\，\.]"，匹配出中文字符。

项目 7　文件操作

文件常用于用户和计算机进行数据交互。在 Python 中，大量的数据对象一般是从外部文件导入的，也可以向外部文件写入数据。用户在处理文件过程中，不仅可以操作文件内容，也可以管理文件目录。本项目以任务的方式学习 Python 管理文件和目录的方法、读写文件的方法、捕获处理异常的语句。

 项目任务

● 文件和目录
● 打开关闭文件
● 读写文本文件
● 读写 csv 文件
● 异常处理与断言

 学习目标

● 掌握打开与关闭文件的方法
● 掌握文件的读取方法
● 掌握数据写入方法
● 掌握文件的定位读取
● 掌握 os.path 模块、os 模块的常用函数
● 掌握上下文管理语句 with
● 了解 csv 模块、pandas 模块读写 csv 文件的方法
● 理解异常的处理机制

任务 7.1　文件和目录

为了方便分类管理程序文件、素材文件、结果文件等不同文件，这里将学习使用 Python 操作文件和目录，通过学习内置模块 os.path、os、shutil，了解和掌握操作文件和目录的常用函数。

任务 7.1.1　os.path 模块：获取文件和目录信息

接收用户从键盘输入的一个文件名，然后判断该文件是否存在于当前目录。若存在，输出文件的大小并判断是文件还是目录。已知当前目录下没有 ch07 文件夹，有一个空的 student 文件夹、一个空的 class 文件夹、一个放了多个素材文件的 data 文件夹、一个内容为学生信息的 student.txt 文件，可根据此来测试运行程序。

1. 任务分析

os.path 模块提供了操作文件和目录的函数，exists（）函数判断文件是否存在，若直接将用户输入的文件名作为参数，那么文件的路径默认是当前目录，即判断当前目录下是否存在该文件，若存在返回 True，否则返回 False。getsize（）函数获取文件的大小，单位为字节。isfile（）函数判断是否是文件，若是文件返回 True，否则返回 False。isdir（）函数判断是否是目录，若是目录返回 True，否则返回 False。

2. 程序代码

```
import os.path                                    # 导入 os.path 模块
filename = input("请输入文件的名称:")
if os.path.exists(filename):                      # 判断文件是否存在
    print("该文件存在于当前目录下")
    print("文件大小是:",os.path.getsize(filename))  # 获取文件的大小
    if os.path.isfile(filename):                  # 判断是否是文件
        print(filename,"是一个文件")
    else:
        print(filename,"是一个目录")
else:
    print("该文件不存在于当前目录下")
```

运行结果：

```
请输入文件的名称:ch07
该文件不存在于当前目录下
请输入文件的名称:student
该文件存在于当前目录下
文件大小是:0
student 是一个目录
请输入文件的名称:student.txt
该文件存在于当前目录下
文件大小是:8
student.txt 是一个文件
```

3. 任务拓展

os.path 模块提供的操作文件和目录的常用函数，如表 7-1 所列。

表 7 - 1　os. path 模块常用函数

函数	功能
exists（filename）	如果 filename 存在，返回 True，否则返回 False
getsize（filename）	返回 filename 的大小，单位是字节
isfile（filename）	如果 filename 是文件，返回 True，否则返回 False
isdir（filename）	如果 filename 是目录，返回 True，否则返回 False
abspath（filename）	返回文件的绝对路径，若 filename 的值为 _ _ file _ _ 则表示返回当前文件的绝对路径
basename（path）	返回指定路径的最后一个组成部分
dirname（path）	返回指定路径的文件夹部分
join（path，＊path）	连接两个或多个 path

以下代码保存在文件 task7 _ 1 _ 1. py 中。

```
import os. path
path1 = os. path. abspath('student. txt')      ♯返回文件 student. txt 的绝对路径
path2 = os. path. abspath(__ file __)           ♯返回当前文件的绝对路径
basepath = os. path. basename(__ file __)        ♯返回当前文件的绝对路径的最后一部分
dirpath = os. path. dirname(__ file __)          ♯返回当前文件的绝对路径的文件夹部分
abspath = os. path. join(dirpath,'student')      ♯连接 dirpath 和 student 两个路径
print('{}\n{}\n{}\n{}\n{}'. format(path1,path2,basepath,dirpath,abspath))
```

运行结果：

```
C:\Users\Admin\Desktop\ch07\student. txt
C:\Users\Admin\Desktop\ch07\task7_1_1. py
task7_1_1. py
C:/Users/Admin/Desktop/ch07
C:/Users/Admin/Desktop/ch07\student
```

若要了解 os. path 模块提供的其他函数，可利用 help（） 函数查看 os. path 模块的帮助信息。

```
import os. path
help(os. path)
```

帮助信息中的 FUNCTIONS，列举说明了 os. path 模块提供的所有函数。不论是 Python 的内置模块，还是第三方库，都可以通过 help（） 函数查看帮助信息。如要查看第三方库 pandas 的帮助信息，也是先导入库，即 import pandas as pd，然后再利用 help 函数，即 help（pd）。若要查看库中某个函数的帮助信息，使用 help（模块. 函数名）。如 help（pd. read _ csv） 表示查看 pandas 库中的 read _ csv（） 函数的帮助信息。

任务 7.1.2　os 模块：操作文件和文件夹

输出当前目录、当前目录下的所有文件和文件夹；然后将当前目录下的 student.txt 文件重命名为 student _ new.txt，再输出当前目录下的所有文件和文件夹，对比确认文件是否重命名成功。程序中使用变量保存运行时产生的临时数据，但当程序结束后，所产生的数据也会随之消失。在 Python 中可以将数据保存到文件中，在操作文件时不同的文件所处位置不同，因此就需要对文件的路径进行操作。

1. 任务分析

os 模块同样提供了操作文件和目录的函数，os.getcwd（）得到当前目录，os.listdir（［path］）得到当前目录或指定路径下的所有文件和文件夹的列表，os.rename（）重命名文件。

2. 程序代码

```
import os                                        #导入 os 模块
path = os.getcwd()
files = os.listdir()
os.rename('student.txt','student_new.txt')
files2 = os.listdir()
print('{}\n{}\n{}'.format(path,files,files2))
```

运行结果：

```
C:\Users\Admin\Desktop\ch07
['.idea','class','student.txt','task7_1_1.py','te.py']
['.idea','class','student_new.txt','task7_1_1.py','te.py']
```

3. 任务拓展

os.path 模块提供的常用操作文件和目录的函数如下表所列：

表 7-2　os 模块常用函数

函数	功能
getcwd（）	获取当前目录
listdir（［path］）	返回当前目录或指定路径下的所有文件、文件夹名称的列表
rename（oldname, newname）	重命名文件
remove（path）	删除指定路径的文件
rmdir（path）	删除指定路径的空目录
chdir（path）	改变当前目录到指定的路径
mkdir（path）	创建目录

以下代码保存在文件 task7 _ 1 _ 2.py 中。

```
import os
os. remove(' student_new. txt')                          # 删除当前路径下的文件 student_new. txt
os. rmdir(' stdent')                                     # 删除当前路径下的空目录 student
os. chdir(r'C:\Users\Administrator\Desktop')             # 指定当前目录到桌面
os. mkdir(' ch07\\mydict')                               # 在当前目录(桌面)创建目录 mydict
```

运行结果：

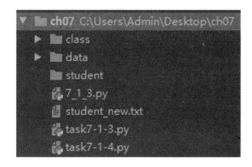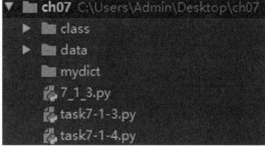

图 7-1　代码运行前后目录对比（1）

书写路径时，因转义字符以 \ 开头，注意路径分隔符不能直接写 \ ，要写成/，或者写成\\，或者在路径前面加 r。路径写成'C：\ Users \ Administrator \ Desktop '是错误的，要写成'C：/Users/Administrator/Desktop '，或者写成'C：\\Users\\Administrator\\Desktop '，或者写成 r'C：\Users\Administrator\Desktop '，推荐使用最后一种方式。

任务 7.1.3　shutil 模块：文件复制、移动、重命名

将程序文件 task7_1_1.py 重命名为 test.py，并移动到 class 文件夹中。然后用不同的方法复制文件 test.py，生成两个副本文件 test_copy.py、test_copy2.py。

1. 任务分析

上一任务学习了用 os 模块的 rename（）函数重命名文件，这一任务利用 shutil 模块的函数。shutil. move（）不仅可用于移动文件或文件夹，还可以用于给文件或文件夹重命名。使用 shutil. copy（）方法复制文件，新文件具有同样的文件属性，如果目标文件已存在则报错。使用 shutil. copyfile（）方法复制文件，不复制文件属性，如果目标文件已存在则覆盖。

2. 程序代码

```
import shutil
shutil. move(' task7_1_1. py',' test. py')                     # task7_1_1. py 重命名为 test. py
shutil. move(' test. py',' class')                             # test. py 移动到 class 文件夹中
shutil. copy(r'class\test. py',r'class\test_copy. py')         # 复制文件 test. py,命名为 test_copy. py
shutil. copyfile(r'class\test. py',r'class\test_copy2. py')    # 复制文件 test. py,命名为 test_
                                                                 copy2. py
```

运行结果:

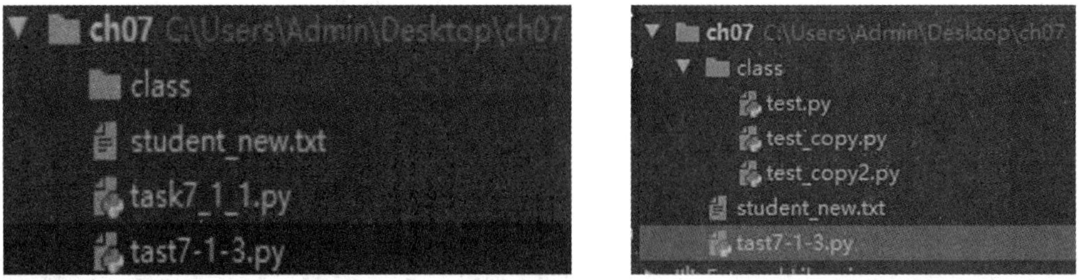

图 7-2 代码运行前后目录对比 (2)

3. 任务拓展

复制、删除文件夹。

```
import shutil
shutil.copytree('class','class_copy') # 复制文件夹 class,生成副本文件夹 class_copy
shutil.rmtree('class_copy')            # 删除文件夹 class_copy
```

任务7.2 打开关闭文件

不管是读取文件中的数据,还是向文件中写入数据,都必须先打开文件。这里将开始学习 open () 函数打开文件、close () 方法关闭文件、with 语句打开关闭文件。

任务 7.2.1 open () 函数:打开文件

Python 内置的 open () 函数用于打开文件,该函数调用成功后返回一个文件对象,其语法格式为:open (file, moder=' r', encoding=None)。open () 函数中的参数 file 接收待打开文件的文件名;参数 encoding 表示文件的编码格式;参数 mode 设置文件的打开模式,其常用模式有 r、w、a、b、+,以各种模式打开各类文件。

1. 任务分析

按数据组织形式的不同,文件可分为文本文件和二进制文件。文本文件由字符组成,按照 ASCII 码、Unicode、UTF-8 等格式进行编码,记事本文件、Python 源程序文件等都属于文本文件。二进制文件内部由 0 和 1 构成,以字节串的形式存储,图像文件、视频文件等都属于二进制文件。无论是文本文件还是二进制文件,都可以用文本模式和二进制模式打开,Python 语言利用内置函数 open () 打开文件。

2. 程序代码

```
file_object = open(r'class\student.txt')            # 以默认的只读文本模式打开文本文件
file_object2 = open(r'class\student_new.txt','w')   # 以只写文本模式打开文本文件
```

```
file_object3 = open(r'class\student.txt','a')       # 以追加文本模式打开文本文件
file_object4 = open('class\student.txt','r+')       # 以读写文本模式打开文本文件
file_object5 = open(r'class\mytest.png','rb')       # 以只读二进制模式打开二进制文件
# 以只写文本模式打开文件,并指定字符编码为 utf-8
file_object6 = open('7_1_3.py','w',encoding='utf-8')  print('{}\n{}\n{}\n{}\n{}\n{}'.format
(file_object,file_object2,file_object3,
    file_object4,file_object5,file_object6))
```

运行结果：

```
<_io.TextIOWrapper name='class\\student.txt' mode='r' encoding='cp936'>

<_io.TextIOWrapper name='class\\student_new.txt' mode='w' encoding='cp936'>

<_io.TextIOWrapper name='class\\student.txt' mode='a' encoding='cp936'>

<_io.TextIOWrapper name='class\\student.txt' mode='r+' encoding='cp936'>

<_io.BufferedReader name='class\\mytest.png'>

<_io.TextIOWrapper name='7_1_3.py' mode='w' encoding='utf-8'>
```

3. 任务拓展

open（）函数是 Python 内置函数，用于打开文件，常用的语法格式如下：

```
open(file,mode='r',encoding=None,newline=None)
```

参数 file 表示文件路径，文件路径可使用相对地址或绝对地址。后期编写程序时，建议利用 os.path 模块的函数来写绝对地址。若直接写文件名，默认是在当前目录下找该文件并打开。

（1）相对路径与绝对路径

文件相对路径指这个文件夹所在的路径与其他文件的路径关系，绝对路径指盘符开始到当前位置的路径。os 模块提供了用于检测目路径是否为绝对路径的 isabs（）函数和将相对路径规范化为绝对路径的 abspath（）函数。

相对路径：../img/photo.jpg

绝对路径：C：/website/web/img/photo.jpg

① isabs（）函数。使用 isabs（）函数可以判断目标路径是否为绝对路径，若为绝对路径返回 True，否则返回 Faslse。

print（os.path.isabs（" new_file.txt"））（×）

print（os.path.isabs（" D：\ Python 项目 \ new_file.txt"））（√）

② abspath（）函数。当目标路径为相对路径时，使用 abspath（）函数可将当前路径规范化为绝对路径。

print（os.path.abspath（" new_file.txt"））

（2）获取当前路径

当前路径即文件、程序或目录当前所处的路径。os 模块中的 getcwd（）函数用于获取当前路径，其使用方法如下：

```
import os
current_path = os.getcwd ()
print (current_path)
```

（3）检测路径的有效性

os 模块中的 exists () 函数用于判断路径是否存在，如果当前路径存在该函数返回 True，否则返回 False。

```
current_path = " D：\ Python 项目"
current_path_file = " D：\ Python 项目 \ new_file. txt"
print (os. path. exists (current_path))
print (os. path. exists (current_path_file))
```

（4）路径的拼接

os. path 模块中的 join () 函数用于拼接路径，其语法格式如下：

os. path. join （path1 [，path2 [，…]]）

参数 path1、path2 表示要拼接的路径。

如果最后一个路径为空，则生成的路径将以一个 "\" 结尾。

```
import os
path_one = 'D：\ Python 项目'
path_two = ''
splicing_path = os. path. join (path_one，path_two)
print (splicing_path)
```

参数 mode 表示文件打开模式，默认以只读的文本模式打开，参数值如下表所列：

表 7-3 文件打开模式

模式	说明
r	以只读模式打开文件（默认值），若文件不存在，抛出异常
w	以只写模式打开文件，若文件不存在，创建文件；若文件存在，清空文件内容再写入
x	以只写模式打开文件，若文件不存在，创建文件；若文件存在，抛出异常，该模式不常用
a	以追加模式打开文件，若文件不存在，创建文件；若文件存在，在文件末尾再写入
b	以二进制模式打开文件，与 r、w、a 结合使用
t	以文本模式打开文件（默认模式，可省略），与 r、w、a 结合使用
+	以读写模式打开文件，与 r、w、a、rb、wb、ab 结合使用

参数 encoding 表示对文本进行编码和解码的方式，只用于文本模式下打开文件。读文件时，一般需指定文件的编码方式，否则程序可能会抛出 UnicodeDecodeError 异常。Python 3. X 的默认编码模式是 UTF-8，一个中文占 3 个字节。

参数 newline 表示新行的形式，只用于文本模式下打开文件，取值可以是 None、''、'\ n'、'\ r'、'\ r \ n'。

若要查看 open（）函数的详细语法，可通过 help（open）查看帮助信息。

文件正确打开后，利用文件的属性和方法可以获取文件的信息。

```
file_object = open(r'class\student.txt',encoding = 'utf - 8')
# 属性
print(file_object.mode)          # 返回文件的打开模式 r
print(file_object.closed)        # 文件是否关闭,若关闭返回 True,否则返回 False
# 方法
print(file_object.tell())        # 返回文件指针的当前位置 0,单位是字节
file_object.seek(3)              # 文件指针移动 3 个字节的位置
print(file_object.tell())        # 返回文件指针的当前位置 3
```

利用 mode 属性可知，文件的默认打开方式为只读 r。

利用 tell（）方法可知，当文件以只读或只写方式读取时，文件指针在文件头；以追加方式读取时，文件指针在文件尾。

利用 seek（）方法可移动文件指针，该方法有 2 个参数，第一个参数表示相对第二个参数移动的位置。第二个参数的值为 0 表示从文件头开始移动，为 1 表示从当前位置开始移动，为 2 表示从文件尾开始移动。第二个参数可缺省，默认为 0。利用 seek（）方法，可读取指定的文件内容。如文件 student.txt 中的内容是"姓名"，执行 file _ object.seek（3）移动 3 个字节后，读取文件内容得到的是"名"，从第 3 个字节以后的位置读取文件的内容。

任务 7.2.2　close（）方法：关闭文件

程序执行完毕后，系统会自动关闭由该程序打开的文件，但计算机中可打开的文件数量是有限的，每打开一个文件，可打开文件数量就减一；打开的文件占用系统资源，若打开的文件过多，会降低系统性能。因此，编写程序时应使用 close（）方法主动关闭不再使用的文件。Python 内置的 close（）方法用于关闭文件，该方法没有参数，直接调用即可。文件"student.txt"存放了学生考试成绩相关内容，内容如下：

学号	姓名	成绩
2040129526	林养盛	95
2140233013	李秋炜	暂时未提交
2140915009	叶子豪	80
2140918005	蔡其武	80
2240129310	林泽明	90
2240129343	林婕	95
2240514216	黄佳鑫	85
2240521130	陈美健	95
2240523104	张徐帆	暂时未提交
2240523117	谢逍	85

2240918115	詹雪花	95
2340129114	李岱霖	90
2340129117	钟如林	90
2340129204	粟秉才	暂时未提交
2340129208	郭文英	90
2340129304	林鑫	80
2340129312	黄雪燕	95
2340129318	何文瀚	暂时未提交
2340129327	付罡	90
2340129338	徐领旗	暂时未提交
2340129344	印梓帆	90
2340129347	农永淇	90
2340129401	沈启展	暂时未提交
2340129405	蒋俊濠	95
2340129406	胡耀升	暂时未提交
2340129419	冯亮都	暂时未提交
2340129421	向淳彬	75
2340129425	赵文峰	80
2340129427	谢宇航	70
2340129501	何宁子俊	80
2340129517	陈诺祥	80

要求遍历并输出文件"student. txt"的内容,并去除空白行。文件存放在当前目录下的 class 文件夹中。

1. 任务分析

open（）函数正确打开文件时返回的文件对象 file _ object 是可迭代对象,可结合 for 循环迭代输出文件的每行内容,每行行尾的换行符'\ n'也会输出,输出时要特别注意,防止输出多余的空行。

2. 程序代码

```
file_object = open(r'class\student. txt','r',encoding = 'utf - 8')
for line in file_object:
    if line = = '\n':          # 如果是空行,不输出
        continue
    print(line,end = "")        # print 函数指定不换行,利用每行行尾的换行符\n 换行
    # print(line. strip('\n'))去除每行行尾的换行符\n,利用 print 函数换行
file_object. close()# 关闭文件对象 file_object,执行 file_object. closed 的结果为 True
```

3. 任务拓展

Python 操作文件时,数据保存在缓存区,可利用 flush（）方法将缓存的数据写入文件中。使用 flush（）方法不会关闭文件。若要关闭文件时,可使用 close（）方法,

close（）方法关闭文件时先将缓存的数据写入文件，再关闭文件，然后释放文件对象。

任务 7.2.3　with 上下文管理：文件统计

统计文件"student. txt"中最长行的长度和该行的内容，文件内容为：

> 我热爱
> Python 程序设计
> 语言。

1. 任务分析

先利用循环迭代文件对象得到每行的内容，再利用 len（）函数得到每行内容的长度。设置最长行的长度初值为 0，与文件每行内容的长度比较，直至比较完所有的行，得到最长行的长度，再输出其内容。

2. 程序代码

```
with open(r'class\student. txt','r',encoding ='utf－8')as file_object:
    result = [0,'']
    for row in file_object:
        t = len(row)
        if t > result[0]:
            result = [t,row]
    print(result)
```

运行结果：

```
[11,'Python 程序设计\n']
```

3. 任务拓展

用 open（）函数打开文件后或在用 close（）方法关闭文件前，程序发生错误会导致文件无法正常关闭；或忘记关闭文件，会导致文件对象在程序结束运行前一直占用。为避免出现上述情况，一般使用 with 关键字与 open 函数结合，自动管理资源，以保证文件一定会正常关闭。with 上下文管理语句的语法格式如下：

```
with open(file,mode ='r',encoding ='utf－8')as file_object:
    代码块
```

with 语句还可同时打开 2 个文件，格式如下：

```
with open(file,mode ='r',encoding ='utf－8')as file_object,open(file,mode ='w',encoding ='
utf－8')as file_object2:                  #一个文件读,一个文件写
    代码块
```

注意：len（）函数计算字符串的长度时，数字、字母、汉字等都按一个字符处理。

任务 7.3　读写文本文件

上一任务我们学习了利用循环迭代输出文件对象的内容，这里将开始学习利用文件对象的读写方法读写文件内容。

read（）方法可以从指定文件中读取指定数据，其语法格式为：文件对象. read（［size］）。参数 size 表示设置的读取数据的字节数，若该参数缺省，则一次读取指定文件中的所有数据。

任务 7.3.1　读文本文件

二十四节气，是中华民族悠久历史文化的重要组成部分，蕴含着中华民族悠久的文化内涵和历史积淀。要求读取输出文件"jieqi. txt"的内容。

1. 任务分析

要读取文件的内容，可利用循环迭代输出文件对象的内容。此外，Python 也提供了 3 种读取文件内容的方法，分别是 read（）方法、readline（）方法、readlines（）方法。

2. 程序代码

（1）使用 read（）方法读取

read（）（参数缺省时）和 readlines（）方法都可一次读取文件中的全部数据，但这两种操作都不够安全。因为计算机的内存是有限的，若文件较大，read（）和 readlines（）的一次读取便会耗尽系统内存。为了保证读取安全，通常多次调用 read（）方法，每次读取 size 字节的数据。

```
with open(r'class\student. txt','r',encoding = 'utf - 8')as fp:
    data = fp. read()                    # 读取文件的全部内容
print(data)
```

（2）使用 readline（）方法读取

readline（）方法可以从指定文件中读取一行数据，其语法格式为：文件对象. readline（）。每执行一次 readline（）方法便会读取文件中的一行数据。

```
with open(r'class\student. txt','r',encoding = 'utf - 8')as fp:
    while True:
        line = fp. readline()                # 读取文件的一行内容
        if line = = "":                      # 读完最后一行退出
            break
        print(line,end = "")
```

（3）使用 readlines（）方法读取

readlines（）方法可以一次读取文件中的所有数据，其语法格式为：文件对象. readlines（）。readlines（）方法在读取数据后会返回一个列表，该列表中的每个元素对应着文件中的每一行数据。

```
with open(r'class\student. txt','r',encoding ='utf - 8')as fp:
  data = fp. readlines()            # 读取文件的所有行,每行内容作为一个字符串放入列表中
  for line in data:
    print(line,end = "")            # 循环输出列表的内容,即每行内容
```

3. 任务拓展

Python 提供的读文件对象内容的方法如下表所列:

表 7 - 4　读文件的方法

方法	说明
read（［size]）	读取 size 个字符,若省略 size,读取所有内容,返回结果为字符串
readline ()	读取一行内容,返回结果为字符串
readlines ()	读取所有行的内容,将读取的每行内容作为一个字符串写入列表,返回结果为列表

使用时,根据实际情况,选择读文件的方法。

任务 7.3.2　写文本文件

通过 write () 方法向文件中写入数据,其语法格式为:文件对象. write (str)。

参数 str 表示要写入的字符串。若字符串写入成功,write () 方法返回本次写入文件的长度。

writelines () 方法用于向文件中写入字符串序列,其语法格式为:文件对象. writelines (［str])。

接收用户输入一组语言名称并以空格分隔。示例如:

Apple dog cat dog Apple cat Apple cat

统计输入的各种语言的数量,以英文冒号分隔,每种语言一行。输出结果保存在 mypro. txt 中。输出参考格式如下:

```
Apple:3
dog:2
cat:3
```

1. 任务分析

先利用字符串的 split () 方法处理输入的以空格分隔的一组语言名称,得到一个元素为语言的列表。然后根据字典的键不能重复这一特点,定义一个字典,将语言作为字典的键、语言的个数作为值。要统计语言的个数,利用字典的 get () 方法。循环列表,若键不存在,键的值为1,若键存在,键的值加1。再将字典的键值对以元组的形式作为列表的元素,最后以指定的格式输出列表的元素。

2. 程序代码

```
with open(r'class\mytest.txt','w')as fp:
    langs = input("请输入语言,以空格分隔\n")
    langs = langs.split(" ")
    d = {}
    for lang in langs:
        d[lang] = d.get(lang,0) + 1
    ls = list(d.items())
    for k in ls:
        fp.write("{}:{}\n".format(k[0],k[1]))
```

3. 任务拓展

Python 提供的写文件内容的方法如下表所列:

表 7-5　写文件的方法

方法	说明
write（srt）	将字符串写入文件
writelines（strlist）	将字符串列表写入文件

任务 7.3.3　读写文本文件

给程序文件"7_3_2.py"每行代码的行首添加行号，然后将添加行号后的内容写入新文件"7_3_2.txt"中。

1. 任务分析

先读取文件的内容，然后将文件的内容处理后，即添加行号后，再写入新文件中。要添加行号，可定义一个变量作为计数器，还可利用 enumerate（）函数。

2. 程序代码

① 使用 readline（）方法读取、write（）方法写入。

```
i = 0
with open('7_3_2.py','r',encoding = 'utf-8')as fp,open(r'class\7_3_2.txt','w',encoding = 'utf-8')as fp2:
    while True:
        line = fp.readline()              # 读取文件的一行内容
        if line = = "":                   # 读完最后一行退出
            break
        i = i + 1
        line2 = str(i) + ' '* 5 + line
        fp2.write(line2)
```

② 使用 readlines () 方法读取、writeline () 方法写入。

```
with open('7_3_2.py','r',encoding='utf-8')as fp,open(r'class\7_3_2.txt','w',encoding=
'utf-8')as fp2:
    lines = fp.readlines()
    lines2 = [str(index) + ''*5 + line for index,line in enumerate(lines,1)]
    fp2.writelines(lines2)
```

运行结果：

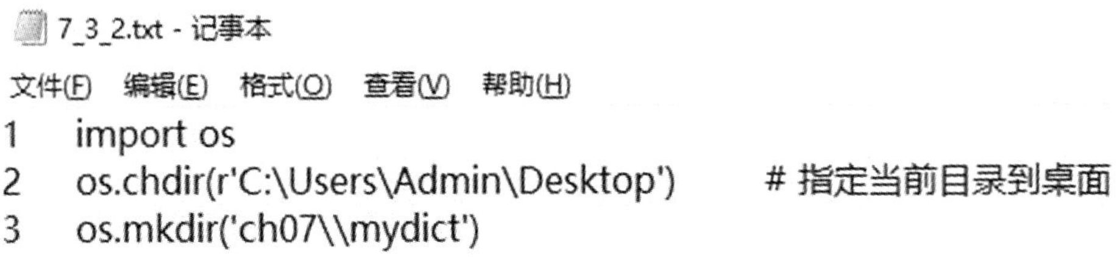
7_3_2.txt - 记事本
文件(F) 编辑(E) 格式(O) 查看(V) 帮助(H)
1 import os
2 os.chdir(r'C:\Users\Admin\Desktop') # 指定当前目录到桌面
3 os.mkdir('ch07\\mydict')

图 7-3　结果文件 code.txt 的内容

3. 任务拓展

第一种方法利用 readline () 方法读取文件每行的内容，然后利用变量做累加作为行号。再利用 jion () 方法连接行号、空格、每行内容，最后利用 write () 方法将连接的字符串写入新文件中。

第二种方法利用 readlines () 方法读取文件，得到一个包含每行内容的字符串列表。然后利用 enumerate () 函数将列表组合为一个索引序列，并指定索引值从 1 开始，这样索引号即可作为行号。再利用列表推导式得到包括行号、每行内容的字符串列表。最后利用 writelines () 方法将字符串列表写入新文件中。

任务 7.3.4　以二进制模式读写文本文件

将字符串“编程”以二进制模式写入文件中，并以二进制模式读取。

1. 任务分析

以二进制模式读写文本文件，open () 函数的 mode 参数值应设为'rb'、'wb'。以'rb'模式读取文本文件，得到的结果是字节串，若要输出字符内容，需要用 decode () 方法解码。以'wb'模式写文本文件，需要用 encode () 方法将字符编码为字节串，再写入文件。

2. 程序代码

```
str = "软件开发"
data = str.encode('utf-8')                     # 编码
with open(r'class\test.txt','wb')as fp:        # 以二进制模式读文本文件
    fp.write(data)
with open(r'class\test.txt','rb')as fp2:       # 以二进制模式写文本文件
    data2 = fp2.read()
```

```
str2 = data2.decode('utf-8')                    # 解码
print(str2)
```

运行结果：

图 7-4　结果文件 mode.txt 的内容

3. 任务拓展

表达式" 编程" .encode（'UTF-8'）的结果为 b'\xe7\xbc\x96\xe7\xa8\x8b'，表示用 encode（）方法将字符串 str 编码为字节串 bytes，UTF-8 编码用 3 个字节表示 1 个中文汉字。表达式 b'\xe7\xbc\x96\xe7\xa8\x8b'.decode（'utf-8'）的结果为" 编程"，表示用 decode（）方法将字节串 bytes 解码为字符串 str。一般使用文本模式读取文本文件。

任务 7.3.5　实例拓展：身份证归属地查询

居民身份证是用于证明持有人身份的一种特定证件，该证件记录了国民身份的唯一标识——身份证号码。在我国身份证号码由十七位数字本体码和一位数字校验码组成，其中前六位数字表示地址码。地址码标识编码对象常住户口所在县的行政区划代码，通过身份证号码的前六位便可以确定持有人的常住户口所在县。

本拓展实例要求编写程序，实现根据地址码对照表和身份证号码查询居民常住户口所在县的功能。

1. 任务分析

本实例的查询功能是基于身份证码值实现的，这些码值都保存在"身份证码值对照表.txt"文件中，打开该文件的内容如图 7-5 所示。

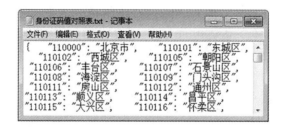

图 7-5　身份证码值对照表.txt

观察图 7-5 身份证码值对照表的数据可知，文件中的数据结构类似于包含多个键值对的字典，其中每个键值对的键为身份证的地址码，值为地址码对应的市、区或县。因此，这里可以先读取"身份证码值对照表 . txt"文件中的数据，并将读取后的数据转换为字典，之后将用户输入的内容作为键来获取字典中的值，从而实现通过地址码查询居民常住户口所在县的功能。

2. 程序代码

```
import json
file = open("身份证码值对照表 . txt",'r',encoding = 'utf - 8')
content = file. read()
content_dict = json. loads(content)　# 转换为字典类型
address = input('请输入身份证前 6 位:')
for key,val in content_dict. items():
    if key = = address:
        print(val)
file. close()
```

以上代码首先导入了包含将字符串转换为字典功能的模块 json，其次打开"身份证码值对照表 . txt"文件后读取数据，并调用 loads（）函数将字符串类型的数据转换为字典，然后接收用户输入的 6 位数字，将其与字典中的键逐个对比，相等则获取字典中该键对应的值，否则忽略不计，最后关闭打开的文件。

运行程序，在控制台输入"650000"之后的结果如下所示：

```
请输入身份证前 6 位:650000
新疆维吾尔自治区
```

二次运行程序，在控制台输入"370700"之后的结果如下所示：

```
请输入身份证前 6 位:150000
内蒙古自治区
```

三次运行程序，在控制台输入"110114"之后的结果如下所示：

```
请输入身份证前 6 位:110000
北京市
```

任务 7.3.6　实例拓展：通讯录

通讯录是存储联系人信息的名录。本实例要求编写通讯录程序，该程序可接收用户输入的姓名、电话、QQ 号码、邮箱等信息，将这些信息保存到"通讯录 . txt"文件中，实现新建联系人功能；可根据用户输入的联系人姓名查找联系人，展示联系人的姓名、电话、QQ 号码、邮箱等信息，实现查询联系人功能。

1. 任务分析

从前面有关实例的描述可知，我们可将通讯录视为一个对象，该对象具有新建联系人和查询联系人的功能，另外为了让用户能按照提示操作，该对象中还应具有向用户展示操作菜单的功能。因此，这里定义一个表示通讯录的类 TelephoneBook，通讯录中包含的功能都可以抽象成如下方法：

show_menu（）：向用户展示操作界面及指令。

add_info（）：新建联系人。

show_info（）：查找联系人。

main（）：系统流程。

以上方法中，add_info（）实现新建联系人的功能，该方法会将用户输入的联系人信息保存到"通讯录.txt"文件中，相当于向文件中写数据的操作；show_info（）实现查找联系人的功能，该方法会将用户输入的姓名与"通讯录.txt"文件中读取的数据进行比对，找到则返回该联系人的所有信息，否则就返回"联系人不存在"，相当于从文件中读取数据的操作。

2. 程序代码

① 创建一个 address_book.py 文件，在该文件中定义一个 TelephoneBook 类，并在该类中定义 show_menu（）函数，实现该函数比较简单，具体代码如下。

```python
import sys
import json
class TelephoneBook:
    def show_menu(self):    # 用于展示功能菜单
        print("*" * 20)
        print("欢迎使用[通讯录] V1.0")
        print("1.新建联系人")
        print("2.查询联系人")
        print("0.退出系统")
        print("*" * 20)
```

② 在 TelephoneBook 类中定义 add_info（）方法。add_info（）方法实现新建联系人的功能，该方法中需接收用户输入的信息，并暂时将这些信息保存到字典中。为了能持久化存储联系人信息，可将这些信息先转换为字符串类型，之后便调用 write（）方法写入"通讯录.txt"文件中，具体代码如下。

```python
def add_info(self):
name_str = input("请输入姓名:")
    phone_num = input("请输入电话:")
    qq_num = input("请输入 QQ 号码:")
    mail_adr = input("请输入邮箱:")
    # 将数据封装到字典中
    card_dict = {"姓名":name_str,"手机号":phone_num,
                 "qq":qq_num,"mail":mail_adr}
    f = open("通讯录.txt",mode = 'a +',encoding = 'utf - 8')
```

```
# 将字典转换为 str,然后再使用 write()写入通讯录的文本文件中
f.write(str(card_dict) + '\n')
f.close()
print(f"成功添加{name_str}为联系人")
```

③在 TelephoneBook 类中定义 show_info（）方法。show_info（）方法实现查找联系人的功能，该方法中需读取"通讯录.txt"文件中的数据，该文件中若是有数据就直接读取，并将读取的数据与用户输入的数据进行比对，相同则返回联系人的信息，不同则返回"联系人不存在"，具体代码如下。

```
# 显示联系人信息
def show_info(self):
file = open("通讯录.txt",mode = 'r',encoding = 'utf - 8')
# 如果通讯录.txt 文件不为空时,执行下面代码
    if len(file.read())! = 0:
        # 保证每次从开始位置读取
        file.seek(0,0)
        # 读取通讯录.txt 文件中的内容
        file_data = file.read()
        # 对字符串进行分隔
        split_info = file_data.split('\n')
        # 删除多余的字符串
        split_info.remove(split_info[len(split_info) - 1])
        name = input("请输入要查询的姓名:")
        name_li = []         # 用于存储联系人姓名的列表
        all_info_li = []     # 用于存储所有联系人信息的列表
        for i in split_info:
            # 将单引号替换为双引号
            dict_info = json.loads(i.replace("\'","\""))
            all_info_li.append(dict_info)
            # 获取所有联系人的姓名
            name_li.append(dict_info['姓名'])
        if name in name_li:
            for person_info in all_info_li:
                for title_key,name_value in person_info.items():
                    if name_value = = name:
                        for title,info_value in person_info.items():
                            print(title + ":" + info_value)
        else:
            print('联系人不存在')
else:
        print("通讯录为空")
```

需要注意的是，loads（）函数只能将具有单引号的字符串转换为字典。

④ 在 TelephoneBook 类中定义 main（）方法。main（）方法实现访问一次通讯录的完整流程，该方法只需要在相应的分支语句中调用相应的方法即可，并将所有的代码放到循环语句中，以保证程序能一直运行，直至用户主动退出通讯录，具体代码如下。

```python
def main(self):
while True:
        self.show_menu()
        action_str = input("请选择操作功能:")   # 判断用户输入的功能指令
        if action_str.isdigit()is True:
            if int(action_str) == 1:
                self.add_info()
            elif int(action_str) == 2:
                self.show_info()
            elif int(action_str) == 0:
                sys.exit()
        else:
            print('请输入正确的指令')
```

⑤ 创建一个 TelephoneBook 类对象，调用 main（）方法，具体代码如下。

```python
if __name__ == '__main__':
    tb = TelephoneBook()
    tb.main()
```

新建联系人的运行结果如下所示：

```
* * * * * * * * * * * * * * * * * * * *
欢迎使用[通讯录] V1.0
1. 新建联系人
2. 查询联系人
0. 退出系统
* * * * * * * * * * * * * * * * * * * *
请选择操作功能:1
请输入姓名:张三相
请输入电话:11111118888
请输入 QQ 号码:66666666
请输入邮箱:66666666@qq.com
成功添加张三相为联系人
```

查询联系人的运行结果如下所示：

```
* * * * * * * * * * * * * * * * * * * *
欢迎使用[通讯录] V1.0
```

```
1. 新建联系人
2. 查询联系人
0. 退出系统
＊＊＊＊＊＊＊＊＊＊＊＊＊＊＊＊＊＊
请选择操作功能:2
请输入要查询的姓名:小朋
联系人不存在
＊＊＊＊＊＊＊＊＊＊＊＊＊＊＊＊＊＊
欢迎使用[通讯录] V1.0
1. 新建联系人
2. 查询联系人
0. 退出系统
＊＊＊＊＊＊＊＊＊＊＊＊＊＊＊＊＊＊
请选择操作功能:2
请输入要查询的姓名:张三相
姓名:张三相
手机号:11111118888
qq:66666666
mail:66666666@qq.com
```

任务 7.4　读写 csv 文件

上一任务我们学习了读写文本文件的方法，这里将开始学习利用 csv 模块、pandas 库读写 csv 文件的方法。

任务 7.4.1　读 csv 文件

读取输出文件 chengshi.csv 的内容。

1. 任务分析

csv（Comma－Separated Values，逗号分隔值）文件以纯文本形式存储数据，由任意数目的记录（行）组成，记录由字段组成，字段间的分隔符是其他字符或字符串，最常见的是逗号或制表符。csv 文件的后缀名是 .csv，可用记事本或 Office Excel 打开。csv 文件也是文本文件，利用上一任务所学方法也可读取输出 csv 文件的内容。

2. 程序代码

```
with open(r'class\chengshi.csv','r',encoding ='utf－8')as fp:
    data = fp.read()
print(data)
```

运行结果：

```
序号,城市,省份
1,广州,广东
2,西安,陕西
3,太原,山西
```

任务 7.4.2　写 csv 文件

将控制台输入的用户名、密码写入 csv 文件，输入 Q 或 q 键时结束输入。

1. 任务分析

往文件中不断添加用户输入的数据，文件的 mode 模式的值应为追加模式 a，实现在文件末尾不断添加数据。当将数据写入 cvs 文件时，应注意格式，要把输入的数据用逗号分隔，并在末尾加上换行符＼n，表示一条记录。

2. 程序代码

```
with open('class\inuser.csv','a',encoding = 'utf - 8')as fp:
    while True:
        user =  input("请输入用户名,按(Q/q)退出:")
        if user. upper() = = 'Q':
            break
        pwd =  input("请输入密码:")
        fp. write("{},{}\n". format(user,pwd))
```

运行结果：

```
请输入用户名,按(Q/q)退出:huahua
请输入密码:123
请输入用户名,按(Q/q)退出:leslie
请输入密码:456
请输入用户名,按(Q/q)退出:q
```

图 7 - 6　文件 data. csv 的内容

3. 任务拓展

将字典数据写入 csv 文件中。

```
data = [{'姓名':'林泽明','语文':92,'数学':89,'英语':95},
        {'姓名':'林婕','语文':85,'数学':94,'英语':87},
        {'姓名':'黄佳鑫','语文':87,'数学':85,'英语':97}]
name = list(data[0].keys())
header = ','.join(name)
with open('class\student.csv','w',encoding = 'utf - 8')as fp:
    fp.write(header)
    fp.write('\n')
    for row in data:
        fp.write('{},{},{},{}\n'.format(row['姓名'],row['语文'],row['数学'],row['英语']))
```

字典数据存放在列表中，可利用字典的 keys（）方法得到字典的键作为文件的标题行，利用键访问对应的值作为文件的内容行，键之间、值之间用逗号分隔。

运行结果：

图 7 - 7　文件 student. csv 的内容

任务 7.4.3　用 csv 模块读 csv 文件

读取文件 score. csv 的内容，输出劳动学科的平均成绩。

1. 任务分析

csv 模块是 Python 内置模块，提供了 reader（）方法、DictReader（）方法读取 csv 文件的数据。reader（）方法的返回结果是列表，可通过下标方式来获取某一列，包括标题行。DictReader（）方法的返回结果是字典，可通过键来获取某一列，不包括标题行。

2. 程序代码

（1）reader（）方法

```
import csv
with open(r'class\student.csv','r',encoding = 'utf - 8')as fp:
    reader = csv.reader(fp)
    scorelist =[row[3] for row in reader]
    sum = 0
    for score in scorelist[1:]:
        sum + = eval(score)
```

```
print('英语的平均成绩为:{:.2f}'.format(sum/(len(scorelist) - 1)))
```

（2）DictReader（）方法

```
import csv
with open(r'class\student.csv','r',encoding = 'utf - 8')as fp:
    reader = csv.DictReader(fp)
    scorelist = [row['英语'] for row in reader]
    sum = 0
    for score in scorelist:
        sum + = eval(score)
    print('英语的平均成绩为:{:.2f}'.format(sum/len(scorelist)))
```

运行结果:

```
英语的平均成绩为:93.00
```

任务 7.4.4　用 csv 模块写 csv 文件

四大发明是中国宝贵的文化遗产，影响着中国人的思想观念、价值取向。要求将以下内容写入 csv 文件中：

```
序号,发明,发明家
1,造纸术,蔡伦
2,印刷术,毕昇
3,火药,无
4,指南针,无
```

1. 任务分析

csv 模块提供了 write（）方法、DictWriter（）方法向 csv 文件写入数据。writer（）方法的返回值是一个 writer 对象，该 writer 对象又提供了 writerow（）和 writerows（）方法用于把数据写入文件中。writerow（）方法一次写入一行数据，writerows（）方法一次可写入多行数据。

DictWriter（）方法有两个参数，第一个参数是文件指针，第二个参数是表头信息，返回值是一个 DictWriter 对象，该 DictWriter 对象同样提供了 writerow（）和 writerows（）来分别写入一行或多行数据，另外还提供了 writeheader（）方法来写入表头。

2. 程序代码

（1）write（）方法：写入列表形式的数据

```
import csv
headers = ['序号','发明','发明家']
datas = [['1','造纸术','毕昇'],
        ['2','印刷术','蔡伦'],
```

```
            ['3','火药','无'],
            ['4','指南针','无']]
with open('class\invention.csv','w',encoding='utf-8',newline='')as fp:
    writer = csv.writer(fp)
    writer.writerow(headers) # writerow()方法写入一行数据
    writer.writerows(datas) # writerows()方法写入多行数据
```

（2）DictWriter（）方法：写入字典形式的数据

```
import csv
import csv
headers = ['序号','发明','发明家']
datas = [{'序号':'1','发明':'造纸术','发明家':'毕升'},
         {'序号':'2','发明':'印刷术','发明家':'蔡伦'},
         {'序号':'3','发明':'火药','发明家':'无'}]
data = {'序号':'4','发明':'指南针','发明家':'无'}
with open('class\invention.csv','w',encoding='utf-8',newline='')as fp:
    dwriter = csv.DictWriter(fp,headers)
    dwriter.writeheader()              # writeheader()方法写入表头数据
    dwriter.writerows(datas)           # 写入多行数据
    dwriter.writerow(data)             # 写入一行数据
```

任务 7.4.5　pandas 库读写 csv 文件

读取输出文件 student.csv 前 2 行的内容，并将语文、数学这两列的数据写入新文件 student_new.csv 中。

1. 任务分析

pandas 库应用于数据分析领域，是第三方库，导入库之前需要先安装，该库提供了 read_csv（）方法用于从 csv 文件中读取数据，to_csv（）方法用于将数据写入 csv 文件中。

read_csv（）方法的语法格式如下：

```
pandas.read_csv(filepath_or_buffer,sep=',',header='infer',names=None,index_col=None,
nrows=None)
```

参数 filepath_or_buffer 表示文件路径；参数 sep 表示分隔符，默认值为逗号；参数 header 表示是否将某行数据作为列名写入文件，默认值为 infer，表示自动识别；参数 names 表示列名，默认值为 None；参数值 index_col 表示索引列的位置，默认值为 None；参数 nrows 表示读取前 n 行，默认值为 None。

to_csv（）方法的语法格式如下：

```
DataFrame.to_csv(filepath_or_buffer,sep=',',columns=None,header=True,index=True)
```

参数 filepath_or_buffer、sep 意义同上；参数 columns 表示要写入文件的列名，默认值为 None；参数 header 表示是否将列名写入文件，默认值为 True；参数 index 表示是否将行索引（行名）写入文件，默认值为 True。

2. 程序代码

```
import pandas as pd    #导入 pandas 库,并取别名 pd
df = pd. read_csv(r'class\student.csv',nrows = 2)
print(df)
df. to_csv(r'class\student_new.csv',columns = ['语文','数学'],index = False)
```

运行结果：

	姓名	语文	数学	英语
0	林泽明	92	89	95
1	林婕	85	94	87

图 7 - 8　文件 student_new.csv 的内容

3. 任务拓展

本任务中，read_csv（）方法读取文件 score.csv 返回的结果为 DataFrame 类型，行索引默认是数字索引，从 0 开始，列索引自动识别为表头。若要自定义列索引（列名），可设置参数 names 的值。

```
import pandas as pd
data = pd. read_csv(r'class\student.csv',names = ['name','Ch','Math','Eng'])
print(data)
```

运行结果：

	name	Ch	Math	Eng
0	姓名	语文	数学	英语
1	林泽明	92	89	95
2	林婕	85	94	87
3	黄佳鑫	87	85	97

DataFrame 类型的数据构造如下：

```
import pandas as pd
data = {'姓名':['林泽明','林婕','黄佳鑫'],
    '语文':[92,85,87],
    '数学':[89,94,85],
    '英语':[95,87,97]}
df = pd.DataFrame(data)
print(df)
```

运行结果：

	姓名	语文	数学	英语
0	林泽明	92	89	95
1	林婕	85	94	87
2	黄佳鑫	87	85	97

to_csv（）方法中，通过 columns＝［'计算机', '体育'］指定只取列名为计算机、体育的数据，通过设置行索引 index 的值为 False 不将行索引写入文件。

任务 7.5　异常处理和断言

这里将开始学习异常的种类，异常处理的机制，raise 语句、assert 语句主动抛出异常，并利用 try…except 语句捕获处理异常。

任务 7.5.1　try…except 语句：捕获异常

捕获处理文件不存在的异常。

1. 任务分析

以只读模式打开不存在的文件时，程序会抛出异常。若不处理异常，程序会报错并中断运行。为保证程序不中断运行，除可在打开文件前先利用 os.path.exist（）判断文件是否存在，还可利用 try…except 语句捕获文件不存在这个异常并处理。try…except 语句的语法格式如下：

```
try:
    异常捕获语句块
except [ExceptionName as e]:
    异常处理代码块
……
[else:
    无异常时执行的代码块
finally:
    有无异常都执行的代码块]
```

try 子句指定捕获异常的范围，try 代码块在执行过程中可能会生成异常对象并抛出。

except 子句用于处理 try 代码块中的异常，ExceptionName 用于指定捕获的异常类型，as e 别名，表示捕捉到的错误对象，名称 e 可以任意。可写多个 except 子句，用于捕捉不同的异常。ExceptionName as e 可缺省，缺省表示捕获所有的异常。ExceptionName 的常见类型见下表所列：

表 7-6　常见异常类

异常类	说明
AttributeError	属性错误
Exception	异常的基类
FileNotFoundError	文件错误，未找到文件
IndexError	索引错误，索引值超出索引范围
KeyError	键错误，访问不存在的键
NameError	值错误，未声明的变量
SyntaxError	语法错误，又称解析错误，如缩进不对
TypeError	类型错误，如整型数据与字符型数据相加
ValueError	值错误
ZeroDivisionError	除数为 0

若 try 代码块无异常，不执行 except 子句，而是执行 else 子句。else、finally 子句可缺省。finally 子句不论有无异常都会执行，常用于做资源的清理工作，如关闭文件、断开数据库连接等。

2. 程序代码

```
try:
    with open('my.txt','r',encoding = 'utf - 8')as fp:
        pass
except FileNotFoundError as e:
    print(e)
else:
    print("无异常")
finally:
    print("有无异常都会执行")
```

运行结果：

```
[Errno 2] No such file or directory:'my.txt'
有无异常都会执行
```

3. 任务拓展

① IndexError 举例：注意列表的下标从 0 开始。

```
#访问列表的最后一个元素
m = ['水星','金星','地球','火星','木星','土星','天王星','海王星']
try：
    n = m[8]
    print(n)
except Exception as e：
    print("错误",e)
```

运行结果：

```
错误 list index out of range
```

② NameError 举例：注意变量区分大小写。

```
#访问变量的值
try：
    Data = 56.8
    print(data)
except Exception as e：
    print("错误",e)
```

运行结果：

```
错误 name 'data' is not defined
```

③ TypeError 举例：注意字符串类型的数据与整型数据不能直接运算。

```
#字符串、整型数据运算
try：
    print('Data'+56)
except Exception as e：
    print("错误",e)
```

运行结果：

```
错误 can only concatenate str(not "int")to str
```

④ ZeroDivisionError 举例：注意除数不能为 0。

```
#计算商
x = eval(input('请输入除数'))
try：
```

```
    x = 56/ x
    print('{:.2f}'.format(x))
except Exception as e：
    print("错误",e)
```

运行结果：

```
请输入除数 0
错误 division by zero
```

任务 7.5.2 raise 语句：抛出异常

要求根据输入的成绩确定等级。假设成绩值≥90 定为 A 等，≥80 定为 B 等，≥60 定为 C 等，<60 定为 D 等。若输入的成绩值>100，或<0，则抛出异常并处理这个异常。

1. 任务分析

程序除了因错误触发异常，还可使用 raise 语句主动抛出异常，一般是用户自定义的异常。如本任务将输入的成绩值不符合百分制作为异常处理。raise 语句的语法格式如下：

```
raise [ExceptionName(description)]
```

ExceptionName 异常的类型，description 说明一般是字符串，若缺省，表示重新抛出刚刚的异常。

2. 程序代码

```
point = eval(input("请输入卷面得分:"))
try:
    if point > 100 or point < 0：
        raise ValueError("输入无效的分数")
    elif point >= 90：
        result = "A"
    elif point >= 80：
        result = "B"
    elif point >= 60：
        result = "C"
    else：
        result = "D"
    print("百分制成绩:{};成绩等级:{}。".format(point,result))
except Exception as e：
    print("错误",e)
```

运行结果：

```
请输入卷面得分：- 4
```

错误 输入无效的分数

请输入卷面得分:108

错误 输入无效的分数

请输入卷面得分:77.9

百分制成绩:77.9;成绩等级:C。

3. 任务拓展

raise 语句只是抛出异常，并没有捕获处理异常，故程序运行时还是会报错并中断运行。需要结合 try⋯except 语句使用。

任务 7.5.3　assert 语句：处理异常

利用 assert 语句处理任务 7.5.2 的异常。

1. 任务分析

assert 语句又称断言语句，可理解为有条件的 raise 语句。assert 语句的语法格式如下:

```
asset boolcondition[,description]
```

boolcondition 布尔表达式，当 boolcondition 不成立，即值为假时，触发AssertionError 异常。description 说明一般是字符串，可缺省。

2. 程序代码

```
point = eval(input("请输入卷面成绩:"))
try:
    assert 0 <= point <= 100,"输入的值无效"    # 当 0 <= score <= 100 为假时,抛出异常
    if point >= 90:
        result = "A"
    elif point >= 80:
        result = "B"
    elif point >= 60:
        result = "C"
    else:
        result = "D"
    print("百分制成绩:{};成绩等级:{}。".format(point,result))
except Exception as e:
    print("错误",e)
```

项 目 小 结

本项目中，我们学习了 Python 的内置模块，包括 os 模块、os.path 模块等，用来处理文件和目录；学习了打开文件的 open()函数、关闭文件的 close()方法、上下文管理语句 with；学习了文件的读写方法；学习了 raise 语句、assert 语句主动抛出异常，

try…except 语句捕获处理异常。通过本项目的学习，结合字符串、列表、字典等知识，我们能够处理原文件中的数据，并保存到目标文件中。

习 题 ▮▮▶

一、选择题

1. 以下关于 Python 文件打开模式的描述中，错误的是_____。

A. 只读模式 r　　　B. 覆盖写模式 w　　C. 追加写模式 a　　D. 创建写模式 n

2. 打开文件的不正确写法为_____。

A. f＝open（'test. txt',' r'）

B. with open（'test. txt',' r'）as f

C. f＝ open（'C：\ Apps \ test. txt',' r'）

D. f＝ open（r 'C：\ Apps \ test. txt',' r'）

3. numpy 中_____函数可以用于装载和保存 numpy 特定的二进制格式文件。

A. load 和 save

B. loadtxt 和 savetxt

C. from _ csv 和 to _ csv

D. open 和 save

4. 以 0 为除数时将会引发_____。

A. ZeroDivisionError

B. IndexError

C. NameError

D. AttributeError

5. 如果要处理的文件不存在，一般会出现 _____。

A. OSError

B. ValueError

C. TypeError

D. FileNotFoundError

6. 使用 open 函数打开文本文件后，使用_____函数读取一行文本。

A. readline　　　B. readlines　　　C. read　　　D. getline

7. 对文件进行读/写之前，需要使用_____函数来创建文件对象。

A. open（）　　　B. file（）　　　C. folder（）　　　D. create（）

8. 使用 seek（）方法移动文件指针时，参考点参数位_____时表示以文件开头为参考点。

A. 1　　　　B. －1　　　　C. 2　　　　D. －2

9. 使用 open 函数以只读方式打开一个二进制文件时，mode 参数应设置为 _____。

A. r　　　　B. rb　　　　C. wr　　　　D. binary

10. （多选题）下列 _____函数是 file 对象具有的。

A. close　　　B. flush　　　C. rename　　　D. read

二、填空题

1. Python 内置函数_____用来打开或创建文件并返回文件对象。

2. 使用上下文管理关键字_____可以自动管理文件对象，不论何种原因结束该关键字中的语句块，都能保证文件被正确关闭。

3. Python 标准库 os 中用来列出指定文件夹中的文件和子文件夹列表的方式

是_____。

4. Python 标准库 os. path 中用来判断指定文件是否存在的方法是_____。

5. Python 标准库 os. path 中用来判断指定路径是否为文件的方法是_____。

6. Python 标准库 os. path 中用来判断指定路径是否为文件夹的方法是_____。

7. Python 标准库 os. path 中用来分割指定路径中的文件扩展名的方法是_____。

8. Python 扩展库_____支持 Excel 2007 或更高版本文件的读写操作。

9. 已知当前文件夹中有纯英文文本文件 readme. txt，请把 readme. txt 文件中的所有内容复制到 dst. txt 中，with open（' readme. txt '）as src，open（' dst. txt '，_____）as dst：dst. write（src. read（））。

10. csv 模块中，使用 csv. reader 函数，读取 csv 文件，转存的结果类型是_____。

三、程序设计题

1. 编写程序，在 D 盘根目录下创建一个文本文件 test. txt，并向其中写入字符串 hello world。

2. 统计"data. txt"文件（文件内容自拟）中的英文单词及其数量，打印出单词及其个数。

3. 编写程序，在文件 score. txt 中写入 5 名学生的姓名、学号和 3 门考试课的成绩，然后将所有 2 门以上（含 2 门）课程不及格的学生信息输出到文件 bad. txt、其他学生信息输出到 pass. txt。

4. 编写程序，从键盘输入用户名和密码，判断该用户名和密码是否均在文件 information. txt（文件第一行是用户名，第二行是密码）中。若在，则提示用户名和密码正确，否则提示用户名和密码错误。如果文件打开失败，则进行异常处理并提示文件打开失败，否则关闭文件。不管文件打开成功与否，最后都打印输入的用户名和密码。

5. 将字典数据 [（{'level'：'Senior'，'lang'：'Java'，'tweets'：'no'，'phd'：'no'}，False），（{'level'：'Mid'，'lang'：'Python'，'tweets'：'no'，'phd'：'no'}，True），（{'level'：'Junior'，'lang'：'R'，'tweets'：'yes'，'phd'：'no'}，True）] 写入 data. csv 文件中。

四、综合设计题

登录系统通常分为普通用户与管理员权限，在用户登录系统时，可以根据自身权限进行选择登录。本实例要求实现一个用户登录的程序，该程序分为管理员用户与普通用户，其中管理员账号密码在程序中设定，普通用户的账号与密码通过注册功能添加。

答案解析

用户登录模块分为管理员登录和普通用户登录，在用户使用软件时，系统会先判断用户是否为首次使用：若是首次使用，则进行初始化，否则进入用户类型选择。用户类型分为管理员和普通用户两种，若选择管理员，则直接进行登录；若选择普通用户，先询问用户是否需要注册，若需要注册，先注册用户再进行登录。用户登录模块的具体流程如图 7-9 所示。

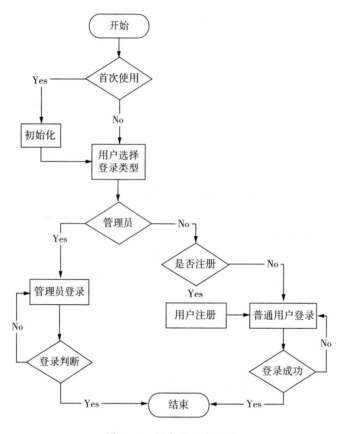

图 7 - 9 用户登录流程图

用户登录模块包含的文件有：

① 标识位文件 flag. txt。

② 管理员账户文件 u _ root. txt。

③ 普通用户账户文件。

标识位文件用于检测是否为初次使用系统，其中的初始数据为 0，在首次启动系统后将其数据修改为 1；管理员账户文件用于保存管理员的账户信息，该账户在程序中设置，管理员账户唯一；普通用户文件用于保存普通用户注册的账户，每个用户对应一个账户文件，普通用户账户被统一存储于普通用户文件夹 users 中。

实现用户登录模块可以编写如下函数实现：

① is _ first _ start ()：判断是否首次使用系统；

② init ()：数据初始化；

③ print _ login _ menu ()：打印登录菜单；

④ user _ select ()：用户选择；

⑤ root _ login ()：管理员登录；

⑥ user _ register ()：用户注册；

⑦ user _ login ()：普通用户登录。

代码如下：

创建一个 user_login.py 文件，在该文件中按实例分析依次定义各个函数：

① is_first_start()。is_first_start() 函数首先用于判断是否为首次使用系统，为保证每次读取到的都为同一个标志位对象，我们需要一个标志位文件 flag.txt，将标志位对象的初始值 0 存储到文件中。每次启动系统后调用 is_first_start() 函数打开 flag.txt 文件，从其中读取数据，并进行判断。

此外 is_first_start() 函数还将根据标识文件的判断结果执行不同的分支：若是首次启动，则更改标志位文件内容、初始化资源、打印登录菜单，之后进行用户选择；若不是首次启动，则直接打印登录菜单，并接收用户选择。

is_first_start() 函数的实现如下：

```
# 判断是否首次使用系统
def is_first_start():
    if os.path.exists('flag.txt') == False:
        print('首次启动')
        flag = open('flag.txt','w+')
        flag.write('1')
        flag.close()              # 关闭文件
        init()                    # 初始化资源
        print_login_menu()        # 打印登录菜单
        user_select()             # 选择用户
    else:
        flag = open('flag.txt','r')
        word = flag.read()
        if len(word) == 1:
            init()                    # 初始化资源
            print_login_menu()        # 打印登录菜单
            user_select()             # 选择用户
```

② init()。初次启动系统时，需要创建管理员账户和普通用户文件夹，这两个功能都在 init() 函数中完成。init() 函数的实现如下：

```
# 初始化管理员
def init():
    if os.path.exists('users') == False:
        file = open('u_root.txt','w')     # 创建并打开管理员账户文件
        root = {'rnum':'root','rpwd':"123456"}
        file.write(str(root))             # 写入管理员信息
        file.close()                      # 关闭管理员账户文件
        os.mkdir('users')                 # 创建普通用户文件夹
```

③ print_login_menu()。print_login_menu() 函数用于打印登录菜单，该菜单

中有两个选项，分别为管理员登录和普通用户登录。print_login_menu（）函数的实现如下：

```
# 打印登录菜单
def print_login_menu():
    print('----用户登录----')
    print('1-管理员登录')
    print('2-普通用户登录')
    print('--------------')
```

④ user_select（）。在打印出登录菜单后，系统应能根据用户输入，选择执行不同的流程。此功能在 user_select（）函数中实现，该函数首先接受用户的输入，若用户输入"1"，则调用 root_login（）函数进行管理员登录；若用户输入"2"，则先询问用户是否需要注册。user_select（）函数的实现如下：

```
# 用户选择
def user_select():
    while True:
        user_type_select = input('请选择用户类型')
        if user_type_select == '1':          # 管理员登录验证
            root_login()
            break
        elif user_type_select == '2':         # 普通用户
            while True:
                select = input('是否需要注册?（y/n):')
                if select == 'y' or select == 'Y':
                    print('----用户注册----')
                    user_register()          # 用户注册
                    break
                elif select == 'n' or select == 'N':
                    print('----用户登录----')
                    break
                else:
                    print('输入有误,请重新选择')
            user_login()                      # 用户登录
            break
        else:
            print('输入有误,请重新选择')
```

⑤ root_login（）。root_login（）函数用于实现管理员登录，该函数可接收用户输入的账户和密码，将接收到的数据与存储在文件 u_root 中的管理员账户信息进行匹配，若匹配成功则提示登录成功，并打印管理员功能菜单；若匹配失败则给出提示信息，并重

新验证。

root_login() 函数的实现如下:

```python
# 管理员登录
def root_login():
    while True:
        print('****管理员登录****')
        root_number = input('请输入账户名:')
        root_password = input('请输入密码:')
        file_root = open('u_root.txt','r')    # 只读打开文件
        root = eval(file_root.read())          # 读取账户信息
        # 信息匹配
        if root_number == root['rnum'] and root_password == root['rpwd']:
            print('登录成功!')
            break
        else:
            print('验证失败')
```

⑥ user_register()。user_register() 函数用于注册普通用户。当用户在 user_select() 函数中选择需要注册用户之后,该函数被调用。user_register() 函数可接收用户输入的账户名、密码和昵称,并将这些信息保存到 users 文件夹中与账户名同名的文件中。

user_register() 函数的实现如下:

```python
# 用户注册
def user_register():
    user_id = input('请输入账户名:')
    user_pwd = input('请输入密码:')
    user_name = input('请输入昵称:')
    user = {'u_id':user_id,'u_pwd':user_pwd,'u_name':user_name}
    user_path = "./users/" + user_id
    file_user = open(user_path,'w')       # 创建用户文件
    file_user.write(str(user))            # 写入
    file_user.close()                     # 保存关闭
```

⑦ user_login()。user_login() 函数用于实现普通用户登录,该函数可接收用户输入的账户名和密码,并将账户名与 users 目录中文件列表的文件名匹配,若匹配成功,说明用户存在,进一步匹配用户密码,账户名和密码都匹配成功则提示"登录成功",并打印用户功能菜单。若账户名不能与 users 目录中文件列表的文件名匹配,则说明用户不存在。

user_login() 函数的实现如下:

```
# 普通用户登录
def user_login():
    while True:
        print('＊＊＊＊普通用户登录＊＊＊＊')
        user_id = input('请输入账户名:')
        user_pwd = input('请输入密码:')
        # 获取 user 目录中所有的文件名
        user_list = os.listdir('./users')    # 遍历元组,判断 user_id 是否在元组中
        flag = 0
        for user in user_list:
            if user == user_id:
                flag = 1
                print('登录中····')
                # 打开文件
                file_name = './users/' + user_id
                file_user = open(file_name)
                # 获取文件内容
                user_info = eval(file_user.read())
                if user_pwd == user_info['u_pwd']:
                    print('登录成功!')
                    break
        if flag == 1:
            break
        elif flag == 0:
            print('查无此人! 请先注册用户')
            break
```

至此,用户登录模块所需的功能已全部实现。

需要注意的是,由于 init () 和 user_login () 函数中使用了 os 模块的 listdir () 函数,因此需在程序开头添加 os 模块,代码如下所示:

```
import os
```

此后在文件末尾添加如下代码,便可开始执行程序:

```
is_first_start()
```

以上代码用于调用 is_first_start () 函数,is_first_start () 函数是用户登录模块的核心功能,也是其他各函数的入口。

以下为代码测试的内容。

在程序所在文件夹中创建文件 flag.txt,并在其中写入数据 "0",保存退出。

首次运行程序,控制台打印如下信息:

```
首次启动!
－－－－用户登录－－－－
1－管理员登录
2－普通用户登录
－－－－－－－－－－－－－－－－
请选择用户类型:
```

此时查看程序所在目录,发现其中新建了文件夹 users、文件 u_root。在控制台输入"1",进入管理员登录界面,分别输入账户名 root 和密码 123456,程序的运行结果如下所示:

```
请选择用户类型:1
＊＊＊＊管理员登录＊＊＊＊＊
请输入账户名:root
请输入密码:123456
登录成功!
```

由以上运行结果可知,管理员的用户名和密码匹配成功。

再次运行程序,控制台打印如下信息:

```
－－－－用户登录－－－－
1－管理员登录
2－普通用户登录
－－－－－－－－－－－－－－－
请选择用户类型:
```

由以上结果可知,c_flag()函数调用成功。

本次选择使用普通用户登录,并注册新用户,运行结果如下所示:

```
请选择用户类型:2
是否需要注册? (y/n):y
－－－－用户注册－－－－
请输入账户名:天天开心
请输入密码:666666
请输入昵称:真开心
＊＊＊＊普通用户登录＊＊＊＊
请输入账户名:天天开心
请输入密码:666666
登陆中....
登陆成功!
```

此时打开 users 目录,可以看到其中新建了名为"天天开心"的文件。结合以上执行结果,可知用户注册、普通用户登录都已成功实现。

项目8　面向对象编程

　　面向对象编程（Object Oriented Programming）是一种程序设计思想，是一种编程范例，当前几乎所有的开发语言都采用面向对象程序设计。面向对象是程序开发领域中的重要思想，这种思想模拟了人类认识客观世界的逻辑，是当前计算机软件工程学的主流方法。类是面向对象的实现手段。Python 从设计之初就是一门面向对象的语言，在 Python 中，"一切皆对象"，对现实中事物的特征和行为进行抽象和提取，得到类，以类作为模板、蓝图，得到具体实例对象。本项目以任务的方式依次介绍类和实例的基本概念，定义类和实例化对象，探讨类的继承性和多态性，介绍装饰器、迭代器、生成器的概念和使用。

 ## 项目任务

- ● 类和实例
- ● 属性
- ● 继承与多态
- ● 迭代器与生成器

 ## 学习目标

- ● 理解类和实例的关系
- ● 掌握定义类及其实例化
- ● 理解类的封装性、继承性、多态性
- ● 了解装饰器、迭代器、生成器

任务 8.1　类和实例

　　在 Python 中，类是面向对象编程的重要概念。类是一种数据结构，用于封装数据和方法。它可以作为一个模板，用于创建对象。通过定义类，我们可以创建多个相似的对象，并对这些对象进行操作。类描述了相似事物的共同特征和共有行为动作，是对具体事物的高度抽象。创建类就是定义其数据成员和成员方法，由此展开私有成员和公有成员、类方法和静态方法知识，并介绍闭包、装饰器、类装饰器概念。通过类这个模板从而生成一个个具体的事物，这就是实例对象。

任务8.1.1　类和实例：管理学生信息

学生管理系统要管理成千上万学生信息，采用传统的面向过程编程思想几乎无法完成任务。学生需要记录姓名、性别、年龄、身高、体重、电话、住址等信息，同时记录生成的学生的数量，另外还要实现设置学生姓名、性别、年龄等信息和显示学生信息的功能。采用面向对象程序设计将所有学生抽象为 Student 类，并由 Student 类生成若干实例对象，即真实的学生。

1. 任务分析

面向对象编程的基本思想是把对象的特征（数据成员）和对象的操作（成员方法）封装在一起，便于管理，可实现代码复用。学生的姓名、性别、年龄、身高等属于特征，即数据成员；设置学生信息和显示学生信息属于操作，即成员方法。类就是把数据成员和成员方法封装在一起，类具有高度的抽象性。

（1）定义类

类：从具体的事物中把事物中的共同的特征抽取出来，找出事物间的共性，抽象出一个概念模型，就是一个定义的类。

一般结构为：

```
class 类的名称：
    类体
```

类的名称首字母一般大写，如 Student，数据成员和成员方法在类体中定义和使用。

（2）实例对象

对象：一般意义上讲，对象是现实世界中可描述的事物，它可以是有形的也可以是无形的，一本书、一家图书馆都可以称为对象。

像"张三""李四"这样具有鲜活生命特征（有具体的姓名、性别、身高等信息）的学生个体，我们称为实例或实例对象。实例对象是通过类来创建，一个类可以生成千千万万实例对象，用类创建实例对象的基本结构如下：

```
实例对象名 = 类的名称()
```

实例对象名首字母一般小写。如 zs = Student ()。

（3）数据成员

数据成员是以变量形式存在，数据成员包括类变量和实例变量。

① 类变量。它隶属于类，既可以被类引用，又可以被实例对象引用，所以类变量是类和所有实例对象共享，一般定义在成员方法外。比如，本任务用来记录创建实例对象的数量的变量属于类和所有学生对象共享，取 number 变量名，属于类变量，定义在方法外面。

② 实例变量。它隶属于实例对象，只能被实例对象引用，一般定义在成员方法内部，实例变量定义时用"self."修饰。此时，成员方法称为实例方法，第一个参数必须是 self。

如学生姓名等属于实例对象的，可用 self. name 来定义，定义在实例方法内部。

（4）成员方法

在类中定义的函数又称为方法，成员方法本质上是一个函数。方法名称首字母一般小写。实例方法的第一个参数是 self，表示实例对象自身，在实例对象调用该方法时无须给 self 传参数，因为 self 就是实例对象自己。Python 还要类方法和静态方法，这些方法不能有 self 参数。如用来设置学生姓名的方法定义如下：

```
def setName(self,name):
    self. name = name
```

注意，方法的参数 name 属于局部变量，和实例变量 self. name 不冲突，局部变量只能在 setName 方法的方法体中使用，无法被其他方法使用。

（5）数据成员和成员方法的访问方式

类的成员访问方式为"类名. 成员"，实例对象的成员访问方式为"对象名. 成员"，这里成员包括数据成员、成员方法。实例方法的第一个参数 self 指实例对象自身，访问时无须传入参数。

根据以上知识，本任务的实现代码如下。

2. 程序代码

```
# 定义类 Student
class Student:
    # 定义类变量 number
    number = 0
    # 定义成员方法,用于设置学生姓名,其中 self. name 是实例变量,其他方法类似
    def setName(self,name):
        self. name = name
    def setSex(self,sex):
        self. sex = sex
    def setAge(self,age):
        self. age = age
    def setHeight(self,height):
        self. height = height
    def show(self):
        print("学生信息:姓名 - {},性别 - {},年龄 - {},身高 - {}".
            format(self. name,self. sex,self. age,self. height))

if __name__ == '__main__':
    # 创建学生:张三
    student1 = Student()
    # 类和实例对象都可以访问类变量
    Student. number = student1. number + 1
```

```
# 调用实例对象的成员方法,无须给 self 传参数
student1.setName("张三")
student1.setSex("男")
student1.setAge(21)
student1.setHeight(1.80)
student1.show()
print("创建了{}个学生".format(Student.number))
# 创建实例对象:李四
student2 = Student()
Student.number =   student2.number + 1
student2.setName("李四")
student2.setSex("女")
student2.setAge(19)
student2.setHeight(1.62)
student2.show()
print("创建了{}个学生".format(Student.number))
```

运行结果:

```
学生信息:姓名 - 张三,性别 - 男,年龄 - 21,身高 - 1.8
创建了 1 个学生
学生信息:姓名 - 李四,性别 - 女,年龄 - 19,身高 - 1.62
创建了 2 个学生
```

3. 任务拓展

从上述任务可知,类(Class)和类的实例(Instance)是面向对象基本概念,类是对相似事物的抽象,实例是用类作为模板生成的具体事物。

类变量还可以在程序运行时动态地添加,体现了 Python 是一门动态语言。如:

```
# 上例最后增加以下两行代码
    Student.course = '面向对象程序设计'   # 动态增加类变量:课程
    print("学生{}选修课程是:{}".format(zs.name,Student.course))
```

运行结果:

```
学生信息:姓名 - 张三,性别 - 男,年龄 - 21,身高 - 1.8
创建了 1 个学生
学生信息:姓名 - 李四,性别 - 女,年龄 - 19,身高 - 1.62
创建了 2 个学生
学生张三选修课程是:面向对象程序设计
```

任务 8.1.2　数据成员和成员方法:管理学生信息

任务 8.1.1 中定义类的实例变量在外部可直接访问,不满足面向对象编程思想的封

装性要求，为此要求对外隐藏，即数据成员的私有化处理。要求创建实例对象时，对姓名、性别等私有的实例变量进行初始化，且类的实例对象数量加 1；销毁对象时实例对象的数量减 1。要求在类中通过类方法或静态方法访问记录实例对象数量的私有类变量＿＿number。

1. 任务分析

本任务引入了多个概念，包括公有成员和私有成员、类方法和静态方法、构造方法和析构方法，在此进行详细解析。

（1）公有成员和私有成员

这里成员指的是数据成员和成员方法。Python 没有像 Java 那样的访问控制修饰符 private、protected、public 来约束对成员的访问，而是通过成员名称的命名规范来界定。

① 私有成员：成员名称以双下划线开始，且不以双下划线结束。私有成员一般在类的内部进行访问和操作，下例定义了私有的数据成员和成员方法。

```
class Student:
    # 类的构造方法
def __init__(self,name):
    # self.__name 是实例变量的私有数据成员
        self.__name = name

    # __show 是实例变量的私有成员方法
def __show(self):
    # 类的成员方法可以访问私有成员
        print("姓名：%s " %(self.__name))

student1 = Student("张三")
student1.__show()
print("实例 student1 的姓名：%s" % student1.__name)
```

在类的外部无法访问私有成员，访问 student1.＿＿show（）和 student1.＿＿name 报错：

```
AttributeError:'Student' object has no attribute '__show'
AttributeError:'Student' object has no attribute '__name'
```

注意，Python 并没有对私有成员提供严格的访问保护机制，可以通过一种特殊方式"对象名.＿类名＿＿xxx"，也可以在外部中访问私有成员，但这会破坏类的封装性，不建议这样做。

② 公有成员：成员名称不以双下划线和单下划线开头的成员。公有成员几乎在所有的地方都可以访问，在集成开发环境中，类名或实例名后加一个"."，会列出其所有的公有成员，如图 8-1 所示。

图 8-1　类、实例对象的公有成员

③ 系统的特殊成员：以双下划线开始和结束的成员，包括数据成员和成员方法，这里只讨论特殊方法。类的特殊方法是由 Python 解释器调用的，自己并不需要主动调用它。如构造方法 _ _ init _ _ （self）是在创建对象时自动调用，析构方法 _ _ del _ _ （self）是在销毁对象时自动调用，取长方法 _ _ len _ _ （self）是在使用 len 函数时自动调用，迭代方法 _ _ iter _ _ （self）是在使用 iter 函数时自动调用，迭代取值方法 _ _ next _ _ （self）是在使用 next 函数时自动调用，_ _ call _ _ （self）方法是在用"对象名（）"时自动调用。更多的特殊方法请参考相关资料。下面代码演示了 _ _ init _ _ （self）方法的使用。

```
class Student:
    def __init__(self,name,age):
        self.__name = name
        self.__age = age
        print("执行了构造方法,用于对私有数据成员初始化")

    def __del__(self):
        print("删除了对象:{}".format(self.__name))

if __name__ == "__main__":
    student1 = Student("李煜",45)
```

运行结果：

```
执行了构造方法,用于对私有数据成员初始化
删除了对象:李煜
```

（2）类方法和静态方法

类的公有方法和私有方法，包括系统特殊的成员方法，都有一个 self 参数，属于实例对象的成员方法，是可以被访问的实例对象成员。还有一类方法，方法体中只能访问类的成员，不能访问实例对象的成员，包括类方法和静态方法。这类方法都可以被类和实例对象调用和访问。

① 类方法。如果方法第一个参数是 cls，且加上类装饰器@classmethod，那么这个方法就是类方法。cls 代表这个类，类装饰器的相关知识参考任务扩展部分。下面演示了类

方法的定义和使用。

```
class Student:
    # 定义私有的类变量
    __number = 0
    def __init__(self,name,age):
        self.__name = name
        self.__age = age
        # 在实例对象方法中用:类名. 来访问类变量
        Student.__number += 1

    # 定义类方法
    @classmethod
    def show(cls):
        print("Student 类创建了 %d 个实例对象" % cls.__number)

if __name__ == "__main__":
    student1 = Student("李煜",45)
    Student.show()
    student2 = Student("李白",37)
    student2.show()
```

运行结果：

```
Student 类创建了 1 个实例对象
Student 类创建了 2 个实例对象
```

② 静态方法。如果类定义的方法第一个参数既不是 self 也不是 cls，且加上类装饰器 @staticmethod，那么这个方法就是静态方法。静态方法体中访问类变量时，使用“类名.”的方式。下面演示了静态方法的定义和使用。

```
class Student:
    # 定义私有的类变量
    __number = 0
    def __init__(self,name,age):
        self.__name = name
        self.__age = age
        # 在实例对象方法中用:类名. 来访问类变量
        Student.__number += 1

    # 定义静态方法
    @staticmethod
    def show():
```

```
        print("Student 类创建了%d 个实例对象" % Student.__number)

if __name__ == = "__main__":
    student1 = Student("李煜",45)
    Student.show()
    student2 = Student("李白",37)
    student2.show()
```

运行结果:

Student 类创建了 1 个实例对象
Student 类创建了 2 个实例对象

根据以上知识，本任务的程序代码如下。

2. 程序代码

```
# 定义类 Student
class Student:
    # 定义类私有变量__number
    __number = 0

    # 构造方法,方法体中定义了4个私有数据成员
    def __init__(self,name,sex,age,height):
        self.__name = name
        self.__sex = sex
        self.__age = age
        self.__height = height
        Student.__number += 1

    # 析构方法
    def __del__(self):
        Student.__number -= 1

    # 公有成员方法
    def show(self):
        print("学生信息:姓名-{},性别-{},年龄-{},身高-{}".
            format(self.__name,self.__sex,self.__age,self.__height))
        print("当前创建了{}个学生".format(Student.__number))

if __name__ == = '__main__':
    # 创建学生:张三
    student1 = Student("李煜","男",45,1.75)
    student1.show()
```

```
student2 = Student("李清照","女",37,1.66)
student2.show()
```

运行结果：

```
学生信息:姓名－李煜,性别－男,年龄－45,身高－1.75
当前创建了 1 个学生
学生信息:姓名－李清照,性别－女,年龄－37,身高－1.66
当前创建了 2 个学生
```

3. 任务拓展

在定义类方法时，使用到了类装饰器@classmethod，装饰器本质上是闭包。那么什么是闭包？什么是装饰器？什么是类装饰器？下面逐一介绍。

（1）闭包

一个外部函数嵌套了一个内部函数，内部函数可以引用外部函数的变量，外部函数的返回值是内部函数，这就是一个闭包。下面是示例。

```
def outer(a)：
  def inner(b)：
    return a + b
  return inner
```

执行时，调用外部函数，需两次传参，第一次传给外部函数的形式参数，该参数可被内部函数引用，最后返回 inner（b）的执行结果，而第二次传给内部函数的形式参数。比如调用 outer（4）（5）时，先将 4 赋值给 a，返回 inner（4）；再将 5 传入 b，最后返回 inner（5）的结果。调用及运行结果如下。

```
print(outer(4)(5))
9
```

（2）装饰器

装饰器是闭包的一种应用，也就是说装饰器就是一个闭包。装饰器是用于拓展原函数（闭包中的内部函数）功能的一种函数，它可以在不修改原函数代码情况下增加原函数的新功能，这里的装饰器是一个外部函数，故又称函数装饰器。装饰器的参数一般是一个函数对象。装饰器应用在函数定义之前，格式为@装饰器名。

先看下面程序：

```
def function1()：
    print("study hard")
def function2()：
    print("study hard")
function1()
function2()
```

程序运行结果：

```
study hard
study hard
```

单从结果看不出每条输出 study hard 是来自哪条语句。如果不想修改函数 function1 和 function1，而想得到输出 study hard 是来自哪个函数的调用，可以定义一个函数装饰器，然后把装饰器应用在两个函数的定义之前。下面是使用装饰器后的代码

```
# 定义一个装饰器,也就是闭包,参数是函数对象
def debug(obj):
    def inner():
        # 任何对象都有私有属性__name__,为该对象的名称
        print("当前进入函数{}()".format(obj.__name__))
        # 执行函数对象语句
        return obj()
    return inner


# 应用装饰器,用装饰器修饰的函数对象将作为参数传入闭包
@debug
def function1():
    print("study hard")
@debug
def function2():
    print("study hard")
function1()   # 相当于执行了 debug(function1)()
function2()   # 相当于执行了 debug(function2)()
```

运行结果如下：

```
当前进入函数 function1()
study hard
当前进入函数 function2()
study hard
```

由此可见，不修改函数 function1 和 function2 的函数体，定义装饰器 debug，并将装饰器应用于函数 function1 和 function2 前，便可知道输出结果 study hard 来自哪个函数的执行。

（3）类装饰器

类装饰器也是应用在函数定义之前，修饰格式为@类装饰器名。类装饰器的闭包是一个类，也就是外部为一个类而不是函数，该类通过构造方法传入类构造器修饰的函数对象，然后通过类的特殊方法 _ _ call _ _ 来实现类的自动调用。

将装饰器的示例代码改造为类装饰器，如下：

```
# 定义一个类装饰器,构造方法参数是函数对象
class debug:
# 将类装饰器修饰的函数对象传入构造方法
    def __init__(self,obj):
        self.obj = obj


    def __call__(self,*args,**kwargs):
        print("进入函数{}()".format(self.obj.__name__))
# 执行函数对象
        return self.obj(*args,**kwargs)


# 类装饰器修饰函数,它修饰的函数对象将作为参数传入闭包
@debug
def function1():
    print("study hard")
@debug
def function2():
    print("study hard")
function1()
function2()
```

运行结果如下：

```
当前进入函数 function1()
study hard
当前进入函数 function1()
study hard
```

任务 8.2　属性

　　要修改类的私有数据成员的值，需要在类中定义相应的公有成员方法，如果有大量私有数据成员，那么就会创建大量的公有成员方法。为此，Python 支持对外可访问的属性，把设置私有数据成员的成员方法隐藏起来，大大地减少了暴露在外的公有成员。可以使用装饰器创建属性，也可以使用内置函数 property 来创建属性，属性访问方式为“实例对象 . 属性名”。

任务 8.2.1　装饰器：年龄属性

　　要求用属性来实现对学生年龄的读、写、删除操作。

1. 任务分析

我们对实例对象的私有数据成员进行读取、修改、删除时，常规的做法是自己定义公有的成员方法来实现对学生年龄的读、写、删除操作，程序代码如下。

```
class Student:
    def __init__(self,age):
        self.__age = age

# 读取年龄的成员方法
    def getAge(self):
        return self.__age

# 更改年龄的成员方法
    def setAge(self,age):
        self.__age = age

# 删除年龄的成员方法
    def delAge(self):
        del self.__age

if __name__ = = "__main__":
student1 = Student(19)
    print("修改前年龄是:% d" % zs.getAge())
student1.setAge(20)
    print("修改后年龄是:% d" % zs.getAge())
student1.delAge()
    print("删除年龄后,读取年龄:% d" % zs.getAge())
```

运行结果：

```
AttributeError:'Student' object has no attribute '_Student__age'
修改前年龄是:19
修改后年龄是:21
```

上述方法虽然可行，但是对外暴露了 getAge、setAge、delAge 方法。Python 支持定义属性，一个属性对应着类中的一个私有数据成员，它整合了数据成员和成员方法，对外只暴露属性，支持通过属性实现对私有数据成员的读、写、删除等操作，访问方式为"对象.属性名"。

下面通过装饰器来创建属性。用@property 修饰成员方法创建只读属性，该成员方法的名称就是属性名；用@属性名.setter 修饰成员方法创建可写属性，成员方法名与属性名相同；用@属性名.deleter 修饰成员方法创建可删除属性，成员方法名与属性名相同。下面是实现学生的 age 属性的代码。

2. 程序代码

```
class Student:
    def __init__(self,age):
        self.__age = age

    # 只读属性
    @property
    def age(self):
        return self.__age

    # 可写属性
    @age.setter
    def age(self,age):
        self.__age = age

    # 删除属性
    @age.deleter
    def age(self):
        del self.__age

if __name__ == "__main__":
    student01 = Student(19)
    print("修改前年龄是:%d" % student01.age)
    student01.age = 21
    print("修改后年龄是:%d" % student01.age)
    del student01.age
    print("删除年龄后,读取年龄:%d" % student01.age)
```

注意，这里用装饰器修饰的成员方法名 age 只能作为属性使用。运行结果：

```
AttributeError:'Student' object has no attribute '_Student__age'
修改前年龄是:19
修改后年龄是:21
```

任务 8.2.2　property 函数：年龄属性

使用内置函数 property 创建学生年龄的属性 age。

1. 任务分析

用 property 函数创建属性的主要步骤：首先，创建私有的成员方法用于对私有的数据成员的读、写、删除操作；再用 property 函数，把私有方法名称作为参数传入，并返回属性。具体参看程序代码。

使用私有的成员方法完成对私有数据成员的操作，满足了类的封装性要求。

2. 程序代码

```
class Student:
    def __init__(self,age):
        self.__age = age

    # 定义私有方法,用于读
    def __getAge(self):
        return self.__age

    # 定义私有方法,用于写
    def __setAge(self,age):
        self.__age = age

    # 定义私有方法,用于删除
    def __delAge(self):
        del self.__age

    # 定义可读可写可删除的属性 age
    age = property(__getAge,__setAge,__delAge)


if __name__ == "__main__":
    student1 = Student(19)
    print("修改前年龄是:%d" % student1.age)
    student1.age = 21
    print("修改后年龄是:%d" % student1.age)
    del student1.age
    print("删除年龄后,读取年龄:%d" % student1.age)
```

相比之下,用内置函数 property 创建属性更为简单,运行结果:

```
AttributeError:'Student' object has no attribute '_Student__age'
修改前年龄是:19
修改后年龄是:21
```

任务 8.2.3 实例拓展:井字棋

井字棋是一种在 3×3 格子上进行的连珠游戏,又称井字游戏。井字棋的游戏有两名玩家,其中一个玩家画圈,另一个玩家画叉,轮流在 3×3 格子上画上自己的符号,最先在横向、纵向或斜线方向连成一条线的为胜利方。图 8-2 所示为画圈的一方为胜利者。

图 8-3 中描述的游戏流程如下:

图 8-2 井字棋

① 重置棋盘数据，清理之前一轮的对局数据，为本轮对局做好准备。

② 显示棋盘上每个格子的编号，让玩家熟悉落子位置。

③ 根据系统随机产生的结果确定先手玩家（先手使用 X）。

④ 当前落子一方落子。

⑤ 显示落子后的棋盘。

⑥ 判断落子一方是否胜利。若落子一方取得胜利，修改玩家得分，本轮对局结束，跳转至第⑨步。

⑦ 判断是否和棋。若出现和棋，本轮对局结束，跳转至第⑨步。

⑧ 交换落子方，跳转至第④步，继续本轮游戏。

⑨ 显示玩家当前对局比分。

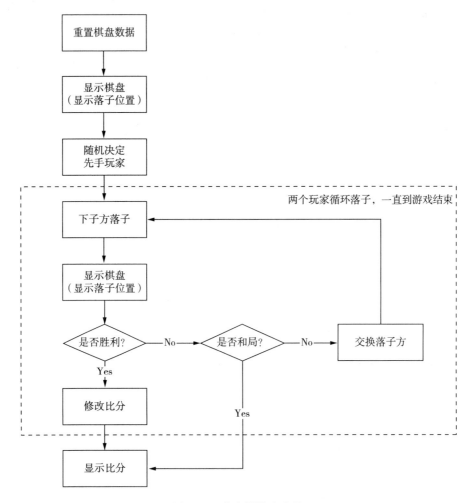

图 8-3　井字棋游戏流程

以上流程中，落子是游戏中的核心功能，如何落子则是体现电脑智能的关键步骤，实现智能落子有策略可循的。按照井字棋的游戏规则：当玩家每次落子后，玩家的棋子在棋盘的水平、垂直或者对角线任一方向连成一条直线，则表示玩家获胜。

因此，我们可以将电脑的落子位置按照优先级分成以下3种：

① 必胜落子位置。我方在该位置落子会获胜。一旦出现这种情况，显然应该毫不犹豫在这个位置落子。

② 必救落子位置。对方在该位置落子会获胜。如果我方暂时没有必胜落子位置，那么应该在必救落子位置落子，以阻止对方获胜。

③ 评估子力价值。评估子力价值，就是如果在该位置落子获胜的概率越高，子力价值就越大；获胜的概率越低，子力价值就越小。

如果当前的棋盘上，既没有必胜落子位置，也没有必救落子位置，那么就应该针对棋盘上的每一个空白位置寻找子力价值最高的位置落子。

要编写一个评估子力价值的程序，需要考虑诸多因素，这里我们选择了一种简单评估子力价值的方式——只考虑某个位置在空棋盘上的价值，而不考虑已有棋子以及落子之后的盘面变化。下面来看一下在空棋盘上不同位置落子的示意图，如图8-4所示。

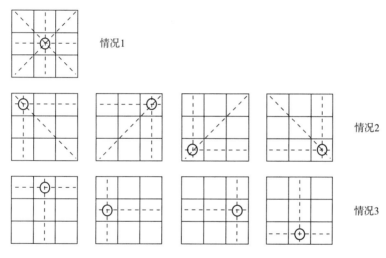

图8-4　棋盘落子示意图

观察图8-4不难发现，玩家在空棋盘上落子的位置可分为以下3种情况：

① 中心点，这个位置共有4个方向可能和其他棋子连接成直线，获胜的概率最高。

② 4个角位，这4个位置各自有3个方向可能和其他棋子连接成直线，获胜概率中等。

③ 4个边位，这4个位置各自有2个方向可能和其他棋子连接成直线，获胜概率最低。

综上所述，如果电脑在落子时，既没有必胜落子位置，也没有必救落子位置时，我们就可以让电脑按照胜率的高低来选择落子位置，也就是说，若棋盘的中心点没有棋子，则选择中心点作为落子位置；若中心点已有棋子，而角位没有棋子，则随机选择一个没有棋子的角位作为落子位置；若中心点和4个角位都有棋子，而边位没有棋子，则随机选择一个没有棋子的边位作为落子位置。

井字棋游戏一共需要设计4个类，不同的类创建的对象承担不同的职责，分别是：

① 游戏类（Game）：负责整个游戏流程的控制，是该游戏的入口。

② 棋盘类（Board）：负责显示棋盘、记录本轮对局数据以及判断胜利等和对弈相关的处理工作。

③ 玩家类（Player）：负责记录玩家姓名、棋子类型和得分以及实现玩家在棋盘上落子。

④ 电脑玩家类（AIPlayer）：玩家类的子类。在电脑玩家类中重写玩家类的落子方法，在重写的方法中实现电脑智能选择落子位置的功能。

设计后的类结构图如图 8-5 所示。

Game	
chess_board	棋盘
human	人玩家
computer	电脑玩家
random_player( )	随机决定先手玩家
play_round( )	完整对局
start( )	循环对局

Player	
name	姓名
score	得分
chess	棋子
move( )	玩家落子

Board	
board_data	棋盘数据
movable_list	可落子位置
show_board( )	显示棋盘
move_down( )	指定落子位置
is_draw( )	是否平局
is_win( )	是否胜利
reset_board( )	重置棋盘

AIPlayer	
move( )	电脑落子

图 8-5 类结构图

本实例中涉及多个类，为保证程序具有清晰的结构，可以将每个类的相关代码分别放置到与其同名的 py 文件中。另外，由于 Player 和 AIPlayer 类具有继承关系，可以将这两个类的代码放置到 player.py 文件中。

本实例的实现过程如下所示。

1. 创建项目

使用 PyCharm 创建一个名为"井字棋 V1.0"的文件夹，在该文件夹下分别创建 3 个 py 文件，分别为 board.py、game.py 与 player.py，此时程序的目录结构如图 8-6 所示。

由于棋盘类是井字棋游戏的重点，因此我们先开发 Board 类。

2. 设计 Board 类

（1）属性

井字棋的棋盘上共有 9 个格子落子，落子也是有位置可循的，因此这里使用列表作为棋盘的数据结构，列表中的元素则是棋盘上的棋子，它有以下

```
∨ ▇ 井字棋V1.0
    🗋 board.py
    🗋 game.py
    🗋 player.py
```

图 8-6 井字棋文件目录

3 种取值：

①" "表示没有落子，是初始值。

②" X"表示玩家在该位置下了一个 X 的棋子。

③" O"表示玩家在该位置下了一个 O 的棋子。

其中列表中的元素为" "的位置才允许玩家落子。为了让玩家明确可落子的位置，需要增加可落子列表。根据图 8-5 中设计的类图，在 board. py 文件中定义 Board 类，并在该类的构造方法中添加属性 board_data 和 movable_list，具体代码如下。

```python
class Board(object):
    """棋盘类"""
    def __init__(self):
        self.board_data = [" "] * 9          # 棋盘数据
        self.movable_list = list(range(9))    # 可移动列表
```

（2）show_board（）方法

show_board（）方法实现创建一个九宫格棋盘的功能。游戏过程中显示的棋盘分为两种情况，一种是新一轮游戏开始前显示的有索引的棋盘，让玩家明确棋盘格子与序号的对应关系；另一种是游戏中显示当前落子情况的棋盘，会在玩家每次落子后展示。在 Board 类中添加 show_board（）方法，并在该方法中传递一个参数 show_index，用于设置是否在棋盘中显示索引（默认为 False，表示不显示索引），具体代码如下。

```python
def show_board(self,show_index = False):
    """显示棋盘
    :param show_index:True 表示显示索引 / False 表示显示数据
    """
    for i in(0,3,6):
        print("   |   |   ")
        if show_index:
            print("  %d  |  %d  |  %d" %(i,i + 1,i + 2))
        else:
            print("  %s  |  %s  |  %s" %(self.board_data[i],
                                          self.board_data[i + 1],
                                          self.board_data[i + 2]))
        print("   |   |   ")
        if i ! = 6:
            print(" - " * 23)
```

（3）move_down（）方法

move_down（）方法实现在指定的位置落子的功能，该方法接收两个参数，分别是表示落子位置的 index 和表示落子类型（X 或者 O）的 chess，接收的这些参数都是落子前需要考虑的要素，具体代码如下。

```
def move_down(self,index,chess):
    """在指定位置落子
    :param index:列表索引
    :param chess:棋子类型 X 或 0
    """
    # 1. 判断 index 是否在可移动列表中
    if index not in self.movable_list:
        print("%d 位置不允许落子" % index)
        return
    # 2. 修改棋盘数据
    self.board_data[index] = chess
    # 3. 修改可移动列表
    self.movable_list.remove(index)
```

以上代码首先判断落子位置是否可以落子，如果可以就将棋子添加到 board_data 列表的对应位置，并从 movable_list 列表中删除。

（4）is_draw（）方法

is_draw（）方法实现判断游戏是否平局的功能，该方法会查看可落子索引列表中是否有值，若没有值表示棋盘中的棋子已经落满了，说明游戏平局，具体代码如下。

```
def is_draw(self):
    """是否平局"""
    return not self.movable_list
```

（5）is_win（）方法

is_draw（）方法实现判断游戏是否胜利的功能，该方法会先定义方向列表，再遍历方向列表判断游戏是否胜利，胜利则返回 True，否则返回 False，具体代码如下。

```
def is_win(self,chess,ai_index = -1):
    """是否胜利
    :param chess:玩家的棋子
    :param ai_index:预判索引,-1 直接判断当前棋盘数据
    """
    # 1. 定义检查方向列表
    check_dirs = [[0,1,2],[3,4,5],[6,7,8],
                  [0,3,6],[1,4,7],[2,5,8],
                  [0,4,8],[2,4,6]]
    # 2. 定义局部变量记录棋盘数据副本
    data = self.board_data.copy()
    # 判断是否预判胜利
    if ai_index > 0:
        data[ai_index] = chess
```

```
♯ 3. 遍历检查方向列表判断是否胜利
for item in check_dirs:
    if(data[item[0]] = = chess and
        data[item[1]] = = chess
            and data[item[2]] = = chess):
            return True
return False
```

注意，is_win（）方法的 ai_index 参数的默认值为－1，表示无须进行预判，即提示玩家最有利的落子位置；若该参数不为－1时，表示需要进行预判。

（6）reset_board（）方法

reset_board（）方法实现清空棋盘的功能，该方法中会先清空 movable_list，再将棋盘上的数据全部置为初始值，最后往 movable_list 中添加 0～8 的数字，具体代码如下。

```
def reset_board(self):
    """重置棋盘"""
    ♯ 1. 清空可移动列表数据
    self.movable_list.clear()
    ♯ 2. 重置数据
    for i in range(9):
        self.board_data[i] = " "
        self.movable_list.append(i)
```

3. 设计 Player 类

根据图 8-5 中设计的类图，在 player.py 文件中定义 Player 类，分别在该类中添加属性和方法，具体内容如下。

（1）属性

在 Player 类中添加 name、score、chess 属性，具体代码如下。

```
import board
import random
class Player(object):
    """玩家类"""
    def __init__(self,name):
        self.name = name      ♯ 姓名
        self.score = 0        ♯ 成绩
        self.chess = None   ♯ 棋子
```

（2）move（）方法

move（）方法实现玩家在指定位置落子的功能，该方法中会先提示用户棋盘上可落子的位置，之后使棋盘根据用户选择的位置重置棋盘数据后进行显示，具体代码如下。

```python
def move(self,chess_board):
    """在棋盘上落子
    :param chess_board:
    """

    # 1. 由用户输入要落子索引
    index = -1
    while index not in chess_board.movable_list:
        try:
            index = int(input("请"%s"输入落子位置 %s:" %
                (self.name,chess_board.movable_list)))
        except ValueError:
            pass
    # 2. 在指定位置落子
    chess_board.move_down(index,self.chess)
```

4. 设计 AIPlayer 类

根据图 8-5 中设计的类图，在 player.py 文件中定义继承自 Player 类的子类 AIPlayer。AIPlayer 类中重写了父类的 move（）方法，在该方法中需要增加分析中的策略，使得计算机玩家变得更加聪明，具体代码如下。

```python
class AIPlayer(Player):
    """智能玩家"""
    def move(self,chess_board):
        """在棋盘上落子
        :param chess_board:
        """
        print("%s 正在思考落子位置..." % self.name)
        # 1. 查找我方必胜落子位置
        for index in chess_board.movable_list:
            if chess_board.is_win(self.chess,index):
                print("走在 %d 位置必胜!!!" % index)
                chess_board.move_down(index,self.chess)
                return
        # 2. 查找地方必胜落子位置 - 我方必救位置
        other_chess = "O" if self.chess == "X" else "X"
        for index in chess_board.movable_list:
            if chess_board.is_win(other_chess,index):
                print("敌人走在 %d 位置必输,火速堵上!" % index)
                chess_board.move_down(index,self.chess)
                return
        # 3. 根据子力价值选择落子位置
        index = -1
```

```
# 没有落子的角位置列表
corners = list(set([0,2,6,8]).intersection(chess_board.movable_list))
# 没有落子的边位置列表
edges = list(set([1,3,5,7]).intersection(chess_board.movable_list))
if 4 in chess_board.movable_list:
    index = 4
elif corners:
    index = random.choice(corners)
elif edges:
    index = random.choice(edges)
# 在指定位置落子
chess_board.move_down(index,self.chess)
```

5. 设计 Game 类

根据图 8-5 中设计的类图，在 game.py 文件中定义 Game 类，分别在该类中添加属性和方法，具体内容如下。

（1）属性

在 Game 类中添加 chess_board、human、computer 属性，具体代码如下。

```
import random
import board
import player
class Game(object):
    """游戏类"""
    def __init__(self):
        self.chess_board = board.Board()          # 棋盘对象
        self.human = player.Player("玩家")          # 人类玩家对象
        self.computer = player.AIPlayer("电脑")     # 电脑玩家对象
```

（2）random_player() 方法

random_player() 方法实现随机生成先手玩家的功能，该方法中会先随机生成 0 和 1 两个数，选到数字 1 的玩家为先手玩家，然后再为两个玩家设置棋子类型，即先手玩家为 "X"，对手玩家为 "O"，具体代码如下。

```
def random_player(self):
    """随机先手玩家
    :return:落子先后顺序的玩家元组
    """
    # 随机到 1 表示玩家先手
    if random.randint(0,1) == 1:
        players = (self.human,self.computer)
    else:
```

```
    players = (self. computer,self. human)
# 设置玩家棋子
players[0]. chess = "X"
players[1]. chess = "O"
print("根据随机抽取结果 %s 先行" % players[0]. name)
return players
```

（3）play_round（）方法

play_round（）方法实现一轮完整对局的功能，该方法的逻辑可按照实例分析的一次流程完成，具体代码如下。

```
def play_round(self):
    """一轮完整对局"""
    # 1. 显示棋盘落子位置
    self. chess_board. show_board(True)
    # 2. 随机决定先手
    current_player,next_player = self. random_player()
    # 3. 两个玩家轮流落子
    while True：
        # 下子方落子
        current_player. move(self. chess_board)
        # 显示落子结果
        self. chess_board. show_board()
        # 是否胜利？
        if self. chess_board. is_win(current_player. chess):
            print("%s 战胜 %s" % (current_player. name,next_player. name))
            current_player. score += 1
            break
        # 是否平局
        if self. chess_board. is_draw():
            print("%s 和 %s 战成平局" % (current_player. name,next_player. name))
            break
        # 交换落子方
        current_player,next_player = next_player,current_player
    # 4. 显示比分
    print("[%s] 对战 [%s] 比分是 %d：%d" % (self. human. name,
                                        self. computer. name,
                                        self. human. score,
                                        self. computer. score))
```

从上述代码可以看出，大部分的功能都是通过游戏中各个对象访问属性或调用方法实现的，这正好体现了类的封装性的特点，即每个类分工完成各自的任务。

（4）start（）方法

start（）方法实现循环对局的功能，该方法中会在每轮对局结束之后询问玩家是否再来一局，若玩家选择是，则重置棋盘数据后开始新一轮对局；若玩家选择否，则会退出游戏，具体代码如下。

```python
def start(self):
    """循环开始对局"""
    while True:
        # 一轮完整对局
        self.play_round()
        # 询问是否继续
        is_continue = input("是否再来一盘(Y/N)?").upper()
        # 判断玩家输入
        if is_continue != "Y":
            break
        # 重置棋盘数据
        self.chess_board.reset_board()
```

最后在 game.py 文件中通过 Game 类对象调用 start（）方法启动井字棋游戏，具体代码如下。

```python
if __name__ == '__main__':
    Game().start()
```

任务 8.3　继承与多态

父类派生出子类，子类拥有父类的所有公有成员便是继承。代码复用是类的继承目标之一，类的继承也便于项目的层次化管理。父类和子类拥有同名成员方法是类的多态性表现之一。

抽象：抽象是抽取特定实例的共同特征。

封装：封装是将数据和数据处理过程封装成一个整体，以实现独立性很强的模块。

继承：继承描述的是类与类之间的关系，通过继承，新生类可以在无须赘写原有类的情况下，对原有类的功能进行扩展。

任务 8.3.1　类的继承：Student 继承 Person

Person 类包含私有数据成员"姓名"和"年龄"，通过自定义公有成员方法读、写这两个私有数据成员。Student 类是继承 Person 类的公有成员，并新增私有数据成员"学校"和用于显示学生信息的公有方法。通过类的继承完成本任务。

1. 任务分析

面向对象程序设计思想目标之一是实现代码复用，类的继承可达到代码复用的目的。

被继承的类称为父类、基类，继承父类的类称为子类、派生类。子类可继承父类的公有成员，不能继承私有成员。子类继承父类，子类是对父类的二次开发和扩展。Python 支持多继承。实际上，本项目之前创建类的所有示例中，创建的类都是继承自基类 object，语句 class Student：等效于 class Student（object）：。

子类继承父类的定义一般形式为：

```
class 子类名(父类名 1 [,父类名 2,…])：
    类体
```

在子类中，访问父类的公有数据成员直接使用"self."，而调用父类公有成员方法有两种方式：

① 父类名 . 公有成员方法（含 self 在内参数）。

② super（子类名，self）. 公有成员方法（除 self 之外的参数）。

比如在子类中调用父类的构造方法，方法一：父类名 . _ _ init _ _（含 self 在内参数）；方法二：super（子类名，self）. _ _ init _ _（除 self 之外的参数）。使用继承实现任务的代码如下。

2. 程序代码

```python
class Person(object):
    # 父类的构造方法
    def __init__(self,name,age):
        self.setName(name)
        self.setAge(age)
    # 定义公有成员方法,管理私有数据成员__name
    def setName(self,name):
        self.__name = name
    def getName(self):
        return self.__name
    def setAge(self,age):
        self.__age = age
    def getAge(self):
        return self.__age


class Student(Person):
    # 子类的构造方法
    def __init__(self,name,age,school):
        # 调用父类的构造方法 1:父类名 .__init__(含 self 在内参数)
        # Person.__init__(self,name,age)
        # 调用父类的构造方法 2:super(子类名,self).__init__(除 self 之外的参数)
        super(Student,self).__init__(name,age)
        self.__school = school
```

```
# 子类扩展的公有方法
def show(self):
    print("姓名:%s,年龄:%d,出生地:%s" %(Person.getName(self),
        super(Student,self).getAge(),self.__school))
if __name__ == "__main__":
student1 = Student("李煜",18,"长安")
student1.show()
```

运行结果:

```
姓名:李煜,年龄:18,出生地:长安
```

任务8.3.2　类的多态性:重写方法

Animal 类包括私有数据成员"name"和公有成员方法 shout()和 getName(),子类 Cat 和 Dog 都继承自 Animal 类,并都重写 shout 方法。Cat 类生成实例对象 tom,Dog 类生成实例对象 spike,执行 tom 和 spike 的 shout 方法,并验证 tom 是否都是 Animal 和 Cat 的实例。

1. 任务分析

多态性依赖继承性,是指一个事物有多种形态,如方法的多态性、实例的多态性等。这里,如 Animal 类和 Cat 类都有 shout 方法,体现了方法的多态性;tom 既是 Cat 类的实例,也是 Animal 类的实例,体现了实例的多态性。

这里子类没有扩展数据成员,无须重写构造方法,生成实例对象时将直接调用父类的构造方法。判断一个实例对象是否为类的实例,使用 isinstance(实例对象,类名)方法。

基于上述知识,本任务程序代码如下。

2. 程序代码

```
# 基类
class Animal(object):
    def __init__(self,name):
        self.__name = name
    def shout(self):
        print("animal run")
    def getName(self):
        return self.__name


# 子类 Pig
class Pig(Animal):
    # 子类重新定义了父类的 shout 方法,是多态性的表现之一
    def shout(self):
        print("%s:pig run" % Animal.getName(self))
```

```
# 子类 Mouse
class Mouse(Animal):
    # 子类重新定义了父类的 shout 方法,是多态性的表现之一
    def shout(self):
        print("%s:Mouse run" % Animal.getName(self))


peppe = Pig("佩奇")
peppe.shout()
jerry = Mouse("杰克")
jerry.shout()
print("peppe 是 Animal 类的实例吗:",isinstance(peppe,Animal))
print("peppe 是 Pig 类的实例吗:",isinstance(peppe,Pig))
```

运行结果:

```
佩奇:pig run
杰克:Mouse run
peppe 是 Animal 类的实例吗:True
peppe 是 Pig 类的实例吗:True
```

任务 8.4　迭代器与生成器

迭代器和生成器是 Python 的特性。列表、元组、字典等都是可迭代对象。我们自己创建迭代器类,由它生成迭代器对象。迭代器对象支持 next 函数获取数据,该数据来自迭代器类的 _ _next_ _ 方法的返回值。可以使用生成器来创建迭代器,从而可得到可迭代对象。生成器表达式可直接生成一个生成器对象。

任务 8.4.1　用迭代器对象输出数据

Family 类有个列表类型的私有数据成员 _ _member,存放家庭成员称呼,从控制台获取成员称呼。要求创建迭代器类,实现成员称呼的迭代输出。

1. 任务分析

大多数容器对象,如元组、列表、字典、集合、字符串等,都可以用 for 语句结构访问各个元素,如 for item in [1,2,3],这种访问风格清晰、简洁。在底层,for 语句会在容器对象上调用内置 iter 迭代函数对列表生成一个迭代器对象,从而逐一访问容器的元素。迭代器和生成器都是 Python 中特有的概念。

迭代器是一个特殊的类,该类实现了 _ _iter_ _ 和 _ _next_ _ 方法, _ _iter_ _ 方法返回迭代器自身, _ _next_ _ 方法返回迭代器的下一个值,如果没有了数据,抛出 StopIteration 异常表示迭代已经完成。换言之,任何实现了 _ _iter_ _ 和 _ _next_ _ 方法的类都是迭代器。

任何一个类，都可以按照上述规则，变成一个迭代器。iter 函数作用于迭代器时返回迭代器自身，next 函数则返回迭代器对象的下一个值，所取的值取决于迭代器类中 _ _next _ _ 方法的返回值，如果迭代完成则抛出异常 StopIteration。

列表之类的容器使用 iter 函数生成一个迭代器对象，因此这些容器对象又称为可迭代对象。下面创建一个迭代器：Reverse 类，该类用于将字符串反向逐一输出字符。该类中，实现了 _ _iter _ _ 和 _ _next _ _ 方法，故它是一个迭代器。

```python
class Reverse:
    # 构造方法,用于初始化字符串数据和索引
    def __init__(self,data):
        self.__data = data
        self.__index = len(data)

    # 类的特殊方法,返回迭代器对象本身
    def __iter__(self):
        return self

    # 类的特殊方法,用于获取下一个值
    def __next__(self):
        # 输出完所有元素后,抛出 StopIteration 异常,结束迭代
        if self.__index == 0:
            raise StopIteration
        self.__index = self.__index - 1
        # 每次取字符串中的一个元素
        return self.__data[self.__index]

if __name__ == '__main__':
    rev = Reverse("study hard")
    # 1. 使用 for 结构迭代输出
    # for item in rev:
    # print(item,end = "")
    # 2. 使用 while 结构迭代输出
    while True:
        try:
            print(next(rev),end = "")
        except StopIteration:
            break
```

上述代码就是一个迭代器类，用它生成一个迭代器对象 rev 后，便可用在循环结构中用 next 函数获取 rev 的每个值。注意，for 结构不会抛出异常，while 结构中要处理因用 next 函数迭代结束后抛出的异常。示例中，迭代输出只能执行一次，故注释第一种方法。运行结果如下。

参照上述示例和知识，本任务代码如下。

2. 程序代码

```
class Mountain(object):
    def __init__(self):
        # 列表类型的私有成员,存放称呼
        self.__member = []
        # 私有成员,存放迭代时的索引位置
        self.__index = -1

    # 成员方法,添加称呼用
    def add(self,name):
        self.__member.append(name)

    #系统特殊方法__iter__
    def __iter__(self):
        return self

    #系统特殊方法__next__
    def __next__(self):
        if self.__index < len(self.__member)-1:
            self.__index += 1
            return self.__member[self.__index]
        else:
            raise StopIteration

china = Mountain()
china.add('华山')
china.add('衡山')
china.add('泰山')
china.add('嵩山')
for item in china:
    print(item,end = ' ')
```

运行结果：

华山　衡山　泰山　嵩山

任务 8.4.2　使用生成器输出数据

Family 类有个列表类型的私有数据成员 __member，存放家庭成员称呼，要求创建生成器，实现成员称呼的迭代输出。

1. 任务分析

生成器是一个用于创建迭代器的工具，写法类似于标准的函数，当它们要返回数据时会使用 yield 语句，而不是 return 语句。每次在生成器上调用 next 时，它会从上次离开的位置恢复执行（它会记住上次执行语句时的所有数据值）。生成器无须编写 ＿＿iter＿＿ 和 ＿＿next＿＿ 方法，因为它会自动创建它们，当生成器终结时，会自动引发 StopIteration 异常。

生成器具有懒加载特性，只有执行 next 函数取下一个值或每次迭代时，生成器对象才会生成该值。下面通过生成器来实现字符串的反向输出。

```
# 定义生成器 reverse,参数为字符串数据
def reverse(data):
    for index in range(len(data) - 1, - 1, - 1):
        yield data[index]
rev = reverse("study hard")
for item in rev:
    print(item,end = ")
```

运行结果：

```
drah yduts
```

可见，相比迭代器，生成器的代码非常简洁。本任务的程序代码如下。

2. 程序代码

```
class Mountain(object):
    def __init__(self):
        # 私有成员,存放称呼
        self.__member = []

        # 成员方法,添加称呼用
    def add(self,name):
        self.__member.append(name)

        # 成员方法,获取家庭成员列表
    def getMember(self):
        return self.__member

# 此生成器传入的参数是 Family 类产生的对象
def getMember(f):
    listMember = f.getMember()
    for index in range(len(listMember)):
        yield listMember[index]
```

```
china = Mountain()
china.add('华山')
china.add('衡山')
china.add('泰山')
china.add('嵩山')
result = getMember(china)
for item in result:
    print(item,end = ' ')
```

运行结果：

华山　衡山　泰山　嵩山

3. 任务拓展

我们知道列表推导式：[i * 2 for i in range (10)] 可得到列表 [0，2，4，6，8，10，12，14，16，18]。如果外层方括号改成圆括号就是生成器表达式，(i * 2 for i in range (10)) 将得到一个生成器对象。列表推导式得到的列表是一次性存储在内存中，而生成器表达式具有懒加载特性，需要从生成器取一个值时才会加载到内存，从而可节省内存。

生成器对象可以直接使用 sum、max、min、list 等函数进行计算和处理，本质上是使用函数计算所有的返回值，如计算两个向量积可写成：

```
vec_a = [3,5,8]
vec_b = [7,5,4]
print(sum(a * b for a,b in zip(vec_a,vec_b)))
```

zip 函数生成可迭代的 zip 对象，其元素是两个列表相应索引位的值组成的元组，运行结果为：

本项目从面向对象编程思想出发，介绍了类和实例对象的关系，类的数据成员、成员方法、私有成员和公有成员、类方法和静态方法等。封装性、继承性、多态性是类的三大基本特性。面向对象编程的过程是定义类，再以类作为蓝图、模板生成一个个具体的实例。另外，本项目还介绍 Python 特有的装饰器、迭代器、生成器知识。

一、选择题

1. Python 类中定义私有属性的方法是 _____。

A. 使用 private 关键字　　　　　　　　　B. 使用 _ _（双下划线）

C. 无法声明　　　　　　　　　　　　　D. 使用 _

2. 在下列各项中，不属于面向对象编程基本特征的是_____。

A. 继承　　　　　B. 可维护性　　　　C. 封装　　　　D. 多态

3. 要在类中定义构造方法，函数必须是_____。

A. _ init _　　　　B. init　　　　C. _ _ init　　　　D. _ _ init _ _

4. 在每个 Python 类中，都包含一个特殊的变量_____。它表示当前实例对象自身，可以使用它来引用成员变量和成员方法。

A. this　　　　B. me　　　　C. self　　　　D. 与类同名

5. 要将一个成员函数定义成静态方法，必须对它应用_____装饰器。

A. @classmethod　　B. @class　　C. @static　　D. @staticmethod

6. 相同的类不同实例之间不具备_____。

A. 相同的对象名　　B. 相同的属性集合　　C. 相同的操作集合　　D. 不同的对象名

7. 在 Python 中，定义类使用的关键字为_____。

A. object　　　　B. class　　　　C. key　　　　D. type

8. 在 Python 的类定义中，对类变量的访问形式为_____。

A. <对象>. <变量>　　　　　　　　B. <类名>. <变量>

C. <对象>. 方法（变量）　　　　　　D. <类名>. 方法（变量）

9. （多选题）子类 B 中的实例函数 f 要调用父类 A 中的实例函数 f，_____方法可行。

A. A. f（self）　　B. A. f（）　　C. super（）. f（）　　D. super. f（）

二、填空题

1. Python 使用_____关键字来定义类。

2. 类由_____、_____、_____ 3 个部分构成：

3. 有一个类 Student，现要为该类定义对象 stu，代码是_____。（stu＝Student（））

4. 面向对象编程的特性是_____、_____、_____。

5. 在 Python 中，不论类的名字是什么，构造方法的名字都是_____。

6. 继承和_____是实现多态的技术基础。

7. 面向对象的编程带来的主要好处之一是代码的重用，实现这种重用的方法是通过使用函数或_____。

8. 类方法必须包含参数_____，且为第一个参数。

9. 封装是在变量或方法名前加_____，封装后，私有的变量或方法只能在定义它们的类内部调用，在类外和子类中不能直接调用。

10. Python 运算符重载就是通过重写相关 Python 内置方法实现的。这些方法都是以_____开头和结尾的。

三、程序设计题

现成立学生竞赛小组，名额 3 人，让学生进行报名。可以单个报名，也可以几人同时报名，同时报名人数不得超过空余名额数。报名满后不再接受报名。

要求：

① 显示学生竞赛小组的空余名额、成员名单。

② 学生报名人数及名单，如：第一次，"张三"一人报名；第二次"李力、王明"二人报名；第三次，"刘红"一人报名。

③ 如果人数小于等于空余人数，则添加报名人数和名单到竞赛小组中；如果超过空余人数，则提示错误。

请用面向对象的方法设计程序并编码实现。

四、综合设计题

从早期的钱庄到现如今的银行，金融行业在不断地变革。随着科技的发展、计算机的普及，计算机技术在金融行业得到了广泛的应用。银行管理系统是一个集开户、查询、取款、存款、转账、锁定、解锁、退出等一系列功能于一体的管理系统，该系统中各功能的介绍如下。

① 开户功能：用户在 ATM 机上根据提示"请输入姓名："" 请输入身份证号："" 请输入手机号："等依次输入姓名、身份证号、手机号、预存金额、密码等信息，如果开户成功，系统随机生成一个不重复的 6 位数字卡号。

② 查询功能：根据用户输入的卡号、密码查询卡中余额，如果连续 3 次输入错误密码，该卡号会被锁定。

③ 取款功能：首先根据用户输入的卡号、密码显示卡中余额，如果连续 3 次输入错误密码，该卡号会被锁定；然后接收用户输入的取款金额，如果取款金额大于卡中余额或取款金额小于 0，系统进行提示并返回功能页面。

④ 存款功能：首先根据用户输入的卡号、密码显示卡中余额，如果连续 3 次输入错误密码，该卡号会被锁定，然后接收用户输入的取款金额，如果存款金额小于 0，系统进行提示并返回功能页面。

⑤ 转账功能：用户需要分别输入转出卡号与转入卡号，如果连续 3 次输入错误密码，卡号会被锁定。当输入转账金额后，需要用户再次确认是否执行转账功能；如果确定执行转账功能，转出卡与转入卡做相应金额计算；如果取消转账功能，则退回之前操作。

⑥ 锁定功能：根据输入的卡号密码执行锁定功能，锁定之后该卡不能执行查询、取款、存款、转账等操作。

⑦ 解锁功能：根据输入的卡号密码执行解锁功能，解锁后能对该卡执行查询、取款、存款、转账等操作。

⑧ 存盘功能：执行存盘功能后，程序执行的数据会写入本地文件中。

⑨ 退出功能：执行退出功能时，需要输入管理员的账户密码，如果输入的账号密码错误，则返回功能页面；如果输入的账号密码正确，则执行存盘并退出系统。

本实例要求编写程序，实现一个具有上述功能的银行管理系统。

答案解析

实际生活中，银行管理系统在由银行工作人员打开时先显示欢迎界面，之后工作人员输入管理员账号与密码，银行管理系统被启动，启动后进入系统功能页面，可观察到该页面中展示了使用 ATM 机可办理的所有业务，包括开户（1）、查询（2）、取款（3）、存款（4）、转账（5）、锁定（6）、解锁（7）、退出（Q）等。用户可根据自己需求选择相应业务的编号，并按照提示完成相应的操作。

从以上模拟的过程中可知，要实现银行管理系统需要用到 5 种对象，分别是管理员、ATM 机、银行卡、用户、银行管理系统。因此，我们需要设计 5 个类承担不同的职责，关于这些类的说明如下：

① 银行管理系统类（HomePage）：负责提供整个系统流程的相关操作，包括打印欢迎登录界面和功能界面、接收用户输入、保存用户数据等。

② ATM 机类（ATM）：负责处理系统中各个功能的相关操作，包括开户、查询、取款、存款、转账、锁定、解锁、退出功能。

③ 管理员类（Admin）：负责提供检测管理员账号与密码、显示欢迎登录界面和功能界面的相关操作。

④ 用户类（User）：负责提供用户对象的相关操作。

⑤ 银行卡（Card）：负责提供银行卡对象的相关操作。

设计后的类结构如图 8-7 所示。

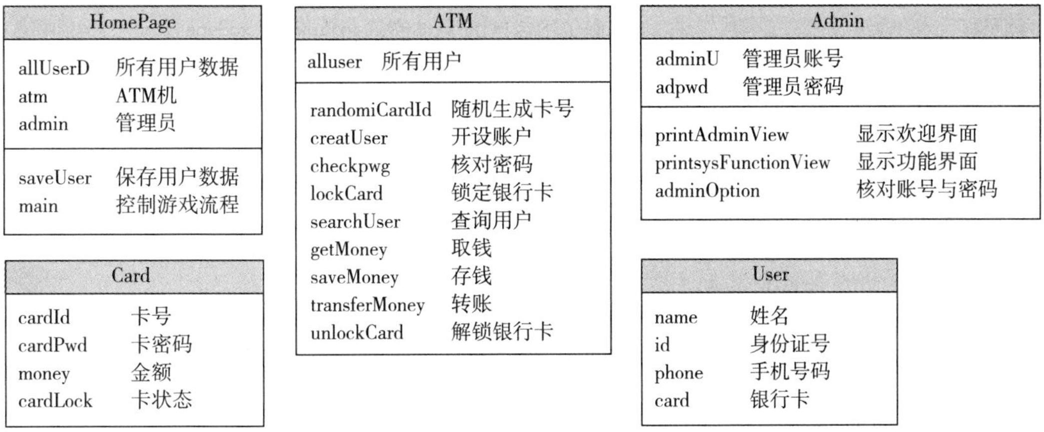

HomePage	
allUserD	所有用户数据
atm	ATM机
admin	管理员
saveUser	保存用户数据
main	控制游戏流程

ATM	
alluser	所有用户
randomiCardId	随机生成卡号
creatUser	开设账户
checkpwg	核对密码
lockCard	锁定银行卡
searchUser	查询用户
getMoney	取钱
saveMoney	存钱
transferMoney	转账
unlockCard	解锁银行卡

Admin	
adminU	管理员账号
adpwd	管理员密码
printAdminView	显示欢迎界面
printsysFunctionView	显示功能界面
adminOption	核对账号与密码

Card	
cardId	卡号
cardPwd	卡密码
money	金额
cardLock	卡状态

User	
name	姓名
id	身份证号
phone	手机号码
card	银行卡

图 8-7　类设计图

本实例中涉及多个类，为保证程序具有清晰的结构，可以将每个类的相关代码分别放置到与其同名的 .py 文件中。

项目 9   Tkinter 界面编程

Python 提供了几种用于图形用户界面（GUI）的模块，包括 Tkinter、PyQt 和 wxWidgets 等。其中，Tkinter 模块是对 Tk 工具包的 Python 接口封装，可以在大多数 Unix 平台、Windows 和 Mac 系统中使用。Python 官方的开发环境 IDLE 就是基于 Tkinter 开发的。接下来将以任务的方式介绍如何创建和使用主窗口对象以及常用控件，包括标签、按钮、文本框、列表框和下拉框。

项目任务

- 创建主窗口对象
- 学习使用常用控件对象

学习目标

- 掌握用 Tkinter 模块创建主窗口对象
- 掌握常用控件的创建和使用
- 理解并掌握三种布局管理器的使用
- 掌握窗口和控件的事件处理

任务 9.1   主窗口对象

导入 Tkinter 模块后，几行代码就能得到一个图形化应用程序，根据具体情况设置主窗口样式、放置标签对象。另外，Tkinter 应用程序支持在 Windows 环境下独立运行。本任务开始简单的图形化应用程序。

任务 9.1.1   Tkinter 模块：运行第一个图形化应用程序

使用 Tkinter 模块生成一个图形化应用程序。

1. 任务分析

我们通常在控制台运行 Python 应用程序，但 Python 也支持使用内置模块 Tkinter 或其他第三方模块创建图形化应用程序。Tkinter 提供了大部分图形界面所需的组件（控件），包括窗口、标签、按钮、文本框、列表框、下拉框、进度条、滚动条、对话框和菜单等。

要使用 Tkinter 模块，首先导入它：import Tkinter。然后，可以通过 Tkinter.Tk（）命令创建主窗口对象。为了让窗口应用程序保持运行状态，需要调用主窗口对象的 mainloop（）方法进入消息循环。下面的三行代码就足以运行一个简单的图形化应用程序。

2. 程序代码

```
import tkinter
# 创建主窗口对象
main = tkinter.Tk()
# 进入消息循环
main.mainloop()
```

运行结果如图 9-1 所示。

3. 任务拓展

通常情况下，Python 源代码文件需要 Python 解释器来运行。因此，关闭解释器窗口会导致 GUI 程序自动退出。为了让程序在 Windows 环境下独立运行，可以执行命令：Pythonw ***.py。这样，即使关闭了命令行窗口，应用程序仍然会正常运行。图 9-2 展示了独立运行应用程序的命令。

图 9-1　第一个图形化应用程序图

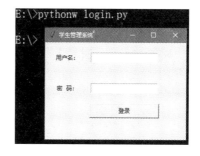

图 9-2　独立运行图形化应用程序

任务 9.1.2　标签控件：带标签的图形化应用程序

编写一个使用 Tkinter 模块的图形化应用程序，其中包含一个标签控件。我们将窗口标题设置为"Python 程序设计"，大小为 400×200 像素，背景颜色为"#FFFFCC"，并更换图标。标签内容为"不忘初心，牢记使命"，背景颜色为绿色，文字颜色为粉色，字体为微软雅黑、加粗、倾斜，大小为 20 像素，水平填充背景色，放置在顶端，标题偏移 5 像素。

1. 任务分析

① 使用主窗口对象的 title 方法设置标题。

② 使用 geometry 方法设置窗口大小和位置。

③ 将图标文件 favicon. ico 放置在当前程序文件目录中。

④ 使用窗口对象的 ［" background"］属性设置背景颜色。

⑤ 创建一个标签控件，设置其内容、背景色、文字颜色、字体等属性。

⑥ 使用标签对象的 pack 方法设置布局，包括放置位置、填充背景色方向、与其他组件的间距等。

2. 程序代码

```python
from tkinter import *
main = Tk()
# 设置窗口 title
main.title('Python 程序设计')
# 获取屏幕宽度和高度
width = main.winfo_screenwidth()
height = main.winfo_screenheight()
# 设置窗口大小和居中显示,格式为:宽 x 高 + 窗口左上角点的水平坐标 + 垂直坐标
main.geometry('400x200 + %d + %d' % ((width - 400)/2,(height - 300)/2))
# 设置窗口被允许最大调整的范围
main.maxsize(800,600)
# 设置窗口被允许最小调整的范围
main.minsize(200,150)
# 设置窗口的图标
main.iconbitmap('favicon.ico')
# 设置主窗口的背景颜色,支持英文单词、十六进制颜色值、Tk 内置的颜色常量
main["background"] = "#FFFFCC"
# 添加标签控件
lbl = Label(main,text = "不忘初心,牢记使命",bg = "green",fg = "pink",font = ('微软雅黑',20,'bold italic'))
lbl.pack(fill = "x",pady = '5px',side = 'top')
# 进入消息循环
main.mainloop()
```

运行结果如图 9 - 3 所示。

图 9 - 3 带标签的图形化应用程序

3. 任务拓展

① Tkinter 常用的组件见表 9-1 所列。

表 9-1 常用的组件

控件名称	描述
Button	按钮控件；显示按钮
Canvas	画布控件；显示图形元素，如线条或文本
Checkbutton	多选框控件；显示多项选择框
Entry	输入控件；用于输入简单的文本内容
Frame	框架控件；显示一个矩形区域，常用作容器使用
Label	标签控件；显示文本和位图
Listbox	列表框控件；显示一个字符串列表
Menubutton	菜单按钮控件：显示菜单项
Menu	菜单控件；显示菜单栏、下拉菜单和弹出菜单
Message	消息控件；显示多行文本，与 label 比较类似
Radiobutton	单选按钮控件；显示单选的按钮
Scale	范围控件；显示一个数值刻度，用于限定范围的数字区间
Scrollbar	滚动条控件：当内容超过可视化区域时使用，如列表框
Text	文本控件；用于输入多行文本
Toplevel	容器控件；用来提供一个单独的对话框，和 Frame 比较类似
Spinbox	输入控件；与 Entry 类似，它可以指定输入范围值
PanedWindow	窗口布局管理器：可以包含一个或者多个子控件
LabelFrame	容器控件；常用于复杂的窗口布局
messagebox	消息框控件；显示应用程序的消息框，用 import Tkinter. messagebox 导入

② Tkinter 组件通用的属性见表 9-2 所列。

表 9-2 通用的属性

属性名称	描述
anchor	锚点，对控件或文字信息进行定位，取值可以为：" n"" ne"" e"" se"" s" " sw"" w"" nw" 和 " center"
bg 或 background	设置背景色，可以是颜色的英文单词、十六进制数、内置颜色常量
bitmap	显示在控件内的位图文件
borderwidth	控件的边框宽度，单位是像素
command	控件执行事件函数，如按钮单击执行特定的动作，或自定义函数

（续表）

属性名称	描述
cursor	鼠标指针的类型，字符串形参数，'crosshair'（十字光标）、'watch'（待加载圆圈）、'plus'（加号）、'arrow'（箭头）、'hand2'（手型）等
font	设置控件内容的字体，元组类型参数（字体、大小、样式）
fg 或 foreground	设置前景色，字体颜色
height	设置控件的高度，文本控件以字符的数目为高度，其他控件则以像素为单位
image	显示在控件内的图片文件
ipadx、ipady	控件内的文字或图片与控件边框之间的水平、垂直距离，单位像素
justify	多行文字的排列方式，值可以是'left''center''right'
padx、pady	控件对象与其他控件对象的水平、垂直距离，单位像素
relief	控件的边框样式，参数值为'flat'（平的）、'raised'（凸起的）、'sunken'（凹陷的）、'groove'（沟槽桩边缘）、'ridge'（脊状边缘）
side	控件放置位置，可以为"left""right""top""bottom"
text	控件的标题文字
state	控件可用状态，参数值'normal''disabled'，默认为'normal'
width	设置控件的宽度，文本控件以字符的数目为宽度，其他控件则以像素为单位

说明：Tkinter 模块定义了许多字符串常量，可以替换上述字符串值，如'left'可用 LEFT 替换，使用之前通过 from Tkinter import * 导入。

任务 9.2 常用控件对象

任务 9.1.2 中列出了 Tkinter 常用的组件及组件常用的属性。接下来较为详细地介绍各种组件的创建和美化，处理组件交互数据和事件，组件的 pack、place、grid 三种布局方式。这一切都需要通过代码实现。接下来从标签控件开始。

任务 9.2.1 标签控件：制作计数器

在主窗口放置三个标签控件，分别显示静态文本、图片、动态文本，效果如图 9-4 所示。

1. 任务分析

任务 9.1.2 中初次接触标签控件 Label，在代码中设置文本、背景色、字体色、字体、布局。本任务将学习用标签对象创建样式更丰富的静态文本、图片、动态文本。

（1）创建静态文本的标签

下面的代码演示了如何使用标签对象的构造方法创建静态文本。在这个例子中，main

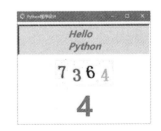

图 9-4 标签控件的使用

参数表示该静态文本的父容器对象，text 参数表示静态文本的内容。padx 和 pady 参数分别设置了文本与标签边框的水平和垂直间距。布局时，水平方向完全填充背景色，而 padx 的值不会影响布局。borderwidth 参数设置了边框的宽度，relief 参数设置了边框的样式为凹陷边框，cursor 参数表示鼠标移入时显示手型。

```
lbl1 = Label(main,text = "Hello\nPython",bg = "#ffccdd",fg = "red",font = ('微软雅黑',20,
'bold italic'),justify = ' left',padx = 10,pady = 5,borderwidth = 5,relief = ' sunken ',cursor =
'hand2')
lbl1.pack(fill = "x",pady = '5px',side = 'top')
```

（2）创建放置图片的标签

要在标签对象上显示图片，先用 Tkinter 模块库中的 PhotoImage 生成图像对象，然后将标签的 image 参数设置为图像对象即可。

（3）创建动态文本的标签

参数 text 用于设置标签的静态文本，如果要动态更新标签的内容，需要指定参数 textvariable 的值，该参数的值是动态数据类型变量。

① 动态数据类型。在程序运行过程中，有些控件显示或输入的信息会发生变化，那么就需要用到动态数据类型。根据数据类型（字符串、布尔值、浮点型、整型）的不同，有对应的动态数据类型，创建这些动态数据要用到 Tkinter 的对应方法，包括：StringVar、BooleanVar、DoubleVar、IntVar。如 username = Tkinter.StringVar（）。

动态数据对象主要有两个方法，set 和 get 分别表示给动态数据对象设置和获取数据，get 方法获取到字符串类型数据。

② 动态数据和标签绑定。通过标签控件的参数 textvariable 和动态数据变量进行绑定。

③ 这里以计数作为动态显示的内容，每隔 1s 加 1。为此定义一个函数，是一个递归函数，在函数体里用主窗口对象的 after 方法来递归调用函数自身。注意，需要在主窗口进入消息循环之前调用该方法，相关代码参考下面。

2. 程序代码

```
import tkinter
from tkinter import *
# 添加静态文本标签对象
lbl1 = Label(main,text = "Hello\nPython",bg = "#ffccdd",fg = "red",
        font = ('微软雅黑',20,'bold italic'),justify = 'left',padx = 10,
        pady = 5,borderwidth = 5,relief = 'sunken',cursor = 'hand2')
lbl1.pack(fill = "x",pady = '5px',side = 'top')
# 创建图像对象
img = PhotoImage(file = 'test.png')
# 创建图片标签对象
lbl2 = Label(main,image = img)
```

```
lbl2.pack(pady='5px',side='top')
# 创建动态文本标签对象
num = StringVar()
num.set(0)
lbl3 = Label(main,textvariable=num,bg='#FFFFCC',fg="red",font=('微软雅黑',60,'bold'))
lbl3.pack(fill="x",pady='5px',side='top')
# 自定义计数函数
def getnum():
    # 设置动态数据对象的值
    num.set(int(num.get())+1)
# 主窗体每隔 1s 执行 getnum()函数
    main.after(1000,getnum)


if __name__ == '__main__':
    # 执行计数函数
    getnum()
    main.mainloop()
```

3. 任务拓展

Message 控件的设置几乎和 Label 一样，主要用于在显示多行标签时会自动换行，本书不介绍。

任务 9.2.2　按钮控件：设计计算器

设计一款计算器，各种组件布局如图 9-5 所示。

1. 任务分析

按钮对象是用 Tkinter 模块的 Button 标签来创建。所有按钮采用相同字体，为此定义字体元组（'黑体',30,"bold"）、（'黑体',20）、（'宋体',20），在按钮对象构造方法的 font 参数传入元组变量。按钮控件的主要参数和标签控件相似，这里不再赘述。

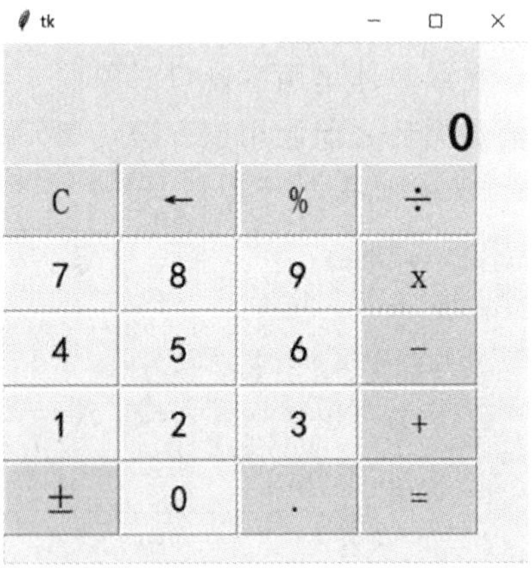

接下来介绍主窗口中控件对象的三种布局。

（1）相对布局 pack

① 相对布局根据控件添加的顺序进行排列，不够灵活。

② pack 布局的主要参数是 side，可以设置为' top'（默认）、' left'、' right'、' bottom'，分别表示上、左、右、下对齐。

③ 在 pack 方法中不能直接设置控件的宽度和高度，需要在控件的构造方法中通过 width 和 height 参数来设置，单位是字符数。

图 9-5　计算器设计

示例：

```
import tkinter
from tkinter import *
# 创建主窗口对象
main = tkinter.Tk()
lbl_welcome = Label(main,text='欢迎 Python',bg="#90EE90",height=4,relief=GROOVE)
# 沿水平方向填充背景色,文字与边框间距为 10 像素
lbl_welcome.pack(fill='x',ipadx=10,ipady=10,side='top')
btn_ok = Button(main,text="确定",bg="#BDB76B",fg='#660000',width=10,height=2)
# 按钮与主窗口间距为 20 像素,与标签对象间距 10 像素
btn_ok.pack(side='left',padx=20,pady='10px')
btn_cancel = Button(main,text="取消",bg="#BDB76B",fg='#660000',width=10,height=2)
btn_cancel.pack(side='right',padx=20)
main.mainloop()
```

运行效果如图 9-6 所示。

图 9-6　控件的 pack 布局

（2）绝对布局 place

可以指定控件放置位置和设定组件大小，灵活性好。位置由 x 和 y 值设置，控件大小由 width 和 height 设置。

示例：

```
import tkinter
from tkinter import *

# 创建主窗口对象
main = tkinter.Tk()
btn_1 = Button(main,text='1',bg='#F0F0F0',font=('',24,'bold'),borderwidth=1,relief=
'ridge')
```

```
    btn_1.place(x = 50 + 90 * 0,y = 20 + 55 * 0,width = 88,height = 53)
    btn_2 = Button(main,text = '2',bg = '#F0F0F0',font = ('',24,'bold'),borderwidth = 1,relief =
'ridge')
    btn_2.place(x = 50 + 90 * 1,y = 20 + 55 * 0,width = 88,height = 53)
    btn_3 = Button(main,text = '3',bg = '#F0F0F0',font = ('',24,'bold'),borderwidth = 1,relief =
'ridge')
    btn_3.place(x = 50 + 90 * 2,y = 20 + 55 * 0,width = 88,height = 53)
    btn_4 = Button(main,text = '4',bg = '#F0F0F0',font = ('',24,'bold'),borderwidth = 1,relief =
'ridge')
    btn_4.place(x = 50 + 90 * 0,y = 20 + 55 * 1,width = 88,height = 53)
    btn_5 = Button(main,text = '5',bg = '#F0F0F0',font = ('',24,'bold'),borderwidth = 1,relief =
'ridge')
    btn_5.place(x = 50 + 90 * 1,y = 20 + 55 * 1,width = 88,height = 53)
    btn_6 = Button(main,text = '6',bg = '#F0F0F0',font = ('',24,'bold'),borderwidth = 1,relief =
'ridge')
    btn_6.place(x = 50 + 90 * 2,y = 20 + 55 * 1,width = 88,height = 53)
    btn_7 = Button(main,text = '7',  bg = '#F0F0F0',font = ('',24,'bold'),borderwidth = 1,relief =
'ridge')
    btn_7.place(x = 50 + 90 * 0,y = 20 + 55 * 2,width = 88,height = 53)
    btn_8 = Button(main,text = '8',bg = '#F0F0F0',font = ('',24,'bold'),borderwidth = 1,relief =
'ridge')
    btn_8.place(x = 50 + 90 * 1,y = 20 + 55 * 2,width = 88,height = 53)
    btn_9 = Button(main,text = '9',bg = '#F0F0F0',font = ('',24,'bold'),borderwidth = 1,relief =
'ridge')
    btn_9.place(x = 50 + 90 * 2,y = 20 + 55 * 2,width = 88,height = 53)

# 进入消息循环
main.mainloop()
```

运行结果如图 9 - 7 所示。

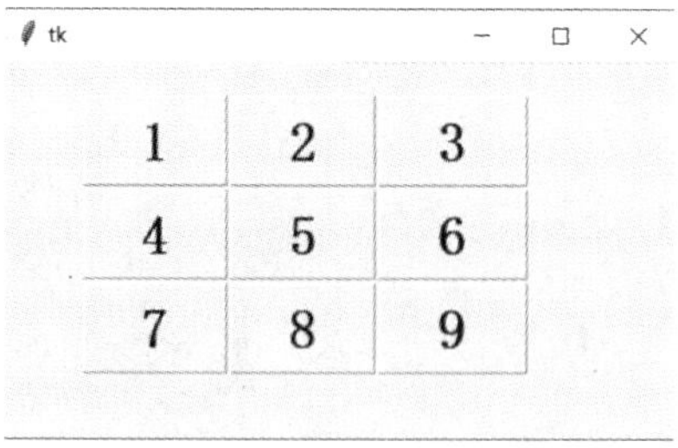

图 9 - 7　控件的 place 布局

（3）表格布局 grid

以行和列（网格）形式对控件进行排列，较为灵活。

grid 方法主要参数有：从 0 开始的行号 row 和列号 column，参数 sticky 用于设定控件在表格布局所处单元格方位，具体如图 9-8 所示。与 pack 布局一样，pack 方法中不可设置控件的高宽度。

NW-西北	N-北	NE-东北
W-西	CENTER-居中	E-东
SW-西南	S-南	SE-东南

图 9-8　grid 布局的方位参数值

示例：

```
btn_1 = Button(main,text = '1',font = (",24,'bold'),borderwidth = 1,relief = 'ridge',width = 4)
btn_1.grid(row = 0,column = 0,padx = 5,pady = 5)
btn_2 = Button(main,text = '2',font = (",24,'bold'),borderwidth = 1,relief = 'ridge',width = 4)
btn_2.grid(row = 0,column = 1,padx = 5,pady = 5)
btn_3 = Button(main,text = '3',font = (",24,'bold'),borderwidth = 1,relief = 'ridge',width = 4)
btn_3.grid(row = 0,column = 2,padx = 5,pady = 5)
btn_4 = Button(main,text = '4',font = (",24,'bold'),borderwidth = 1,relief = 'ridge',width = 4)
btn_4.grid(row = 1,column = 0,padx = 5,pady = 5)
btn_5 = Button(main,text = '5',font = (",24,'bold'),borderwidth = 1,relief = 'ridge',width = 4)
btn_5.grid(row = 1,column = 1,padx = 5,pady = 5)
btn_6 = Button(main,text = '6',font = (",24,'bold'),borderwidth = 1,relief = 'ridge',width = 4)
btn_6.grid(row = 1,column = 2,padx = 5,pady = 5)
btn_7 = Button(main,text = '7',  font = (",24,'bold'),borderwidth = 1,relief = 'ridge',width = 4)
btn_7.grid(row = 2,column = 0,padx = 5,pady = 5)
btn_8 = Button(main,text = '8',font = (",24,'bold'),borderwidth = 1,relief = 'ridge',width = 4)
btn_8.grid(row = 2,column = 1,padx = 5,pady = 5)
btn_9 = Button(main,text = '9',font = (",24,'bold'),borderwidth = 1,relief = 'ridge',width = 4)
btn_9.grid(row = 2,column = 2,padx = 5,pady = 5)
```

运行结果如图 9-9 所示。

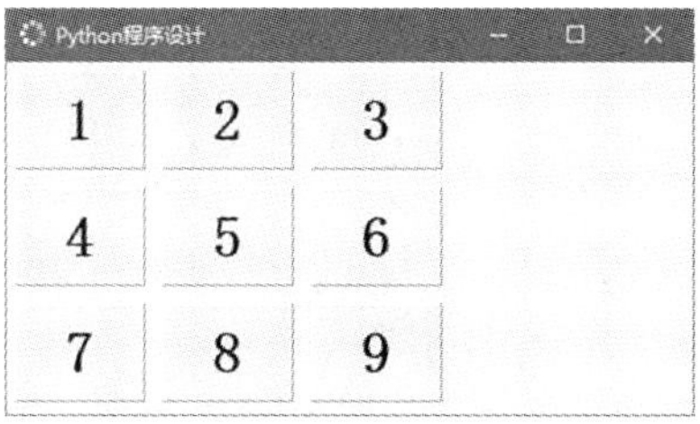

图 9-9　控件的 grid 布局

注意，pack 和 grid 布局不能同时使用。综合考虑，计算器应用程序的布局比较复杂，因此采用绝对布局，程序代码如下。

2. 程序代码

```python
# 使用统一字体元组
font_dig_res = ('黑体',30,"bold")
font_dig = ('黑体',20)
font_oth = ('宋体',20)
# 第一行:结果标签
lbl_res = Label(main,font = font_dig_res,bg = '#E6E6E6',anchor = 'se',text = 0)
lbl_res. place(width = 360,height = 90)
# 第二行:操作按钮
btn_cle = Button(main,text = 'C',font = font_oth,bg = '#E0E0E0',borderwidth = 1,relief = 'ridge')
btn_cle. place(x = 90 * 0,y = 90 + 55 * 0,width = 88,height = 53)
btn_bac = Button(main,text = '←',font = font_oth,bg = '#E0E0E0',borderwidth = 1,relief = 'ridge')
btn_bac. place(x = 90 * 1,y = 90 + 55 * 0,width = 88,height = 53)
btn_per = Button(main,text = '%',font = font_oth,bg = '#E0E0E0',borderwidth = 1,relief = 'ridge')
btn_per. place(x = 90 * 2,y = 90 + 55 * 0,width = 88,height = 53)
btn_div = Button(main,text = '÷',font = font_oth,bg = '#E0E0E0',borderwidth = 1,relief = 'ridge')
btn_div. place(x = 90 * 3,y = 90 + 55 * 0,width = 88,height = 53)
# 第三行:数字按钮
btn_7 = Button(main,text = '7',font = font_dig,bg = '#F0F0F0',borderwidth = 1,relief = 'ridge')
btn_7. place(x = 90 * 0,y = 90 + 55 * 1,width = 88,height = 53)
btn_8 = Button(main,text = '8',font = font_dig,bg = '#F0F0F0',borderwidth = 1,relief = 'ridge')
btn_8. place(x = 90 * 1,y = 90 + 55 * 1,width = 88,height = 53)
btn_9 = Button(main,text = '9',font = font_dig,bg = '#F0F0F0',borderwidth = 1,relief = 'ridge')
btn_9. place(x = 90 * 2,y = 90 + 55 * 1,width = 88,height = 53)
btn_mul = Button(main,text = 'x',font = font_oth,bg = '#E0E0E0',borderwidth = 1,relief = 'ridge')
btn_mul. place(x = 90 * 3,y = 90 + 55 * 1,width = 88,height = 53)
# 第四行:数字按钮
btn_4 = Button(main,text = '4',font = font_dig,bg = '#F0F0F0',borderwidth = 1,relief = 'ridge')
btn_4. place(x = 90 * 0,y = 90 + 55 * 2,width = 88,height = 53)
```

```
    btn_5 = Button(main,text = ' 5 ',font = font_dig,bg = '#F0F0F0',borderwidth = 1,relief =
'ridge')
    btn_5.place(x = 90 * 1,y = 90 + 55 * 2,width = 88,height = 53)
    btn_6 = Button(main,text = ' 6 ',font = font_dig,bg = '#F0F0F0',borderwidth = 1,relief =
'ridge')
    btn_6.place(x = 90 * 2,y = 90 + 55 * 2,width = 88,height = 53)
    btn_sub = Button(main,text = ' - ',font = font_oth,bg = '#E0E0E0',borderwidth = 1,relief =
'ridge')
    btn_sub.place(x = 90 * 3,y = 90 + 55 * 2,width = 88,height = 53)
    # 第五行:数字按钮
    btn_1 = Button(main,text = ' 1 ',font = font_dig,bg = '#F0F0F0',borderwidth = 1,relief =
'ridge')
    btn_1.place(x = 90 * 0,y = 90 + 55 * 3,width = 88,height = 53)
    btn_2 = Button(main,text = ' 2 ',font = font_dig,bg = '#F0F0F0',borderwidth = 1,relief =
'ridge')
    btn_2.place(x = 90 * 1,y = 90 + 55 * 3,width = 88,height = 53)
    btn_3 = Button(main,text = ' 3 ',font = font_dig,bg = '#F0F0F0',borderwidth = 1,relief =
'ridge')
    btn_3.place(x = 90 * 2,y = 90 + 55 * 3,width = 88,height = 53)
    btn_plu = Button(main,text = ' + ',font = font_oth,bg = '#E0E0E0',borderwidth = 1,relief =
'ridge')
    btn_plu.place(x = 90 * 3,y = 90 + 55 * 3,width = 88,height = 53)
    # 第六行:数字按钮
    btn_plu_sub = Button(main,text = '±',font = font_oth,bg = '#E0E0E0',borderwidth = 1,relief =
'ridge')
    btn_plu_sub.place(x = 90 * 0,y = 90 + 55 * 4,width = 88,height = 53)
    btn_0 = Button(main,text = ' 0 ',font = font_dig,bg = '#F0F0F0',borderwidth = 1,relief =
'ridge')
    btn_0.place(x = 90 * 1,y = 90 + 55 * 4,width = 88,height = 53)
    btn_pnt = Button(main,text = '. ',font = font_oth,bg = '#E0E0E0',borderwidth = 1,relief =
'ridge')
    btn_pnt.place(x = 90 * 2,y = 90 + 55 * 4,width = 88,height = 53)
    btn_equ = Button(main,text = ' = ',font = font_oth,bg = '#E0E0E0',borderwidth = 1,relief =
'ridge')
    btn_equ.place(x = 90 * 3,y = 90 + 55 * 4,width = 88,height = 53)
```

3. 任务拓展

按钮控件有个参数 command,用于处理点击事件,参数值是系统函数名或自定义函数名,系统函数无须定义,由 Python 解释器自动执行。如:

```
Button(main,text = "关闭",command = main.quit).pack(side = 'bottom')
```

main 是主窗口对象，quit 是主窗口对象的系统函数名，表示退出应用程序。用自定义函数处理按钮的点击事件时，需事先定义自定义函数。下例演示了自定义函数处理事件，其中 messagebox 是 Tkinter 模块库的信息提示框，其 showinfo 方法用于显示信息，第一个参数为信息框的标题，第二个参数是信息框的内容。

```
import tkinter.messagebox

#自定义函数
def btn_click():
tkinter.messagebox.showinfo("关于","版权所有@Python")

Button(main,text = "关于",command = btn_click).pack(side = "bottom")
```

运行结果如图 9-10 所示。

图 9-10　自定义函数处理点击事件

任务 9.2.3　输入框控件：账户验证

制作登录验证页面，并实现验证。账号不是 admin 时提示"用户名不正确"；密码不是"admin"时提示"密码不正确"；否则提示"通过验证"。运行效果如图 9-11 所示。

图 9-11　输入框与数据验证

1. 任务分析

除了具备一些共有的属性之外，还有一些特殊的属性：

① textvariable：用于绑定动态数据对象，可以实现与文本框内容的双向绑定。

② show：用来设置文本框中显示的字符，例如设置为"＊"可以实现密码框的效果。

文本框对象常用的方法包括：

① delete：根据索引值删除文本框内的字符。

② get：获取文本框中的内容。

③ set：修改文本框的内容。

④ insert：在指定的位置插入字符串。

⑤ index：返回指定位置的索引值。

⑥ select_clear：取消选中状态。

下面是一个简单的示例，演示了如何使用 Entry 对象，并通过绑定动态数据对象来提取和删除数据。

```python
import tkinter
from tkinter import *


# 创建主窗口对象
from tkinter import messagebox

main = tkinter.Tk()


# 文本标签,采用表格布局
Label(main,text = "姓名:").grid(row = 0,padx = 5,pady = 5)
# 定义绑定输入框文本的动态数据变量
user = StringVar()
entName = Entry(main,textvariable = user)
entName.grid(row = 0,column = 1,padx = 5,pady = 5)


# 按钮函数
def ok_click():tkinter.messagebox.showinfo("个人信息","姓名:% s" % user.get())


def del_click():
entName.delete(0,"end")


def validate_login():
    username = entName.get()
    password = entName.get()

    if username ! = "admin":
        messagebox.showerror("错误","用户名不正确")
```

```
        elif password ! = "admin":
            messagebox. showerror("错误","密码不正确")
        else：
            messagebox. showinfo("通过验证","登录成功")


if __name__ = = '__main__':
    if 0： ♯ 示例一
        ♯ command 绑定按钮函数
        btnOk = Button(main,text = "确定",command = ok_click)
        btnOk. grid(row = 1,column = 1,sticky = "E",padx = 5,pady = 5)
        ♯ command 绑定按钮函数
        btnDel = Button(main,text = "清空",command = del_click)
        btnDel. grid(row = 1,column = 0,sticky = "W",padx = 5,pady = 5)


    if 1： ♯ 示例二
        ♯ command 绑定按钮函数
        btnOk = Button(main,text = "确定",command = validate_login)
        btnOk. grid(row = 1,column = 1,sticky = "E",padx = 5,pady = 5)
        ♯ command 绑定按钮函数
        btnDel = Button(main,text = "清空",command = del_click)
        btnDel. grid(row = 1,column = 0,sticky = "W",padx = 5,pady = 5)
    main. mainloop()
```

运行结果如图 9 – 12 所示。

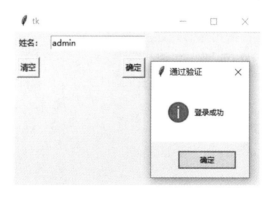

图 9 – 12　输入框的使用

　　Entry 控件还提供了对输入内容是否合法的验证功能。validate 指定验证方式，是字符串类型值，包括'focus'（获得或失去焦点的时候验证）、'focusin'（获得焦点的时候验证）、'focusout'（失去焦点的时候验证）、'key'（编辑的时候验证）、'all'（任何一种情况的时候验证）、'none'（默认值，不启用验证功能）；validatecommand 指定验证函数，该函数只能返回 True 或 Fasle；invalidcommand 表示 validatecommand 指定的验证函数返回

False 时，可以再指定一个验证函数。

结合上述知识，本任务主要代码如下。

2. 程序代码

```
import tkinter
from tkinter import *
from tkinter import messagebox


# 创建主窗口对象
main = tkinter.Tk()
def btn_click():
    if user.get() == "admin":
        if pwd.get() == "admin":
            messagebox.showinfo("提示","通过验证")
        else:
            messagebox.showerror("警告","密码不正确")
            entPwd.focus()
    else:
        messagebox.showerror("警告","用户名不正确")
        entUser.focus()


# 文本标签,采用表格布局
Label(main,text = "账号:").grid(row = 0)
Label(main,text = "密码:").grid(row = 1)
# 动态数据变量
user = StringVar()
pwd = StringVar()
# 输入框
entUser = Entry(main,textvariable = user)
# 当焦点离开密码框时,激活验证命令事件 validatecommand
entPwd = Entry(main,textvariable = pwd,show = " * ",validate = "focusout",validatecommand = btn_click)
# 控件采用 grid 布局
entUser.grid(row = 0,column = 1)
entPwd.grid(row = 1,column = 1)
btnOk = Button(main,text = "确定",command = btn_click)
btnOk.grid(row = 2,column = 1,sticky = "NW")
main.mainloop()
```

任务 9.2.4　文本框：制作简易编辑器

设计和制作一款简易文本编辑器，主要功能包括查看数据、撤销输入、恢复撤销，运行结果如图 9 - 13 所示。

图 9 - 13　简易文本编辑器

1. 任务分析

文本框对象是用 Tkinter 模块的 Text 标签来创建，用于显示和编辑多行文本。除了基本的共有属性之外，Text 控件可以通过参数设置选中文本背景、字体，设置每行间隔、Tab 键字符宽度、光标颜色和宽度、是否支持撤销操作等。文本框的内容通过文本框对象的 get 方法获取，它的第一个参数是首字符位置，第二个参数是最后一个字符位置。

2. 程序代码

```
import tkinter
from tkinter import *
from tkinter import messagebox

# 创建主窗口对象
main = tkinter. Tk()
# 参数说明:width 一行可见的字符数;height 显示的行数;undo 是否支持撤销;autoseparators 表
示执行撤销操作时是否自动插入一个"分隔符"
txtInfo = Text(main,width = 50,height = 20,undo = True,autoseparators = False)
# 文本框采用相对布局
txtInfo. pack(side = 'top')

# 查看按钮的单击处理函数
def showInfo():
# 文本框内容通过 get 方法获取,'1.0'表示第一行第一个字符,'end'表示最后一行最后一个字符
messagebox. showinfo("信息",txtInfo. get('1.0','end'))

# 创建三个按钮,分别用于撤销操作、显示信息、恢复操作,放在 Frame 控件中
frame = Frame(main)
frame. pack(side = "bottom")
btn1 = Button(frame,text = "撤销",command = txtInfo. edit_undo)
```

```
btn1.pack(side='left')
btn2 = Button(frame,text="查看",command = showInfo)
btn2.pack(side='left')
btn3 = Button(frame,text="恢复",command = txtInfo.edit_redo)
btn3.pack(side='right')
main.mainloop()
```

说明，Frame 是 Tkinter 库的一个容器类型标签。

任务 9.2.5 列表框：喜爱的程序设计语言

用列表框列出常用程序设计语言，点击查看按钮，显示所选项，运行效果如图 9 - 14 所示。

1. 任务分析

列表框对象是使用 Tkinter 模块的 Listbox 标签来创建的，它具有一些特殊的属性和方法。主要的属性包括：

① listvariable：绑定一个 StringVar 类型的变量，用于存放 Listbox 中的所有列表项。这个变量是一个字符串，其中每个列表项用空格分隔。

② selectmode：用于设置选择模式，可以是" single"（单选）、" browse"（单选，但可以通过鼠标或光标键改变选项，默认）、" multiple"（多选）和 " extended"（多选，需要同时按住 Shift 键或 Ctrl 键或拖拽鼠标实现）。

主要的方法包括：

① curselection：返回一个元组，包含被选中的选项序号（从 0 开始）。

图 9 - 14 列表框的使用

② delete（first，last=None）：删除从参数 first 到 last 范围内（含 first 和 last）的所有列表项。

③ get（first，last=None）：返回一个元组，包含从参数 first 到 last 范围内（含 first 和 last）的所有列表项的文本。

④ size：返回 Listbox 组件中选项的数量。

⑤ insert（index，item）：在索引 index 位置插入列表项 item。

根据以上属性和方法，我们可以创建一个列表框，列出常用程序设计语言，并实现点击查看按钮后显示所选项。

2. 程序代码

```
import tkinter
from tkinter import *
from tkinter import messagebox


# 创建主窗口对象
```

```
main = tkinter.Tk()
# 定义动态数据变量
var = StringVar()
# 为动态数据变量赋值
var.set("CPython Java JS")
# 创建列表框对象
lst = Listbox(main,bg='#CCFF99',font=('宋体',16),listvariable=var,selectmode=MULTI-
PLE)
lst.pack(side='top',fill='x')
# 动态数据变量存放选中的列表项,按钮处理函数
selItem = StringVar()


# 按钮点击事件函数
def show():
    s = ''
    for i,id in enumerate(lst.curselection()):
        s += lst.get(id) + "\n"
    if s != '':
Tkinter.messagebox.showinfo("您选中的有",s)


# 创建按钮
btn = Button(main,text="查看",command=show)
btn.pack(side='bottom')
main.mainloop()
```

任务 9.2.6 下拉框：最喜爱的编程语言

在下拉框中列出 C、Python、Java、JS 四门编程语言，点击"查看"提示选中项。程序运行效果如图 9-15 所示。

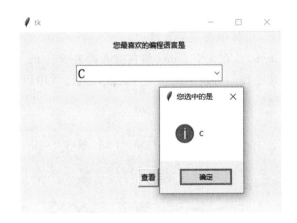

图 9-15 下拉框的使用

1. 任务分析

下拉框控件 Combobox 包含在 Tkinter.ttk 子模块中，需要使用 from Tkinter.ttk import Combobox 导入组件。与列表框类似，下拉框也具有一些常用的属性和方法，其中常用的方法包括 get 和 current。其中：

① get（）方法用于获取当前选中项的内容。

② current（）方法用于获取当前选中项的索引值。

通过设置 values 参数来初始化下拉框，这个参数值是一个字符串类型的元组，用于指定下拉框中的选项。然后可以使用下拉框对象的 get（）方法获取当前选中项的内容。

2. 程序代码

```
import tkinter
from tkinter import *
from tkinter import messagebox
from tkinter.ttk import Combobox


# 创建主窗口对象
main = tkinter.Tk()
Label(main,text = "您最喜欢的编程语言是").pack(side = 'top',pady = 10)
# 创建下拉框对象
cbb = Combobox(main,font = ('宋体',16),values = ('C','Python','Java','JS'))
cbb.pack(side = 'top',pady = 10)


# 按钮处理函数
def show():
    messagebox.showinfo("您选中的是",cbb.get())


# 创建按钮
btn = Button(main,text = "查看",command = show)
btn.place(x = 200,y = 220)
main.mainloop()
```

任务 9.2.7 单选框：最喜爱的编程语言

使用单选框控件实现任务 9.2.6，效果如图 9-16 所示。

1. 任务分析

单选框控件 Radiobutton 是通过 Tkinter 模块的 Radiobutton 标签来创建的。这些单选框通常是成组出现的，同一组的所有单选框控件都使用相同的动态数据变量来进行关联。除了常用的共有属性外，Radiobutton 还具有一些其他属性，主

图 9-16 单选框的使用

要包括：

① value：选中选项的取值。

② variable：用于绑定 Radiobutton 控件关联的动态数据变量。通过这个变量的 get（）方法可以获取到用户选中的单选框对象的参数 value 的值，从而可以判断用户选择了哪个选项。

通过设置 Radiobutton 控件的 variable 和 value 属性来实现单选框的创建，并使用动态数据变量来获取用户的选择。

2. 程序代码

```
from tkinter import *
from tkinter import messagebox
from tkinter.ttk import Combobox
# 创建主窗口对象
main = tkinter.Tk()
Label(main,text = "您最喜欢的编程语言是"). pack(pady = 10)
# 创建动态数据变量,用于处理整数类型的变量
selValue = IntVar()
selValue. set(0)
# 创建单选框按钮组,使用相对布局
Radiobutton(main,text = "C",variable = selValue,value = 0). pack(anchor = 'w')
Radiobutton(main,text = "Java",variable = selValue,value = 1). pack(anchor = 'w')
Radiobutton(main,text = "Python",variable = selValue,value = 2). pack(anchor = 'w')
Radiobutton(main,text = "JS",variable = selValue,value = 3). pack(anchor = 'w')
items = ("C","Java","Python","JS")


# 按钮处理函数
def show():
    messagebox. showinfo("您选中的是",items[selValue. get()])


# 创建按钮
btn = Button(main,text = "查看",command = show)
btn. pack(side = 'bottom')
main. mainloop()
```

任务 9.2.8　复选框：选择您的爱好

设计并制作多项选择页面，并获取选择结果，运行效果如图 9 - 17 所示。

1. 任务分析

复选框对象是使用 Tkinter 模块的 Checkbutton 标签来创建的。除了常用的共有属性外，还具有一些其他属性：

① variable：与复选框控件关联的动态数据变量。选中时由 onvalue 参数指定，默认

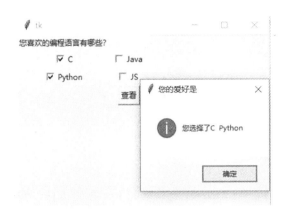

图 9-17　多选框的使用

值是 1，未选中时由 offvalue 参数指定，默认值是 0。

② textvariable：绑定动态数据类型对象，用于改变复选框显示的内容。

③ 要获取选择框的结果，可以使用关联的动态数据变量的 get（）方法。

下面是主要的程序代码示例。

2. 程序代码

```
from tkinter import *
from tkinter import messagebox
main = Tk()
Label(main,text = "您喜欢的编程语言有哪些?").grid(row = 0,column = 0)
# 创建动态数据变量,用于处理整数类型的变量
check1 = IntVar()
check2 = IntVar()
check3 = IntVar()
check4 = IntVar()
# 创建复选框按钮组,使用相对布局
Checkbutton(main, text = "C", variable = check1, onvalue = 1, offvalue = 0).grid(row = 1,
column = 0)
    Checkbutton(main,text = "Java", variable = check2, onvalue = 1, offvalue = 0).grid(row = 1,
column = 1)
    Checkbutton(main,text = "Python", variable = check3, onvalue = 1, offvalue = 0).grid(row = 2,
column = 0)
    Checkbutton(main,text = "JS",variable = check4,onvalue = 1,offvalue = 0).grid(row = 2,column = 1)


# 按钮点击处理函数
def show():
    if(check1.get() == 0 and check2.get() == 0 and check3.get() == 0 and check4.get() == 0):
        s = "您未选择语言"
    else:
```

```
        s1 = "C" if check1. get() = = 1 else ""
        s2 = "Java" if check2. get() = = 1 else ""
        s3 = "Python" if check3. get() = = 1 else ""
        s4 = "JS" if check4. get() = = 1 else ""
        s = "您选择了%s %s %s %s" %(s1,s2,s3,s4)
    messagebox. showinfo("您的爱好是",s)


# 创建按钮
btn = Button(main,text = "查看",command = show)
btn. grid(row = 3,column = 1)


if __name__ = = '__main__':
    show()
    main. mainloop()
```

上述示例中大量使用了对话框控件，这里没有展开。滚动条、菜单、画布等更多控件的使用请自行查阅相关资料学习。

 项目小结

本项目介绍了 Python 自带的 GUI 库——Tkinter 模块的基本用法，通过使用 Tkinter. Tk () 创建主窗口对象，并在其中放置各种控件来满足业务需求。常用的控件包括 Label 标签、Button 按钮、Entry 输入框、Text 多行文本框、Combobox 下拉框、Listbox 列表框、Radiobutton 单选框、Checkbutton 复选框等，其用法类似，但需要注意下拉框对象通过自身的 get () 方法获取选择项，而其他控件对象则通过绑定动态数据变量来获取或设置数据。

 习 题 ◗◗◗▶

一、选择题

1. 使用 Tkinter 设计窗体时，Text 控件的属性不包含_____。

A. bg   B. command   C. bd   D. font

2. 在使用 TKINTER 创建 GUI 应用程序时，_____方法用于创建一个窗口对象。

A. WINDOW ()   B. TK ()   C. FRAME ()   D. GUI () 1

3.（多选题）控件的布局包含_____方法。

A. pack ()   B. get ()   C. place ()   D. grid ()

4. 用于创建一个下拉框的容器控件是_____。

A. Entry   B. Label   C. List   D. Combobox

5. 在 GUI 程序中，将窗口对象 TOP 的_____方法绑定在按钮对象 BTN 上，即可实现点击按钮 BTN 将窗口对象 TOP 关闭。

A. EXIT（）   B. DESTROY（）   C. DELETE（）   D. CLOSE（）

6. 使用 grid（）方法对控件进行布局时，_____参数用于设置控件要跨越的列数。

A. row   B. columnspan   C. column   D. rowspan

7. 在 GUI 程序中建立组件对象时，如果想在初始化时设置组件对象的背景颜色，则应该在调用初始化方法时指定_____参数的内容。

A. BACK   B. BACKCOLOR

C. BACKGROUND   D. backgroundcolor

8. 滚动条实例可以通过调用 Tkinter 模块中的_____来创建。

A. Scrollbar（）   B. Scroll（）

C. Scrollbox（）   D. SCROLLFRAME（）

9.（多选题）下列控件中，包含在 Tkinter.ttk 子模块中的有_____。

A. Combobox   B. Progressbar

C. Separator   D. Treeview

二、填空题

1. 在 GUI 程序中建立一个标签对象，需要使用 Tkinter 模块中的_____组件。

2. Tkinter 的常用组件中的_____是指画布，是用于绘制直线、椭圆、多边形等各种图形的画。

3. Tkinter 模块 Python 提供的标准 GUI 开发工具包，创建_____首先要导入该模块。

4. 调用菜单控件的_____方法可以使菜单在右击的位置显示。

5. Tkinter 的常用组件中的_____是指单选按钮，同一组中的单选按钮任何时刻只能有一个处于选中状态。

6. 在 GUI 程序中，若要将容器对象 container 的界面看成一张由行和列组成的网格，通过指定行和列的位置将组件放置在相应的单元中，则应该调用 container 对象的_____方法将组件摆放其中。

7. 列表框的 selectmode 属性用于指定列表框的选择模式，其默认值为_____。

8. root＝_____用于创建应用程序窗口。

三、程序设计题

1. 使用 Tkinter 模块制作一个简单的绘图应用程序，允许用户选择不同的形状（如圆形、矩形、线条等），选择颜色和大小，并在画布上绘制所选形状。

2. 设计一个学生信息管理系统的用户界面，包括学生姓名、年龄、性别等信息的录入和显示。

3. 编写程序，使用标签显示一行文本，可以通过下拉框设置文本字号，并通过颜色选择器设置文本颜色。

4. 利用 Tkinter 编写一个简单的文本编辑器，具有基本的文件打开、保存、编辑等功能，并使用主菜单系统添加相应的下拉菜单。

项目 10 高级应用

Python 是一种当前主流的程序开发语言，它具备多项强大的功能和特性。Python 支持操作各种数据库、多线程编程以及网络编程，还能开发图形化和 Web 应用程序。在这里，我们将以任务的方式介绍如何使用第三方模块 pymysql 来连接和管理 MySQL 数据库，使用 threading 模块进行多线程编程，以及利用 socket 套接字实现网络通信。最后，我们将提供一个综合案例，涵盖 Python 基础知识、数据库技术、面向对象程序设计以及 Tkinter 界面编程等方面的知识。

项目任务

- 使用 pymysql 模块操作 MySQL 数据库
- 网络聊天室
- 综合项目：学生信息管理系统的设计和实现

学习目标

- 了解关系型数据库 MySQL
- 掌握 Python 操作 MySQL 数据库
- 掌握 Python 的多线程编程
- 掌握 Python 的网络编程
- 全面应用 Python 知识来设计和实现完整项目

任务 10.1 使用 pymysql 模块操作 MySQL 数据库

MySQL 是一款广泛使用的关系型数据库管理系统，许多中小型企业都选择 MySQL 来存储和管理他们的数据。本节将介绍 MySQL 数据库的基本操作以及客户端工具 Navicat for MySQL。内容包括创建数据库和表的 SQL 语句基本语法，以及实现记录的增删改查操作的 SQL 语句基本语法。我们还会学习如何使用 Python 的第三方模块 pymysql 来管理 MySQL 数据库表。

任务 10.1.1 MySQL 数据库：建库和建表

在这个任务中，我们将学习如何在图形化模式和命令模式下创建数据库和数据表。具体来说，我们会创建一个名为 school 的数据库，并在其中创建一个名为 stuinfo 的数据表。该数据表包含以下字段：学号（4 位字符型）、姓名（最大长度为 10 的变长字符型）、班级（最大长度为 20 的变长字符型）、性别（1 位字符型）、年龄（整型）、电话（最大长度为 20 的变长字符型）。

1. 任务分析

在 Windows 环境下，我们需要先安装和配置 MySQL 数据库，具体的步骤可以参考相关资料。一旦连接到 MySQL 数据库，我们就可以使用 Navicat for MySQL 来管理数据库。Navicat for MySQL 支持图形化界面操作，也支持执行 SQL 语句或 SQL 文件。

通过 Navicat for MySQL 连接到本地或远程 MySQL 数据库后，我们可以使用图形界面或 SQL 语句来创建数据库表，并对记录进行增删改查操作。在本任务中，我们将主要学习 SQL 语句的基本语法结构。

（1）创建数据库 school

图形化模式创建数据库如图 10-1 所示。

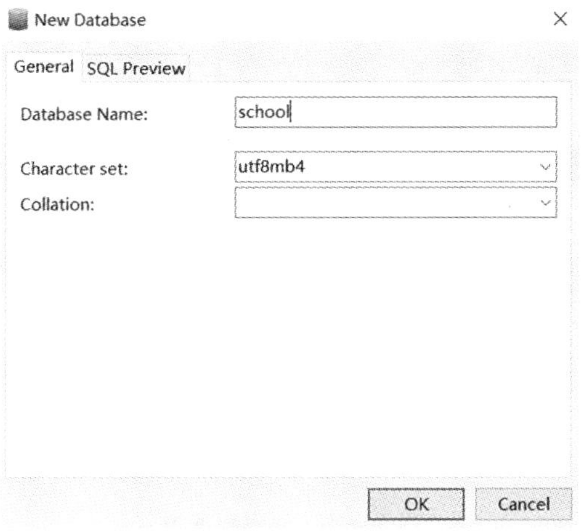

图 10-1 新建数据库

使用命令创建数据库，基本语法：

```
CREATE DATABASE [IF NOT EXISTS] <数据库名> [[DEFAULT] CHARACTER SET <字符集名>]
[[DEFAULT] COLLATE <校对规则名>];
```

说明，关键字建议用大写英文字母，[] 指包含的部分可选，在 MySQL 命令行的客户端中 SQL 语句以 ";" 结束。

可以在 MySQL 命令行客户端中输入 SQL 命令来执行数据库操作：

① 打开 MySQL 命令行客户端：这通常通过在命令行中输入 mysql －u 用户名－p 来实现，然后输入密码来登录 MySQL 服务器。

② 输入 SQL 命令：一旦登录成功，就可以在命令行客户端中输入 SQL 命令。在这个例子中，可以直接输入以下命令：

```
CREATE DATABASE IF NOT EXISTS school;
```

这条 SQL 语句包含以下几个部分：

① CREATE DATABASE：这是一个用于创建数据库的 SQL 语句。

② IF NOT EXISTS：这是一个可选的子句，用于检查数据库是否已经存在。如果数据库已经存在，则不会执行创建操作。

③ school：这是数据库的名称，可以根据需要指定任何合法的数据库名称。

（2）创建数据表

一个数据库包含与业务相关的许多表，每个表包含许多字段（列），每个字段包括：名称、数据类型、长度、是否允许空值，可以将表的一个或多个字段设置为主键，主键可确保数据表中所有记录在该列保持唯一。

按任务要求，图形化模式创建数据表 stuinfo，数据类型类似一般程序设计语言的数据类型，如图 10-2 所示。

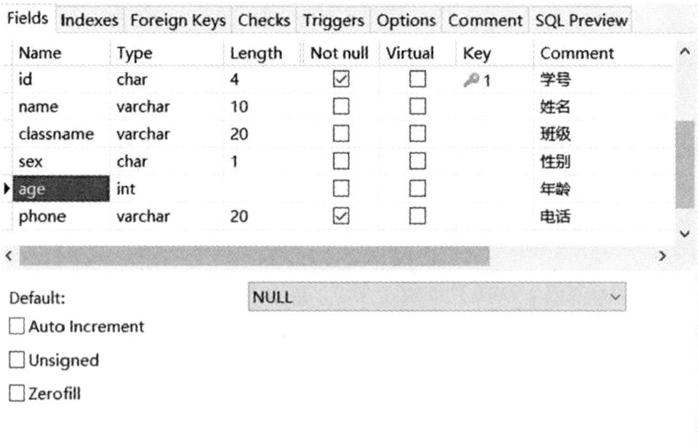

Fields	Indexes	Foreign Keys	Checks	Triggers	Options	Comment	SQL Preview

Name	Type	Length	Not null	Virtual	Key	Comment
id	char	4	☑	☐	🔑1	学号
name	varchar	10	☐	☐		姓名
classname	varchar	20	☐	☐		班级
sex	char	1	☐	☐		性别
age	int		☐	☐		年龄
phone	varchar	20	☑	☐		电话

Default: NULL

☐ Auto Increment
☐ Unsigned
☐ Zerofill

图 10-2　创建数据表

用 SQL 语句创建数据表的语法：

```
CREATE TABLE <表名>([表定义选项])[表选项][分区选项];
    ♯我们只需关注[表定义选项],其语法格式是:<列名 1> <类型 1> [,…,<列名 n> <类型 n>]
[,PRIMARY KEY('列名')]
```

说明，PRIMARY KEY 用于设置表的主键，主键是一种约束，表的数据中主键列必须有值且唯一。NULL 表示该列的值允许空白，COMMENT 表示该列的注释，表名和列名可以用反引号"'"引起来。

创建数据表 SQL 示例：

```
－－切换到 school 数据库
USE school;

－－创建名为 stuinfo 的数据表
CREATE TABLE IF NOT EXISTS stuinfo(
    学号 CHAR(4),
    姓名 VARCHAR(10),
    班级 VARCHAR(20),
    性别 CHAR(1),
    年龄 INT,
    电话 VARCHAR(20)
);
```

（3）数据操作

在图形化模式，对记录的增、删、改、查操作比较简单，如新增只需在新行依次输入各列值，各列必须符合数据表定义的要求，比如类型一致、不超出长度、符合主键要求、符合空值要求等。

接下来只介绍用 SQL 语句实现数据的增删改查。

① 增加记录。用 SQL 语句插入（增加）数据的语法：

```
INSERT INTO <表名>(<列名 1> [,… <列名 n>])VALUES(值 1 [,…,值 n]);
```

示例：INSERT INTO 'stuinfo' ('id', 'name', 'classname', 'sex', 'age', 'phone') VALUES ('0101', '张三', '22 计算机 1 班', '男', 28, '13455879876');

② 删除。用 SQL 语句修改数据的语法：

```
DELETE FROM <表名> [WHERE 子句] [ORDER BY 子句] [LIMIT 子句]
```

ORDER BY 子句：可选项，表示删除时，表中各行将按照子句中指定的顺序进行删除；WHERE 子句：可选项，表示为删除操作限定删除条件，若省略该子句，则代表删除该表中的所有行；LIMIT 子句：可选项，用于告知服务端在控制命令被返回到客户端前被删除行的最大值。

示例：DELETE FROM 'stuinfo' WHERE 'id'='0101';

③ 修改。用 SQL 语句修改数据的语法：

```
UPDATE <表名> SET 字段 1＝值 1 [,字段 2＝值 2… ] [WHERE 子句] [ORDER BY 子句] [LIMIT 子句];
```

示例：UPDATE 'stuinfo' SET 'age'＝20 WHERE 'id'='0101';

④ 查询。查询语句较为复杂，SQL 语句语法：

```
SELECT ｛ * |<字段列名>｝ [FROM <表 1>,<表 2>… [WHERE <表达式> [GROUP BY <group by
definition> [HAVING <expression> [｛<operator> <expression>｝…]] [ORDER BY <order by
definition>] [LIMIT[<offset>,] <row count>]];
```

说明：{ ＊ | ＜字段列名＞} 属于必需项，＊ 是列出所有列；WHERE 子句为条件查询；ORDER BY 子句用于排序；LIMIT 子句为限制返回数据的行数。表名和列名都可以使用别名，特别适合于多表联查时存在表间列名重名使用别名，用法：'表或列名' AS '别名'。以下是一个从学生信息表中查询年龄超过 18 岁的前 10 条记录的 SQL 语句示例：

SELECT ＊ FROM 'stuinfo' WHERE 'age'＞18 LIMIT 10;

由于本书主要讲解 Python 程序设计，数据库、表相关命令和语句只作基础性介绍。理解好了上述 SQL 语句的语法结构后，实现本任务的 SQL 代码如下。

2. 程序代码

```
－－创建数据库
CREATE DATABASE IF NOT EXISTS school DEFAULT CHARACTER SET utf8;


－－切换数据库
USE school;


－－创建数据表
CREATE TABLE 'stuinfo'(
    'id'   CHAR(4)NOT NULL COMMENT '学号',
    'name'  VARCHAR(10)NULL COMMENT '姓名',
    'classname'  VARCHAR(20)NULL COMMENT '班级',
    'sex'   CHAR(1)NULL COMMENT '性别',
    'age'   INT NULL COMMENT '年龄',
    'phone'  VARCHAR(20)NULL COMMENT '电话',
    PRIMARY KEY('id')
);


－－新增一条记录
INSERT INTO 'stuinfo'('id','name','classname','sex','age','phone')VALUES('0103','小红','22 计算机 1 班','女',24,'13455879879');;


－－修改一条记录,将学号为"0101"的学生班级修改成"22 计算机 2 班",年龄修改为 20
UPDATE 'stuinfo' SET 'classname'='22 计算机 2 班','age'= 20 WHERE 'id'='0101';


－－查询数据,查询条件:"22 计算机 2 班"年龄超过 17 岁
SELECT 'id' AS '学号','name' AS '姓名' FROM 'stuinfo' WHERE 'classname'='22 计算机 2 班' AND 'age'＞17;


－－删除记录,删除条件:"男"性
DELETE FROM 'stuinfo' WHERE 'sex'='男';
```

任务 10.1.2　pymysql 模块：记录的增加和查询

用 pymysql 模块连接本地 MySQL 数据库 school，用 pymysql 模块对表 stuinfo 新增一条记录，数据自拟。最后查询所有记录，只输出前 5 条，如果不够 5 条就按照实际条数输出。

1. 任务分析

用 pymysql 操作数据库表的基本操作步骤如下：

（1）导入 pymysql 模块

```
import pymysql
```

（2）用 pymysql 的 Connect 方法创建数据库连接对象

该方法需要传入的参数包括：host 数据库服务端名称或 IP 地址，port 数据库服务端口号，user 和 password 数据库登录用户名和密码，db 数据库名，charset 数据库使用的字符集。

示例：

```
db_conn = pymysql.Connect(host='localhost',port=3306,user='root',password='root',db='school',charset='utf8')
```

（3）用数据库连接对象创建游标对象

```
cur = db_conn.cursor()
```

（4）游标对象执行 SQL 语句，SQL 语句为一个字符串

```
cur.execute(sql 语句)
```

（5）根据对记录的操作类型来选择

```
#插入、修改、删除数据：未设置默认自动提交时，用数据库连接对象主动提交
db_conn.commit()

#查询数据：用游标对象的 fetchall()方法获取结果集元组。在结果集中，每条数据也是以元组形式存储。
result = cur.fetchall()
```

（6）关闭游标对象和数据库连接对象

```
cur.close()
db_conn.close()
```

在 MySQL 控制台执行 SQL 语句要以英文分号"；"结束，程序中 SQL 语句字符串末尾无须带分号。pymysql 模块中，新增、修改、删除的操作过程完全相同，本任务只演示新增和查询过程，代码如下。

2. 程序代码

```
import pymysql

# 创建数据库连接
db_conn = pymysql.Connect(
    host = '127.0.0.1',
    port = 3306,
    user = 'root',
    password = 'Python',
    db = 'school',
    charset = 'utf8'
)

# 创建游标对象
cur = db_conn.cursor()

# 插入操作
sql_insert = ' INSERT INTO ' stuinfo ' VALUES ( " 0103"," 小红"," 22 计算机 1 班"," 女", 19,
"13475986543")'
cur.execute(sql_insert)
# 提交事务
db_conn.commit()

# 查询操作
sql_select = 'SELECT * FROM 'stuinfo' LIMIT 5'
cur.execute(sql_select)
result = cur.fetchall()

# 输出查询结果
for row in result:
    print(row)

# 关闭游标和数据库连接
cur.close()db_conn.close()
```

运行结果为：

```
('0101','张三','22 计算机 2 班','男',20,'13430886254')
('0102','李四','22 计算机 1 班','男',20,'15964322450')
('0103','小红','22 计算机 1 班','女',19,'13475986543')
```

查询结果表明，用游标对象获取的可迭代对象的数据是元组形式。

任务 10.2　网络聊天室

网络聊天室的关键在于网络通信。Python 利用内置的 socket 模块实现了两个节点在网络中的通信。在网络通信中，服务端程序需要持续监听来自客户端的连接，因此需要一个线程来处理这个任务。同时，还需要与客户端进行数据交换，这也需要一个单独的线程来处理。因此，网络聊天室必然需要利用到多线程技术。Python 提供了内置的 threading 模块，可以方便地实现程序的多线程功能。

任务 10.2.1　threading 模块：实现多线程

编写一个多线程程序，在启动两个子线程后，在控制台上显示系统依次运行的线程信息，每个线程输出 5 条信息。

1. 任务分析

线程可以简单地理解为程序执行的一个任务。通常我们所编写的控制台应用程序是单线程的。多线程（Multithreading）是指通过软件或硬件实现多个线程并发执行的技术，即系统可以同时运行多个任务，从而提高系统性能。

Python 启动的第一个线程是主线程。主线程必然是父线程。由父线程启动线程称为子线程。如线程 A 启动了线程 B，那么 A 是主线程，B 是子线程。

多线程处理主要步骤如下：

（1）导入 threading 模块

```
import threading
```

（2）创建子线程调用的对象

```
# 一般子线程调用的对象是目标函数,如
def thread_function():
    print("这是子线程的运行代码")
```

（3）创建子线程对象

```
# 在主线程中创建子线程
mythread = threading. Thread(name = "Tread - x",target = None,args = (),daemon = None)
```

其中：name 是子线程的名称，默认是 Tread−x，第一个子线程是 Thread−1，以此类推；target 是子线程的目标函数，也就是事先定义好的函数，只需传函数名；args 是子线程目标函数接收的参数，以元组形式传入；daemon 是用来设置线程是否随主线程退出而退出，建议设置为 True。如：

```
threading. Thread(name = "test",target = f,args = (1,))
```

（4）执行子线程对象的 start 方法启动线程

```
mythread. start()
```

本任务线程执行的目标函数的函数体是循环 5 次输出当前执行的线程信息，为了更清楚了解各个线程执行情况，循环体中使用休眠 1 秒语句。通过主程序线程创建并启动两个子线程，注意启动子线程后主线程依然正常运行，整个程序将有 3 个线程执行。

2. 程序代码

```
import threading
import time

def thread_function():
    for i in range(5):
        print(f"当前线程:{threading. current_thread(). name},执行次数:{i + 1}\n")
        time. sleep(1)

def main():
    # 创建并启动两个子线程
    thread1 = threading. Thread(target = thread_function,name = "Thread - 1")
    thread2 = threading. Thread(target = thread_function,name = "Thread - 2")

    thread1. start()
    thread2. start()

    # 主线程继续执行其他操作
    for i in range(5):
        print(f"主线程执行次数:{i + 1}\n")
        time. sleep(1)

if __name__ == "__main__":
    main()
```

程序运行结果：

```
当前线程:Thread - 1,执行次数:1
当前线程:Thread - 2,执行次数:1
主线程执行次数:1
主线程执行次数:2
当前线程:Thread - 1,执行次数:2
当前线程:Thread - 2,执行次数:2
当前线程:Thread - 1,执行次数:3
主线程执行次数:3
```

```
当前线程:Thread-2,执行次数:3
当前线程:Thread-1,执行次数:4
主线程执行次数:4
当前线程:Thread-2,执行次数:4
当前线程:Thread-1,执行次数:5
主线程执行次数:5
当前线程:Thread-2,执行次数:5
```

从上述结果看出，3 个线程执行顺序没有规律可言，3 个线程交错运行，具体运行顺序由 CPU 给 3 个线程分配的时间片段来决定。多次运行程序，可以看到每次结果都不同。

任务 10.2.2　socket 模块：实现网络通信

我们要编写一个网络通信系统，可以让服务端和客户端进行简单的通信。在这个任务中，我们将利用 Python 的 socket 模块来实现这个网络通信系统。

1. 任务分析

构建网络通信系统需要使用 socket 技术来实现服务端和客户端之间的通信。下面是我们的任务分析步骤：

首先用命令 import socket 导入模块，接下来按下列步骤进行服务端和客户端编码。

① 服务端：创建套接字对象，套接字对象绑定服务端的 IP 地址和通信端口号，并开启监听。

用 socket 模块的 socket 方法创建套接字对象。如：

```
server = socket.socket(socket.AF_INET,socket.SOCK_STREAM)
```

方法的第一个参数表示 Address Family，可以选择 AF_INET（用于 Internet 进程间通信）、AF_UNIX（用于同一台机器进程间通信）、AF_INET6（用于 IP v6 设备进程间通信），一般用 AF_INET。第二个参数表示 Type，可以选择 SOCK_STREAM（流式套接字，主要用于 TCP 协议）或者 SOCK_DGRAM（数据报套接字，主要用于 UDP 协议）。

准备套接字绑定的服务端地址，一般由 IP 字符串地址和端口号组成的元组。如：

```
server_addr = ('127.0.0.1',6666)
```

用服务端套接字对象的 bind 方法进行绑定。如：

```
server.bind(server_addr)
```

用服务端套接字对象的 listen 方法开启监听。如：

```
server.listen(128)   #参数 128 表示服务端运行排队数量是 128。
```

② 客户端：创建套接字对象，根据提供的服务端 IP 地址和通信端口号连接服务端。客户端创建套接字及连接服务端代码类似，以下是示例。

```
client = socket.socket(socket.AF_INET,socket.SOCK_STREAM)
server = ('127.0.0.1',6666)
client.connect(server)
```

③ 服务端：收到客户端连接信息，并接收客户端发送的信息，直到客户机中断通信。使用 while（True）结构接收来自客户端的连接套接字和地址，再用客户端连接套接字对象获取数据，如：

```
# 返回客户端 socket 和地址,地址是客户端 IP 字符串地址和端口号的元组
client_socket,addr = server.accept()
# 接收到客户端的数据,参数是字节长度
client_socket.recv(1024)
```

④ 客户端：向服务端发送信息，并接受来自服务端的信息。

```
data = msg.encode('utf-8')
# 客户端向服务端发送消息
client.send(data)
```

其中，data 是对发送的消息字符串用指定字符集（如 UTF-8）编码后的数据。
客户端接收来自服务端的数据过程和服务端接收客户端数据完全相同，这里不做介绍。基于上述知识，本任务的程序代码如下。

2. 程序代码
服务端：

```
import socket

# 创建 socket 对象
server_socket = socket.socket(socket.AF_INET,socket.SOCK_STREAM)

# 服务端地址和端口号
server_addr = ('127.0.0.1',6666)

try:
    # 绑定地址和端口号
    server_socket.bind(server_addr)

    # 开始监听
    server_socket.listen(128)
    print('Socket 服务正在监听于地址 %s 的端口 %s' %(server_addr[0],server_addr[1]))
    print("正在等待客户端的连接请求 ...")

    # 接受客户端连接请求
```

```
        client_socket,client_addr = server_socket.accept()
        print("客户端%s使用端口%s连接" % client_addr)


        # 接收消息并处理
        while True:
            data = client_socket.recv(1024)
            if data.decode() == 'exit':
                print("客户端[%s]退出" % client_addr[0])
                break
            print("收到来自[%s]的信息:%s" % (client_addr[0],data.decode()))
except Exception as e:
    print('发生异常:',e)
finally:
    # 关闭 socket
    server_socket.close()
```

客户端:

```
import socket
import time

# 创建 socket 对象
client_socket = socket.socket(socket.AF_INET,socket.SOCK_STREAM)

# 服务端地址和端口号
server_addr = ('127.0.0.1',6666)

try:
    # 连接服务端
    client_socket.connect(server_addr)

    # 发送消息
    msg = '你好'
    data = msg.encode('utf-8')
    client_socket.send(data)

    # 延时的目的是让服务端先接收以上信息
    time.sleep(1)

    # 发送退出消息
    msg = 'exit'
    data = msg.encode('utf-8')
```

```
    client_socket. send(data)
except Exception as e:
    print('发生异常:',e)
finally:
    # 关闭 socket
    client_socket. close()
```

客户端只发送两条信息，服务端运行结果为：

```
Socket 服务正在监听于地址 127.0.0.1 的端口 6666
正在等待客户端的连接请求 …
客户端 127.0.0.1 使用端口 7093 连接
收到来自[127.0.0.1]的信息:你好
客户端[127.0.0.1]退出
```

任务 10.2.3　利用 socket、threading 和 tkinter 模块实现网络聊天室

要求设计一个图形化用户界面，实现一个网络聊天室系统，包括服务端和客户端，支持多个客户端同时上线进行聊天。

1. 任务分析

在一个网络聊天应用中，服务端需要处理来自不同客户端的连接请求和会话，为每个连接创建一个单独的线程。客户端则需要创建一个线程来处理从服务端接收到的消息。本任务涉及的主要技术点包括 Tkinter、多线程、Socket 以及异常处理等。为了实现这个网络聊天室，我们需要定义三个全局变量：

① listContent：用于记录聊天信息的列表。

② linked_socket：用于存放连接套接字的字典，键值对为 socket：不同线程的套接字。

③ users：用于存放客户端连接信息的字典，键值对为 addr：昵称。

在整个项目中，主窗口中的组件采用绝对布局 place（）进行布局。下面是任务代码的示例，其中涉及的知识点来自本书的内容，这里不再展开介绍。

2. 程序代码

服务端：

```
import socket
import tkinter
import threading


# 处理消息数据的函数
def msgShow(msg):
    listContent. append(msg)
    txtContent. set(listContent)
```

```python
# 处理客户端连接的函数
def handleClient():
    while True:
        try:
            msgShow("正在等待客户端的连接请求 …")
            client_socket,client_addr = server_socket.accept()
            linked_socket[client_addr] = client_socket
            nickname = client_socket.recv(1024).decode('utf-8')
            users[client_addr] = nickname
            msgShow("[%s]进入聊天室" % nickname)
            # 开启一个新线程处理客户端消息
            threading.Thread(target = handleClientMsg,args = (nickname,client_socket,client_addr),daemon = True).start()
        except ConnectionResetError:
            msgShow('新的连接异常.')
            exit(0)


# 处理客户端消息的函数
def handleClientMsg(nickname,client_socket,client_addr):
    while True:
        try:
            data = client_socket.recv(1024)
            if data.decode() == 'exit':
                msgShow("[%s]退出" % nickname)
                break
            msgShow("收到来自[%s]的信息:%s" % (nickname,data.decode()))
            # 向所有客户端广播消息
            broadcastMsg(nickname,data,client_socket)
        except ConnectionResetError:
            msgShow("客户端[%s]连接中断" % nickname)
            break


# 广播消息给所有客户端
def broadcastMsg(sender_nickname,msg,sender_socket):
    for addr,client_socket in linked_socket.items():
        if client_socket != sender_socket:
            msg_new = "%s:%s" % (sender_nickname,msg.decode('utf-8'))
            client_socket.send(msg_new.encode('utf-8'))


if __name__ == '__main__':
    linked_socket = {}
    users = {}
```

```
        listContent = list()
        server_socket = socket.socket(socket.AF_INET,socket.SOCK_STREAM)    # 创建 socket 对象
        server_addr = ('127.0.0.1',6666)
        server_socket.bind(server_addr)
        server_socket.listen(128)
        mainwindow = tkinter.Tk()
        mainwindow.title("网络聊天室【服务端】")
        width = mainwindow.winfo_screenwidth()
        height = mainwindow.winfo_screenheight()
        mainwindow.geometry('400x300 + %d + %d' % ((width - 400)/ 2,(height - 300)/ 2))
        txtContent = tkinter.StringVar(value = listContent)
        listContent.append('Socket 服务使用地址{}监听于{}端口'.format(server_addr[0],server_
addr[1]))
        txtContent.set(listContent)
        lst = tkinter.Listbox(mainwindow,listvariable = txtContent,bg = "#ffffff",fg = "red",
                               font = ('微软雅黑',10,'bold'),justify = 'left',width = 300,height
= 400)
        lst.pack(side = 'top')
        # 监听客户端连接的线程
        threading.Thread(target = handleClient,daemon = True).start()
        mainwindow.mainloop()
        server_socket.close()
```

客户端：

```
import socket
import tkinter
import threading


# 处理消息数据的函数
def msgShow(name,msg):
    if name = = "":
        listContent.append(" %s" % msg)
    else:
        listContent.append(" %s: %s" %(name,msg))
    txtContent.set(listContent)


# 发送消息的函数
def send( * args):
    global nickname
    message = msg.get()
    if message ! = ":
```

```
        msgShow(nickname,message)
        data = message. encode('utf - 8')
        server_socket. send(data)
        msg. set("")


# 处理来自服务端数据的函数
def getInfo():
    while True:
        data = server_socket. recv(1024)
        msg = data. decode('utf - 8')
        msgShow(",msg)


# 处理关闭窗口时退出系统的函数
def over():
    server_socket. send("exit". encode('utf - 8'))
    exit(0)


# 建立客户端与服务端连接的函数
def link( * args):
    global nickname
    message = msg. get()
    if message ! = ":
        data = message. encode('utf - 8')
        server_socket. send(data)
        nickname = message
        # 连接成功后,销毁连接部分的组件
        destroyConnectWidgets()
        # 连接成功后,创建聊天部分的组件
        createChatWidgets()
        # 监听来自服务端消息的线程
        threading. Thread(target = getInfo,daemon = True). start()


# 销毁连接部分的组件
def destroyConnectWidgets():
    lbl1. destroy()
    edt1. destroy()
    btn1. destroy()


# 创建聊天部分的组件
def createChatWidgets():
    lbl2 = tkinter. Label(mainwindow,text = '输入聊天信息:',width = 20)
```

```
        lbl2. place(x = 5,y = 270)
        edt2 = tkinter. Entry(mainwindow,textvariable = msg,width = 150)
        edt2. place(x = 150,y = 270)
        edt2. bind("<Return>",send)
        btn2 = tkinter. Button(mainwindow,text = "发送",command = send,width = 6)
        btn2. place(x = 350,y = 270)
        msg. set("")


if __name__ == '__main__':
    nickname = ''
    listContent = list()
    # 创建主窗口对象
    mainwindow = tkinter. Tk()
    mainwindow. title("网络聊天室【客户端】")
    width = mainwindow. winfo_screenwidth()
    height = mainwindow. winfo_screenheight()
    mainwindow. geometry('400x300 + %d + %d' % ((width - 400)/ 2,(height - 300)/ 2))
    txtContent = tkinter. StringVar(value = listContent)
    lst = tkinter. Listbox(mainwindow,listvariable = txtContent,bg = "#ffffff",fg = "red",
        font = ('微软雅黑',10,'bold'),justify = 'left',width = 300,height = 300)
    lst. pack(side = 'top')
    lbl1 = tkinter. Label(mainwindow,text = '输入您的昵称:',width = 20)
    lbl1. place(x = 5,y = 270)
    msg = tkinter. StringVar()
    edt1 = tkinter. Entry(mainwindow,textvariable = msg,width = 150)
    edt1. place(x = 150,y = 270)
    edt1. bind("<Return>",link)
    btn1 = tkinter. Button(mainwindow,text = "连接",command = link,width = 6)
    btn1. place(x = 350,y = 270)
    server_socket = socket. socket(socket. AF_INET,socket. SOCK_STREAM)
    server_add = ('127. 0. 0. 1',6666)
    server_socket. connect(server_add)
    # 关闭主窗口之前运行回调函数 over,处理与服务端断开连接事务
    # WM_DELETE_WINDOW 是主窗口与应用程序间的通信协议,表示将销毁窗口
    mainwindow. protocol("WM_DELETE_WINDOW",over)
    mainwindow. mainloop()
    server_socket. close()
```

开启服务端,再开启两个客户端,网络聊天室系统的服务端运行结果如图 10 - 3 所示,客户端运行结果如图 10 - 4 所示。

图 10 - 4 中,左侧是匿名为"小明儿"的用户聊天信息,右侧是匿名为"小青儿"的聊天信息。

图 10 - 3 网络聊天室（服务端）

图 10 - 4 网络聊天室（客户端）

任务 10.3 综合项目：学生信息管理系统的设计和实现

到目前为止，我们已经学习了 Python 基础知识、函数与模块、面向对象高级编程、文件读写操作、操作数据库、多线程编程、网络通信、图形界面编程等技术，下面利用这些知识来完成一个综合项目：学生信息管理系统的设计和实现。

1. 系统设计

（1）功能简介

本任务虽不是一个完整的管理系统，但也体现了一个管理系统设计和开发的整体过程。主要功能有：

① 系统登录，如图 10 - 5 所示。

② 修改密码，如图 10 - 6 所示。

③ 专业管理，如图 10 - 7 所示。

④ 班级管理，如图 10 - 8 所示。

⑤ 学生管理，如图 10 - 9 所示。

图 10 - 5 系统登录

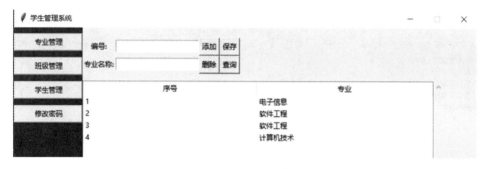

图 10-6 修改密码

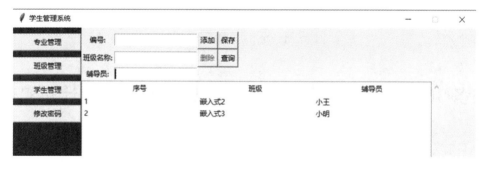

图 10-7 专业管理

图 10-8 班级管理

图 10-9 学生管理

（2）工程结构

本项目采用分层设计模式，包括模型层 model、业务逻辑层 bll、视图层 pages，如图 10-10 所示。

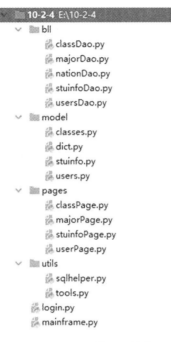

图 10-10　系统工程结构

其中：utils 是封装好的工具类、数据库操作类的包，login.py 为登录页面，mainframe.py 是系统主界面。

2. 系统实现

（1）创建数据库表

本任务采用 MySQL 数据库，数据库 student 及系统所需的数据表用 sql 文件存储，sql 文件的内容如下。

```
CREATE DATABASE IF NOT EXISTS 'student' DEFAULT CHARACTER SET utf8;
USE 'student';
CREATE TABLE IF NOT EXISTS 'stuinfo'('id'  char(4)NOT NULL COMMENT '学号','name'  varchar(20)
NULL COMMENT '姓名','sex'  char(1)NULL COMMENT '性别','nation'  varchar(100)NULL COMMENT '民族',
'birthday'  date NULL COMMENT '出生日期','phone'  varchar(30)NULL COMMENT '电话','address'  varchar
(100)NULL COMMENT '住址','resume'  varchar(200)NULL COMMENT '个人简介','classname'varchar(100)NULL
COMMENT '班级',PRIMARY KEY('id'));
CREATE TABLE IF NOT EXISTS 'nation'('id' varchar(2)PRIMARY KEY COMMENT '民族 id','name' varchar
(100)NULL COMMENT '名称');
CREATE TABLE IF NOT EXISTS 'major'('id' INT PRIMARY KEY AUTO_INCREMENT COMMENT '专业 id','name'
varchar(100)NULL COMMENT '专业名称');
```

```
CREATE TABLE IF NOT EXISTS 'classes'('id' INT PRIMARY KEY AUTO_INCREMENT COMMENT '班级 id','name'
varchar(100)NULL COMMENT '班级名称','assistant' varchar(20)NULL COMMENT '辅导员');
CREATE TABLE IF NOT EXISTS 'users'('username' varchar(20)PRIMARY KEY COMMENT '用户名','nickname'
varchar(20)NULL COMMENT '昵称','pwd' varchar(32)NULL COMMENT '密码');
INSERT INTO 'nation' VALUES('01','汉族');
INSERT INTO 'nation' VALUES('02','蒙古族');
# 添加其他民族数据(省略)
```

接下来使用 Navicat for MySQL 工具导入 SQL 文件方式创建库表，如图 10 - 11 所示。

图 10 - 11 导入 SQL 文件创建数据库表

（2）工具类

① 生成 md5 加密字符串的工具类，需要导入 hashlib 模块。

```
import hashlib

class Tools(object):
    def md5(pwd):
        return hashlib.md5(str(pwd).encode()).hexdigest().upper()
```

② 数据库操作类。数据库表的操作主要有：数据库连接、增删改操作、查询操作、关闭连接，封装在 SqlHelper 类中，代码如下：

```
class Sqlhelper():
    # 构造方法中创建数据库连接
    def __init__(self,host,db,user,pwd,port = 3306,charset = 'utf8'):
        self.conn = pymysql.Connect(host = host,port = port,user = user,password = pwd,db = db,charset = charset)

    # 增删改操作方法
    def execute(self,sql):
```

```
        cur = self.conn.cursor()
        cur.execute(sql)
        self.conn.commit()
        cur.close()


#  查询操作方法
    def query(self,sql):
        cur = self.conn.cursor()
        cur.execute(sql)
        result = cur.fetchall()
        cur.close()
        return result


#  析构方法中关闭数据库连接
    def __del__(self):
        self.conn.close()
```

（3）模型层

一个数据表基本对应着一个实体模型类，类的私有数据成员名称与数据库表的列名基本保持一致，同时通过属性的方式进行管理，具体如下。

① 用户类。代码如下：

```
class Users():
    def __getUsername(self):
        return self.__username
    def __getNickname(self):
        return self.__nickname
    def __getPassword(self):
        return self.__password
    def __setUsername(self,username):
        self.__username = username
    def __setNickname(self,nickname):
        self.__nickname = nickname
    def __setPassword(self,pwd):
        self.__password = pwd
    username = property(__getUsername,__setUsername)
    nickname = property(__getNickname,__setNickname)
    password = property(__getPassword,__setPassword)
```

② 字典类。民族和专业都是只有 id 和名称，这里统一使用字典类 Dict，代码如下：

```
#  说明,民族和专业直接使用 Dict 类
```

```
class Dict():
    def __getId(self):
        return self.__id
    def __getName(self):
        return self.__name
    def __setId(self,id):
        self.__id = id
    def __setName(self,name):
        self.__name = name
    id = property(__getId,__setId)
    name = property(__getName,__setName)
```

③ 班级类。班级信息除了有 id 和名称之外，还有"辅导员"列，通过继承自 Dict 类来创建班级类 Classes，代码如下：

```
from model.dict import Dict
class Classes(Dict):
    def __getAssistant(self):
        return self.__assistant
    def __setAssistant(self,assistant):
        self.__assistant = assistant


    assistant = property(__getAssistant,__setAssistant)
```

④ 学生类。代码如下：

```
class Users():
    def __getUsername(self):
        return self.__username
    def __getNickname(self):
        return self.__nickname
    def __getPassword(self):
        return self.__password
    def __setUsername(self,username):
        self.__username = username
    def __setNickname(self,nickname):
        self.__nickname = nickname
    def __setPassword(self,pwd):
        self.__password = pwd
    username = property(__getUsername,__setUsername)
    nickname = property(__getNickname,__setNickname)
    password = property(__getPassword,__setPassword)
```

（4）业务逻辑操作层

根据系统功能需求，业务逻辑操作层包括以下，其中所有业务逻辑层的类都使用了 SqlHelper 类的对象。

① 用户管理类。这里包括两项功能，一是修改密码，返回值 1 表示修改成功，0 表示修改失败；二是登录验证，返回数据类型是用户实体类对象 user，如果返回 None 表示用户登录失败，否则返回登录成功的用户实体对象。代码如下：

```python
class UsersDao():
#修改密码
    def save(self,pwd1,pwd2):
        sqlHelper = Sqlhelper('127.0.0.1','student','root','root')
        sql = f'select * from users where pwd = "{Tools.md5(pwd1)}"'
        res = sqlHelper.query(sql)
        if len(res) == 0:
            return 0
        else:
            sql = 'update users set pwd = "{}"'.format(Tools.md5(pwd2))
            sqlHelper.execute(sql)
            return 1


    # 登录验证
    def login(self,username,password):
        sqlHelper = Sqlhelper('127.0.0.1','student','root','root')
        sql = f'select * from users where username = "{username}" and pwd = "{Tools.md5(password)}"'
        res = sqlHelper.query(sql)
        if len(res) == 0:
            return None
        else:
            user = Users
            user.username = username
            user.nickname = res[0][1]
            return user
```

② 民族管理类。民族信息是一个字典库，无须进行增删改操作，只需获取民族列表，列表的成员是字典对象，代码如下：

```python
class NationDao():
    def getNationList(self):
        sqlHelper = Sqlhelper('127.0.0.1','student','root','root')
        sql = 'select * from nation'
        res = sqlHelper.query(sql)
```

```
        nationList = []
        for item in res:
            nation = Dict()
            nation.id = item[0]
            nation.name = item[1]
            nationList.append(nation)
        return nationList
```

③ 专业管理类。包括增、删、改、查操作，代码如下：

```
class MajorDao():
    # 获取专业列表
    def getMajorList(self,name=''):
        sqlHelper = Sqlhelper('127.0.0.1','student','root','root')
        sql = 'select * from major where name like "%{}%"'.format(name)
        res = sqlHelper.query(sql)
        majorList = []
        for item in res:
            dict = Dict()
            dict.id = item[0]
            dict.name = item[1]
            majorList.append(dict)
        return majorList

    # 添加记录
    def insert(self,name):
        sqlHelper = Sqlhelper('127.0.0.1','student','root','root')
        sql = 'insert into major(name)values("{}")'.format(name)
        sqlHelper.execute(sql)

    # 修改数据
    def save(self,item):
        sqlHelper = Sqlhelper('127.0.0.1','student','root','root')
        sql = 'update major set name = "{}" where id = {}'.format(item.name,item.id)
        sqlHelper.execute(sql)

    # 删除记录
    def delete(self,id):
        sqlHelper = Sqlhelper('127.0.0.1','student','root','root')
        sql = 'delete from major where id = {}'.format(id)
        sqlHelper.execute(sql)
```

④ 班级管理类。包括增、删、改、查操作，可根据"班级名称""辅导员"查询，代码如下：

```
class ClassDao():
    # 获取班级列表
    def getClassList(self,name='',assistant=''):
        sqlHelper = Sqlhelper('127.0.0.1','student','root','root')
        sql = 'select * from classes where name like "%{}%" and assistant like "%{}%"'
.format(name,assistant)
        res = sqlHelper.query(sql)
        classList = []
        for item in res:
            classes = Classes()
            classes.id = item[0]
            classes.name = item[1]
            classes.assistant = item[2]
            classList.append(classes)
        return classList


    # 添加记录
    def insert(self,name,assistant):
        sqlHelper = Sqlhelper('127.0.0.1','student','root','root')
        sql = 'insert into classes(name,assistant)values("{}","{}")'.format(name,assis-
tant)
        sqlHelper.execute(sql)


    # 修改记录
    def save(self,item):
        sqlHelper = Sqlhelper('127.0.0.1','student','root','root')
        sql = 'update classes set name = "{}",assistant = "{}" where id = "{}")'\.
            format(item.name,item.assistant,item.id)
        sqlHelper.execute(sql)


    # 删除记录
    def delete(self,id):
        sqlHelper = Sqlhelper('127.0.0.1','student','root','root')
        sql = 'delete from classes where id = {}'.format(id)
        sqlHelper.execute(sql)
```

⑤ 学生管理类。包括增、删、改、查操作，根据"学生姓名"查询，代码如下：

```
class StuinfoDao():
```

```python
# 获取全部学生列表
def getStuAllList(self,name = ''):
    sqlHelper = Sqlhelper('127.0.0.1','student','root','root')
    sql = 'select * from stuinfo where name like "%{}%"'.format(name)
    res = sqlHelper.query(sql)
    stuAllList = []
    for item in res:
        stu = Stuinfo()
        stu.id = item[0]
        stu.name = item[1]
        stu.sex = item[2]
        stu.nation = item[3]
        stu.birthday = item[4]
        stu.phone = item[5]
        stu.address = item[6]
        stu.resume = item[7]
        stu.classname = item[8]
        stuAllList.append(stu)
    return stuAllList


# 根据班级名称获取学生列表
def getStuListByClassname(self,name):
    sqlHelper = Sqlhelper('127.0.0.1','student','root','root')
    sql = 'select id from classes where name like "%{}%"'.format(name)
    res = sqlHelper.query(sql)
    if len(res) == 0:
        return None
    else:
        classid = res[0][0]
        sql = 'select * from stuinfo where classid={}'.format(classid)
        res = sqlHelper.query(sql)
        stuList = []
        for item in res:
            stu = Stuinfo()
            stu.id = item[0]
            stu.name = item[1]
            stu.sex = item[2]
            stu.nation = item[3]
            stu.birthday = item[4]
            stu.phone = item[5]
            stu.address = item[6]
            stu.resume = item[7]
```

```
                stu. classname = item[8]
                stuList. append(stu)
            return stuList


    # 添加记录
    def insert(self,stuinfo):
        sqlHelper = Sqlhelper('127. 0. 0. 1','student','root','root')
        sql = ' insert into stuinfo values("{}","{}",{},"{}","{}","{}","{}","{}","{}")'
. format(
                stuinfo. id, stuinfo. name, stuinfo. sex, stuinfo. nation, stuinfo. birthday,
stuinfo. phone,
            stuinfo. address,stuinfo. resume,stuinfo. classname
        )
        print(sql)
        sqlHelper. execute(sql)


    # 修改记录
    def update(self,stuinfo):
        sqlHelper = Sqlhelper('127. 0. 0. 1','student','root','root')
        sql = 'update stuinfo set name = "{}",sex = {},nation = "{}",birthday = "{}",phone =
"{}",address = "{}",resume = "{}",classname = "{}" where id = "{}". format(
            stuinfo. name,stuinfo. sex,stuinfo. nation,stuinfo. birthday,stuinfo. phone,
            stuinfo. address,stuinfo. resume,stuinfo. classname,stuinfo. id
        )
        print(sql)
        sqlHelper. execute(sql)


    # 删除记录
    def delete(self,id):
        sqlHelper = Sqlhelper('127. 0. 0. 1','student','root','root')
        sql = 'delete from stuinfo where id = "{}". format(id)
        sqlHelper. execute(sql)
```

（5）视图层

包括实现任务的所有功能模块所需的页面文件。本任务的页面控件都采用绝对 place 布局，由于页面设计代码较多且单一，这里主要列出页面的功能代码。

① 修改密码页面。varPwd1、varPwd2、varPwd3 是存放"原密码""新密码""确认密码"3 个文本框内容的动态数据变量。

```
import tkinter
from tkinter import messagebox
```

```
import tkinter as tk
from bll.usersDao import UsersDao


class UserPage():
    def __init__(self,tableFrame):
        self.tableFrame = tableFrame

        # 使用 grid 管理整体布局
        self.inputFrame = tk.Frame(self.tableFrame)
        self.inputFrame.grid(row = 0,column = 0,sticky = 'ew')    # 使用 'nsew' 使得框架在垂直
和水平方向上都居中显示

        # 原始密码
        self.lblOriginalPwd = tk.Label(self.inputFrame,text = '原始密码:')
        self.lblOriginalPwd.grid(row = 0,column = 0,padx = (200,5),pady = 20)  # 添加左边距
        self.varOriginalPwd = tk.StringVar()
        self.edtOriginalPwd = tk.Entry(self.inputFrame,textvariable = self.varOriginalPwd)
        self.edtOriginalPwd.grid(row = 0,column = 1,padx = 5,pady = 20)

        # 新密码
        self.lblNewPwd = tk.Label(self.inputFrame,text = '新密码:')
        self.lblNewPwd.grid(row = 1,column = 0,padx = (200,5),pady = 20)  # 添加左边距
        self.varNewPwd = tk.StringVar()
        self.edtNewPwd = tk.Entry(self.inputFrame,textvariable = self.varNewPwd)
        self.edtNewPwd.grid(row = 1,column = 1,padx = 5,pady = 5)

        # 确认密码
        self.lblConfirmPwd = tk.Label(self.inputFrame,text = '确认密码:')
        self.lblConfirmPwd.grid(row = 2,column = 0,padx = (200,5),pady = 20)  # 添加左边距
        self.varConfirmPwd = tk.StringVar()
        self.edtConfirmPwd = tk.Entry(self.inputFrame,textvariable = self.varConfirmPwd)
        self.edtConfirmPwd.grid(row = 2,column = 1,padx = 5,pady = 5)

        # 保存按钮
        self.btnSave = tk.Button(self.inputFrame,text = '保存',command = self.save)
        self.btnSave.grid(row = 3,column = 0,columnspan = 2,pady = 10,padx = (200,5))  # 跨
两列,添加左边距

        # 设置列权重,使得控件在水平方向居中
        self.inputFrame.grid_columnconfigure(0,weight = 1)
```

```
        self.inputFrame.grid_columnconfigure(1,weight = 1)

    def save(self):
        if self.varPwd1.get() = = "":

            tkinter.messagebox.showinfo("提示","请输入原始密码!")
            self.edtPwd1.focus()
            return
        if self.varPwd2.get() = = self.varPwd3.get()and self.varPwd2.get().strip()! = ":
            # 修改密码
            res = UsersDao().save(self.varPwd1.get(),self.varPwd2.get())
            if int(res) = = 0:
                tkinter.messagebox.showwarning("提示","原密码错误!")
                return
            else:
                tkinter.messagebox.showinfo("提示","密码修改成功!")
                return
        else:
            tkinter.messagebox.showinfo("提示","新密码和确认密码要求一致\n或新密码不能
为空!")
            self.edtPwd3.focus()
            return

    def clearAllWidgets(self):
        # Iterate through all widgets in the inputFrame
        for widget in self.inputFrame.winfo_children():
            # Check if the widget is a Label,Entry,or Button
            if isinstance(widget,(tk.Label,tk.Entry,tk.Button)):
                # Remove the widget from the grid
                widget.grid_forget()

    def destroy(self):
        # Clear entry widget values
        self.clearAllWidgets()
```

② 专业管理页面。上部分是专业数据输入或存放的控件组，下部分是用户显示数据的表格。表格对象采用 tkinter.ttk.Treeview 模块库，并绑定水平和垂直滚动条，主要代码为：

```
xbar = tkinter.ttk.Scrollbar(self.tableFrame,orient = 'horizontal')# 水平滚动条
ybar = tkinter.ttk.Scrollbar(self.tableFrame,orient = 'vertical')  # 垂直滚动条
```

```
title = ['序号','专业']
self.table = tkinter.ttk.Treeview(self.tableFrame,columns = title,height = 23,
    yscrollcommand = ybar.set,xscrollcommand = xbar.set,show = 'headings')
```

业务程序包括：从数据库读取数据、表格选择记录、清空上部分控件数据、清空表格数据、对专业增删改查操作，具体代码如下：

```
import tkinter
from tkinter import messagebox
from tkinter import ttk
import tkinter as tk
from bll.majorDao import MajorDao
from model.dict import Dict
import tkinter.font as tkFont    # 导入 tkFont 模块
class MajorPage():

    def __init__(self,tableFrame):
        self.tableFrame = tableFrame

        # 使用 grid 管理整体布局
        self.inputFrame = tk.Frame(self.tableFrame)
        self.inputFrame.grid(row = 0,column = 0,sticky = 'ew')

        self.lblId = tk.Label(self.inputFrame,text = '编号:')
        self.lblId.grid(row = 0,column = 0)
        self.varId = tk.StringVar()
        self.edtId = tk.Entry(self.inputFrame,textvariable = self.varId)
        self.edtId.grid(row = 0,column = 1)

        self.btnAdd = tk.Button(self.inputFrame,text = '添加',command = self.insert)
        self.btnAdd.grid(row = 0,column = 2)

        self.btnSave = tk.Button(self.inputFrame,text = '保存',command = self.save)
        self.btnSave.grid(row = 0,column = 3)

        self.lblName = tk.Label(self.inputFrame,text = '专业名称:')
        self.lblName.grid(row = 1,column = 0)
        self.varName = tk.StringVar()
        self.edtName = tk.Entry(self.inputFrame,textvariable = self.varName)
        self.edtName.grid(row = 1,column = 1)

        self.btnDelete = tk.Button(self.inputFrame,text = '删除',command = self.delete)
```

```python
        self.btnDelete.grid(row = 1,column = 2)

        self.btnQuery = tk.Button(self.inputFrame,text = '查询',command = self.query)
        self.btnQuery.grid(row = 1,column = 3)

        # 使用 grid 管理整体布局
        self.inputFrame.grid(row = 0,column = 0,sticky = 'ew')

        # 添加上部分专业数据输入或存放的控件组
        self.tableContainer = tk.Frame(self.tableFrame)
        self.tableContainer.grid(row = 1,column = 0,sticky = 'nsew')

        self.title = ['序号','专业']
        self.table = ttk.Treeview(self.tableContainer,columns = self.title,height = 23,show =
'headings')
        self.table.heading('#1',text = '序号')    # 添加表头
        self.table.heading('#2',text = '专业')    # 添加表头

        self.xbar = tk.Scrollbar(self.tableContainer,orient = 'horizontal',command = self.
table.xview)
        self.ybar = tk.Scrollbar(self.tableContainer,orient = 'vertical',command = self.
table.yview)

        self.table.configure(yscrollcommand = self.ybar.set,xscrollcommand = self.xbar.set)

        self.table.grid(row = 0,column = 0,sticky = 'nsew')    # 使表格填充整个 tableFrame
        self.ybar.grid(row = 0,column = 1,sticky = 'ns')    # 设置垂直滚动条
        self.xbar.grid(row = 1,column = 0,sticky = 'ew')    # 设置水平滚动条

        self.tableContainer.grid_rowconfigure(0,weight = 1)    # 让表格行可以填充剩余空间
        self.tableContainer.grid_columnconfigure(0,weight = 1)    # 让表格列可以填充剩余空间

        self.readdata('')    # 初始化时读取数据


    # 从数据库读取数据
    def readdata(self,name):
        self.clearTable()
        for item in MajorDao().getMajorList(name):
            self.table.insert('','end',values = [item.id,item.name])


    # 选择表格记录
```

```python
def treeSel(self,event):
    item = self.table.selection()
    itemvalues = self.table.item(item,'values')
    self.clearEntry()
    self.varId.set(itemvalues[0])
    self.varName.set(itemvalues[1])
    self.btnDelete.config(state = "normal")
    # Define flag variable
    self.flag = 0


# 清空控件的数据
def clearEntry(self):
    self.varId.set("")
    self.varName.set("")


# 清空表格内容
def clearTable(self):
    for row in self.table.get_children():
        self.table.delete(row)


# 添加按钮点击操作
def insert(self):
    self.flag = 1
    self.clearEntry()


# 保存按钮点击操作
def save(self):
    if self.varName.get() == "":
        return
    if self.flag == 0:
        # 保存数据
        dict_ = Dict()
        dict_.id = self.varId.get()
        dict_.name = self.varName.get()
        MajorDao().save(dict_)
        messagebox.showinfo("提示","修改成功!")
    else:
        # 插入数据
        MajorDao().insert(self.varName.get())
        messagebox.showinfo("提示","添加成功!")
        self.clearEntry()
        self.btnDelete.config(state = "disabled")
```

```
        self.clearTable()
        self.readdata(")


    # 删除记录
    def delete(self):
        if self.varId.get() = = ":
            return
        if messagebox.askyesno("警告","确定要删除?"):
            # 开始删除
            MajorDao().delete(self.varId.get())
            self.clearEntry()
            self.clearTable()
            self.readdata(")


    # 查询
    def query(self):
        self.clearTable()
        self.readdata(self.varName.get())


    def clearAllWidgets(self):
        # Iterate through all widgets in the inputFrame
        for widget in self.inputFrame.winfo_children():
            # Check if the widget is a Label,Entry,or Button
            if isinstance(widget,(tk.Label,tk.Entry,tk.Button)):
                # Remove the widget from the grid
                widget.grid_forget()
    def destroy(self):
        # Clear entry widget values
        self.clearAllWidgets()


        # Clear table content
        self.clearTable()
```

③ 班级管理页面。班级管理功能代码和专业管理基本类似。

```
# 从数据库读取数据
import tkinter
from tkinter import messagebox
from bll.classDao import ClassDao
from model.classes import Classes
import tkinter as tk
from tkinter import ttk
```

```python
class ClassesPage():
    def __init__(self,tableFrame):
        self.tableFrame = tableFrame

        # 使用 grid 管理整体布局
        self.inputFrame = tk.Frame(self.tableFrame)
        self.inputFrame.grid(row = 0,column = 0,sticky = 'ew')

        self.lblId = tk.Label(self.inputFrame,text = '编号:')
        self.lblId.grid(row = 0,column = 0)
        self.varId = tk.StringVar()
        self.edtId = tk.Entry(self.inputFrame,textvariable = self.varId)
        self.edtId.grid(row = 0,column = 1)

        self.btnAdd = tk.Button(self.inputFrame,text = '添加',command = self.insert)
        self.btnAdd.grid(row = 0,column = 2)

        self.btnSave = tk.Button(self.inputFrame,text = '保存',command = self.save)
        self.btnSave.grid(row = 0,column = 3)

        self.lblName = tk.Label(self.inputFrame,text = '班级名称:')
        self.lblName.grid(row = 1,column = 0)
        self.varName = tk.StringVar()
        self.edtName = tk.Entry(self.inputFrame,textvariable = self.varName)
        self.edtName.grid(row = 1,column = 1)

        self.btnDelete = tk.Button(self.inputFrame,text = '删除',command = self.delete)
        self.btnDelete.grid(row = 1,column = 2)

        self.btnQuery = tk.Button(self.inputFrame,text = '查询',command = self.query)
        self.btnQuery.grid(row = 1,column = 3)

        self.varAssistantName = tk.Label(self.inputFrame,text = '辅导员:')
        self.varAssistantName.grid(row = 2,column = 0)
        self.varAssistant = tk.StringVar()
        self.editAssistantName = tk.Entry(self.inputFrame,textvariable = self.varAssistant)
        self.editAssistantName.grid(row = 2,column = 1)


        # 使用 grid 管理整体布局
        self.inputFrame.grid(row = 0,column = 0,sticky = 'ew')
```

```
　　　　　# 添加上部分专业数据输入或存放的控件组
　　　　　self. tableContainer = tk. Frame(self. tableFrame)
　　　　　self. tableContainer. grid(row = 1,column = 0,sticky = 'nsew')


　　　　　self. title = ['序号','班级','辅导员']
　　　　　self. table = ttk. Treeview(self. tableContainer,columns = self. title,height = 23,show =
'headings')
　　　　　self. table. heading('#1',text = '序号')　　# 添加表头
　　　　　self. table. heading('#2',text = '班级')　　# 添加表头
　　　　　self. table. heading('#3',text = '辅导员')　　# 添加表头


　　　　　self. xbar = tk. Scrollbar(self. tableContainer,orient = 'horizontal',command = self.
table. xview)
　　　　　self. ybar = tk. Scrollbar(self. tableContainer,orient = 'vertical',command = self.
table. yview)


　　　　　self. table. configure(yscrollcommand = self. ybar. set,xscrollcommand = self. xbar. set)


　　　　　self. table. grid(row = 0,column = 0,sticky = 'nsew')　　# 使表格填充整个 tableFrame
　　　　　self. ybar. grid(row = 0,column = 1,sticky = 'ns')　　# 设置垂直滚动条
　　　　　self. xbar. grid(row = 1,column = 0,sticky = 'ew')　　# 设置水平滚动条


　　　　　self. tableContainer. grid_rowconfigure(0,weight = 1)　# 让表格行可以填充剩余空间
　　　　　self. tableContainer. grid_columnconfigure(0,weight = 1)　# 让表格列可以填充剩余空间


　　　　　self. readdata(",")　　# 初始化时读取数据

　　def readdata(self,name,assistant):
　　　　　for item in ClassDao(). getClassList(name,assistant):
　　　　　　　self. table. insert(",'end',values = [item. id,item. name,item. assistant])



　　# 表格中选择记录
　　def treeSel(self,event):
　　　　　item = self. table. selection()
　　　　　itemvalues = self. table. item(item,'values')
　　　　　self. clearEntry()
　　　　　# self. edtId. insert(0,itemvalues[0])
　　　　　self. varId. set(itemvalues[0])
　　　　　self. varName. set(itemvalues[1])
　　　　　self. varAssistant. set(itemvalues[2])
```

```
        self.btnDelete.config(state = "normal")
        self.flag = 0    # 用于保存数据


    # 清空控件的数据
    def clearEntry(self):
        self.varId.set("")
        self.varName.set("")
        self.varAssistant.set("")


    # 清空表格内容
    def clearTable(self):
        for row in self.table.get_children():
            self.table.delete(row)


    # 添加按钮点击操作
    def insert(self):
        self.flag = 1
        self.clearEntry()


    # 保存按钮点击操作
    def save(self):
        if self.varName.get() = = "":
            return
        if self.flag = = 0:
            # 保存数据
            item = Classes()
            item.id = self.varId.get()
            item.name = self.varName.get()
            item.assistant = self.varAssistant.get()
            ClassDao().save(item)
            tkinter.messagebox.showinfo("提示","修改成功!")
        else:
            # 插入数据
            ClassDao().insert(self.varName.get(),self.varAssistant.get())
            tkinter.messagebox.showinfo("提示","添加成功!")
            self.clearEntry()
            self.btnDelete.config(state = "disabled")
        self.clearTable()
        self.readdata(",")
```

```
# 删除记录
def delete(self):
    if self.varId.get()= =":
        return
    if tkinter.messagebox.askyesno("警告","确定要删除?"):
        # 开始删除
        ClassDao().delete(self.varId.get())
        self.clearEntry()
        self.clearTable()
        self.readdata(",")


# 查询
def query(self):
    self.clearTable()
    self.readdata(self.varName.get(),self.varAssistant.get())


def clearAllWidgets(self):
    # Iterate through all widgets in the inputFrame
    for widget in self.inputFrame.winfo_children():
        # Check if the widget is a Label,Entry,or Button
        if isinstance(widget,(tk.Label,tk.Entry,tk.Button)):
            # Remove the widget from the grid
            widget.grid_forget()
def destroy(self):
    # Clear entry widget values
    self.clearAllWidgets()

    # Clear table content
    self.clearTable()
```

④ 学生管理页面。学生管理功能代码和专业管理基本类似。

```
# 从数据库读取数据
import tkinter
from tkinter import messagebox
from bll.stuinfoDao import StuinfoDao
from model.stuinfo import Stuinfo
import tkinter as tk
from tkinter import ttk
import tkinter.font as tkFont    # 导入 tkFont 模块
```

```
class StuinfoPage():
    # Define the sexDict attribute for gender conversion
    sexDict = {'1':'男','0':'女'}   # Updated to use integer keys


    # sexDict = {'男':1,'女':0}


    def __init__(self,tableFrame):
        self.tableFrame = tableFrame
        self.flag = -1


        # 使用 grid 管理整体布局
        self.inputFrame = tk.Frame(self.tableFrame)
        self.inputFrame.grid(row=0,column=0,sticky='ew')


        # 学号
        self.lblId = tk.Label(self.inputFrame,text='学号:')
        self.lblId.grid(row=0,column=0)
        self.varId = tk.StringVar()
        self.edtId = tk.Entry(self.inputFrame,textvariable=self.varId)
        self.edtId.grid(row=0,column=1)


        # 民族
        self.nationLabel = tk.Label(self.inputFrame,text='民族:')
        self.nationLabel.grid(row=0,column=2)
        self.varNation = tk.StringVar()
        self.edtNationName = tk.Entry(self.inputFrame,textvariable=self.varNation)
        self.edtNationName.grid(row=0,column=3)


        # 住址
        self.locationLabel = tk.Label(self.inputFrame,text='住址:')
        self.locationLabel.grid(row=0,column=4)
        self.varAddress = tk.StringVar()
        self.edtLocation = tk.Entry(self.inputFrame,textvariable=self.varAddress)
        self.edtLocation.grid(row=0,column=5)


        self.btnAdd = tk.Button(self.inputFrame,text='添加',command=self.insert)
        self.btnAdd.grid(row=0,column=6)


        self.btnSave = tk.Button(self.inputFrame,text='保存',command=self.save)
        self.btnSave.grid(row=0,column=7)
        self.btnDelete = tk.Button(self.inputFrame,text='删除',command=self.delete)
```

```
        self. btnDelete. grid(row = 0,column = 8)


        # 姓名
        self. nameLabel = tk. Label(self. inputFrame,text ='姓名:')
        self. nameLabel. grid(row = 1,column = 0)
        self. varName = tk. StringVar()
        self. edtName = tk. Entry(self. inputFrame,textvariable = self. varName)
        self. edtName. grid(row = 1,column = 1)


        # 生日
        self. birthDayLabel = tk. Label(self. inputFrame,text ='生日:')
        self. birthDayLabel. grid(row = 1,column = 2)
        self. varBirth = tk. StringVar()
        self. edtBirthDay = tk. Entry(self. inputFrame,textvariable = self. varBirth)
        self. edtBirthDay. grid(row = 1,column = 3)


        # 兴趣
        self. interestLabel = tk. Label(self. inputFrame,text ='兴趣:')
        self. interestLabel. grid(row = 1,column = 4)
        self. varResume = tk. StringVar()
        self. edtInterest = tk. Entry(self. inputFrame,textvariable = self. varResume)
        self. edtInterest. grid(row = 1,column = 5)


        self. btnSearch = tk. Button(self. inputFrame,text ='按名字查询',command = self. query)
        self. btnSearch. grid(row = 1,column = 6)


        # 性别
        self. genderLabel = tk. Label(self. inputFrame,text ='性别:')
        self. genderLabel. grid(row = 2,column = 0)
        self. varSex = tk. StringVar()
        self. varSex. set('男')    # 默认选中男性
        self. genderOptionMale = tk. Radiobutton(self. inputFrame,text ='男',variable = self.
varSex,value ='男',width = 1)
        self. genderOptionMale. grid(row = 2,column = 1,sticky ='w')
        self. genderOptionFemale = tk. Radiobutton (self. inputFrame, text ='女', variable =
self. varSex,value ='女',width = 1)
        self. genderOptionFemale. grid(row = 2,column = 1,sticky ='e')


        # 电话
        self. telphoneLabel = tk. Label(self. inputFrame,text ='电话:')
        self. telphoneLabel. grid(row = 2,column = 2)
```

```
        self. varPhone = tk. StringVar()
        self. telphoneName = tk. Entry(self. inputFrame,textvariable = self. varPhone)
        self. telphoneName. grid(row = 2,column = 3)


        # 班级
        self. classNameLabel = tk. Label(self. inputFrame,text ='班级:')
        self. classNameLabel. grid(row = 2,column = 4)
        self. varClassname = tk. StringVar()
        self. classNameStrName = tk. Entry(self. inputFrame,textvariable = self. varClassname)
        self. classNameStrName. grid(row = 2,column = 5)


        # 使用 grid 管理整体布局
        self. inputFrame. grid(row = 0,column = 0,sticky ='ew')

        # 添加上部分专业数据输入或存放的控件组
        self. tableContainer = tk. Frame(self. tableFrame)
        self. tableContainer. grid(row = 1,column = 0,sticky ='nsew')

        self. title = ['学号','姓名','性别','民族','出生日期','电话','住址','爱好','班级']
        self. table = ttk. Treeview(self. tableContainer,columns = self. title,height = 23,show ='headings')
        self. table. heading('#1',text ='学号')    # 添加表头
        self. table. heading('#2',text ='姓名')    # 添加表头
        self. table. heading('#3',text ='性别')    # 添加表头
        self. table. heading('#4',text ='民族')    # 添加表头
        self. table. heading('#5',text ='出生日期')   # 添加表头
        self. table. heading('#6',text ='电话')    # 添加表头
        self. table. heading('#7',text ='住址')    # 添加表头
        self. table. heading('#8',text ='爱好')    # 添加表头
        self. table. heading('#9',text ='班级')    # 添加表头

        # 自适应调整表头宽度
        for col in self. title:
            self. table. heading(col,text = col,anchor ='center')
            self. table. column(col,width = tkFont. Font(). measure(col))   # 初始宽度

        self. xbar = tk. Scrollbar(self. tableContainer,orient =' horizontal ',command = self. table. xview)
        self. ybar = tk. Scrollbar(self. tableContainer,orient ='vertical',command = self. table. yview)
```

```
        self.table.configure(yscrollcommand = self.ybar.set,xscrollcommand = self.xbar.set)

        self.table.grid(row = 0,column = 0,sticky = 'nsew')      # 使表格填充整个 tableFrame
        self.ybar.grid(row = 0,column = 1,sticky = 'ns')     # 设置垂直滚动条
        self.xbar.grid(row = 1,column = 0,sticky = 'ew')     # 设置水平滚动条

        self.tableContainer.grid_rowconfigure(0,weight = 1)  # 让表格行可以填充剩余空间
        self.tableContainer.grid_columnconfigure(0,weight = 1)  # 让表格列可以填充剩余空间

        self.readdata(")   # 初始化时读取数据

def readdata(self,name):
    for item in StuinfoDao().getStuAllList(name):
        self.table.insert(",'end',values = [item.id,item.name,self.sexDict[item.sex],
                                    item.nation,   item.birthday,   item.phone,
                                    item.address,item.resume,item.classname])


# 选择表格记录
def treeSel(self,event):
    item = self.table.selection()
    itemvalues = self.table.item(item,'values')
    self.clearEntry()
    # self.edtId.insert(0,itemvalues[0])
    self.varId.set(itemvalues[0])
    self.varName.set(itemvalues[1])
    self.varSex.set(self.sexDict2[itemvalues[2]])
    self.varNation.set(itemvalues[3])
    self.varBirth.set(itemvalues[4])
    self.varPhone.set(itemvalues[5])
    self.varAddress.set(itemvalues[6])
    self.varResume.set(itemvalues[7])
    self.varClassname.set(itemvalues[8])
    self.btnDelete.config(state = "normal")
    self.flag = 0   # 用于保存数据

    # 清空控件的数据

def clearEntry(self):
    self.varId.set("")
    self.varName.set("")
    self.varSex.set(1)
```

```
        self.varNation.set("汉族")
        self.varBirth.set("2000－1－1")
        self.varPhone.set("")
        self.varAddress.set("")
        self.varResume.set("")
        self.varClassname.set("")
        # self.varAssistant.set("")
        # self.edtName.delete(0,END)


    # 清空表格内容
    def clearTable(self):
        for row in self.table.get_children():
            self.table.delete(row)



    # 取消按钮点击操作
    def insert(self):
        self.flag = 1
        self.clearEntry()



    # 保存按钮点击操作
    def save(self):
        if self.varName.get() == "":
            return
        item = Stuinfo()
        item.id = self.varId.get()
        item.name = self.varName.get()
        item.sex = self.varSex.get()
        item.nation = self.varNation.get()
        item.birthday = self.varBirth.get()
        item.phone = self.varPhone.get()
        item.address = self.varAddress.get()
        item.resume = self.varResume.get()
        item.classname = self.varClassname.get()
        if self.flag == 0:
            # 保存数据
            # item.assistant = self.varAssistant.get()
            StuinfoDao().update(item)
            tkinter.messagebox.showinfo("提示","修改成功!")
        else:
```

```
        # 插入数据
        StuinfoDao().insert(item)
        tkinter.messagebox.showinfo("提示","添加成功!")
        self.clearEntry()
        self.btnDelete.config(state = "disabled")
    self.clearTable()
    self.readdata("")



# 删除记录
def delete(self):
    if self.varId.get() = = ":
        return
    if tkinter.messagebox.askyesno("警告","确定要删除?"):
        # 开始删除
        StuinfoDao().delete(self.varId.get())
        self.clearEntry()
        self.clearTable()
        self.readdata("")



# 查询
def query(self):
    tmp = self.varName.get()
    self.clearEntry()
    self.varName.set(tmp)
    self.clearTable()
    self.readdata(self.varName.get())


def clearAllWidgets(self):
    # Iterate through all widgets in the inputFrame
    for widget in self.inputFrame.winfo_children():
        # Check if the widget is a Label,Entry,or Button
        if isinstance(widget,(tk.Label,tk.Entry,tk.Button)):
            # Remove the widget from the grid
            widget.grid_forget()
def destroy(self):
    # Clear entry widget values
    self.clearAllWidgets()

    # Clear table content
    self.clearTable()
```

（6）其他页面

① 登录页面。登录页面相对简单，下面列出了在构造方法中的页面生成代码、功能代码。

```python
import tkinter
from tkinter import messagebox
from bll.usersDao import UsersDao
from mainframe import MainFrame


class Login():
    def __init__(self):
        self.main = tkinter.Tk()
        self.main.title('学生管理系统')
        width = self.main.winfo_screenwidth()
        height = self.main.winfo_screenheight()
        self.main.geometry('300x200+%d+%d' % ((width - 300)/2,(height - 200)/2))
        self.main.maxsize(300,200)
        self.main.minsize(300,200)
        tkinter.Label(self.main,text = "用户名:").grid(row = 0,column = 0,padx = 20,pady = 20)
        tkinter.Label(self.main,text = "密  码:").grid(row = 1,column = 0,padx = 20,pady = 20)
        self.user = tkinter.StringVar()
        self.pwd = tkinter.StringVar()
        entName = tkinter.Entry(self.main,textvariable = self.user)
        entPwd = tkinter.Entry(self.main,textvariable = self.pwd,show = " * ")
        entName.grid(row = 0,column = 1)
        entPwd.grid(row = 1,column = 1)
        btnOk = tkinter.Button(self.main,text = "登录",command = self.ok_click,width = 20)
        btnOk.grid(row = 2,column = 1)
        self.main.mainloop()
    # 登录按钮点击事件函数
    def ok_click(self):
        userDao = UsersDao()
        user = userDao.login(self.user.get(),self.pwd.get())
        if user == None:
            tkinter.messagebox.showwarning("提示","账号或密码错误")
        else:
            self.main.destroy()
            MainFrame(user.nickname)
```

② 系统主界面页面。同理，在构造方法中是页面代码，按钮的 command 参数使用了 lambda 函数，该函数根据点击按钮进行传参。

```
import tkinter
from pages. classPage import ClassesPage
from pages. majorPage import MajorPage
from pages. stuinfoPage import StuinfoPage
from pages. userPage import UserPage


class MainFrame():
    def __init__(self,nickname):
        self. mainframe = tkinter. Tk()
        self. mainframe. title('学生管理系统')
        self. mainframe. resizable(width = False,height = False)
        width = self. mainframe. winfo_screenwidth()
        height = self. mainframe. winfo_screenheight()
        self. mainframe. geometry('800x600 + %d + %d' % ((width - 800)/ 2,(height - 600)/ 2))
        self. leftFrame = tkinter. Frame(self. mainframe,width = 120,height = 600,background =
'#003344')
        # 要给命令事件传参数时,采用:lambda :方法名(参数)
        btn1 = tkinter. Button(self. leftFrame,text = "专业管理",command = lambda :self.
changePage(1))
        btn1. place(x = 0,y = 10,width = 120,height = 30)
        btn2 = tkinter. Button(self. leftFrame,text = "班级管理",command = lambda :self.
changePage(2))
        btn2. place(x = 0,y = 50,width = 120,height = 30)
        btn3 = tkinter. Button(self. leftFrame,text = "学生管理",command = lambda :self.
changePage(3))
        btn3. place(x = 0,y = 90,width = 120,height = 30)
        btn4 = tkinter. Button(self. leftFrame,text = "修改密码",command = lambda :
self. changePage(4))
        btn4. place(x = 0,y = 130,width = 120,height = 30)
        self. leftFrame. grid(row = 0,column = 0)
        self. rightFrame = tkinter. Frame(self. mainframe,width = 680,height = 600,background =
'#EEE8AA')
        self. rightFrame. grid(row = 0,column = 1)
        self. current_page = None
        tkinter. Label(self. rightFrame,text = "欢迎[{}]使用学生管理系统". format(nickname),
bg = "#003344",fg = "pink",
                    font = ('微软雅黑',20,' bold')). place(x = 0,y = 300,width = 680,height = 50)
        self. mainframe. mainloop()

    def changePage(self,index):
        if self. current_page:
```

```
        self. current_page. destroy()   # Destroy the previous page
    if index = = 1：
        self. current_page = MajorPage(self. rightFrame)
    elif index = = 2：
        self. current_page = ClassesPage(self. rightFrame)
    elif index = = 3：
        self. current_page = StuinfoPage(self. rightFrame)
    elif index = = 4：
        self. current_page = UserPage(self. rightFrame)


if __name__ = = '__main__':
    main = MainFrame("yzh")
```

至此，我们完成了本任务的设计和实现。

项目小结

本项目介绍了 MySQL 数据库的基本操作、使用 pymsql 第三方模块库管理数据库、多线程技术和网络套接字技术，最后是综合案例"学生信息管理系统的设计与实现"。

习 题

一、选择题

1. pymysql 中 _____ 函数用于 SQL 查询语句。

A. fetch   B. cursor   C. select   D. execute

2. pymysql 中 _____ 函数用于将某个操作提交到数据库。

A. commit   B. update   C. rollback   D. submit

3. 如果希望在一个程序中同时运行多个任务，那么较好的办法是 _____。

A. 使用多个进程   B. 编写多个函数分别调用
C. 使用多线程   D. 使用多个模块

4. 在 PYTHON 中，_____ 模块提供了异步编程的支持。

A. ASYNCIO   B. concurrent   C. async   D. threading

5. （多选题）关于使用多线程的说法，正确的是 _____。

A. 使用多线程可以防止主线程被阻塞
B. 使用多线程后，程序运行速度一定会提升
C. 每个线程完全独立，线程之间无法通信
D. 能够充分利用多核 CPU

6. （多选题）使用多线程的好处有 _____。

A. 防止主线程被阻塞   B. 程序运行得更快

C. 能够更好地保护共享数据　　　　　D. 能够充分利用多核 CPU

二、填空题

1. 在 Python 中创建数据表时，使用连接对象的_____方法获取游标对象。

2. MySQL 数据库的 SQL 语言中，用于排序的是_____子句。

3. Python 启动的第一个线程是_____线程，由其启动线程称为_____线程。

4. 启动线程的方法是_____。

5. 在 Python 3 中用于连接 MySQL 服务器的库是_____。

三、程序设计题

1. 创建一个简单的客户端—服务器应用程序，客户端发送请求给服务器，服务器接收请求并将当前时间作为响应返回给客户端。

2. 设计一个多线程应用程序，每个线程负责下载网络上的一个文件，要求实现下载进度的实时显示。

3. 设计教材数据库表，至少包括：教材名称、出版日期、出版社、ISBN、价格，用 MySQL 保存。编写一个控制台应用程序，能对教材记录进行增、删、改、查操作。

4. 利用 pymysql 模块，编写一个 Python 程序，从数据库中读取学生信息并进行统计分析，比如计算平均年龄、男女比例等。

5. 使用面向对象编程设计一个简单的日历应用程序，能够显示当前日期、跳转到指定日期，并且能够添加、编辑、删除日程安排。

参 考 文 献

［1］Dhaliwal K C，Rana P，Brar S P T. Python Programming：A Step - by - Step Guide to Learning the Language ［M］. Manakin Press：2024 - 03 - 30.

［2］Singh S M. Programming with Python：And Its Applications to Physical Systems ［M］. Taylor and Francis；Manakin Press：2023 - 08 - 23.

［3］R. J P. Python. An Introduction to Programming ［M］. De Gruyter：2023 - 07 - 21. DOI：10. 1515/9781683923060.

［4］Harsh B. Python Programming Using Problem Solving ［M］. Mercury Learning and Information：2023 - 06 - 28.

［5］Fabrizio R，Heinrich K. Learn Python Programming，3rd Edition：An in - depth Introduction to the Fundamentals of Python ［M］. Packt Publishing Limited：2021 - 10 - 29. DOI：10. 0000/9781801815529.

［6］Michal J，Tarek Z. Expert Python Programming - Fourth Edition：Master Python by Learning the Best Coding Practices and Advanced Programming Concepts ［M］. Packt Publishing Limited：2021 - 05 - 28. DOI：10. 0000/9781801076197.

［7］Sharma K V，Kumar V，Sharma S，et al. Python Programming：A Practical Approach ［M］. CRC Press：2021 - 04 - 07.

［8］D M，N M. Data Structures and Program Design Using Python：A Self - Teaching Introduction ［M］. Mercury Learning & Amp；Information：2020 - 11 - 30.

［9］Michal J，Tarek Z. Expert Python Programming：Become a Master in Python by Learning Coding Best Practices and Advanced Programming Concepts in Python 3. 7 ［M］. Packt Publishing Limited：2019 - 04 - 30. DOI：10. 0000/9781789806779.

［10］The Python Wiki ［EB/OL］. https：//wiki. python. org/，2018.